MANUEL D'HISTOIRE NATURELLE

AIDE-MÉMOIRE

DE

BOTANIQUE GÉNÉRALE

ANATOMIE ET PHYSIOLOGIE VÉGÉTALES

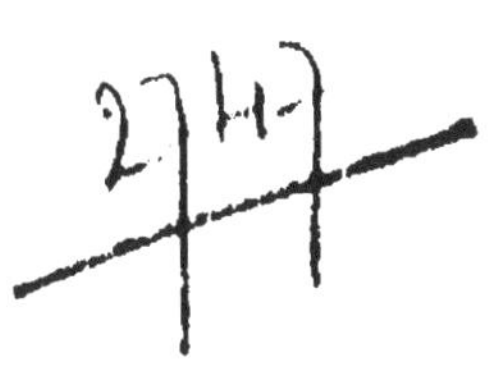

ACLOQUE (A.). — **Flore de France**, préface de M. Ed. Bureau. professeur de botanique au Muséum. 1894. 1 vol. in-16 de 816 pages avec 2165 figures .... 12 fr. 50

BONNIER (G.). — **Les Plantes des champs et des bois,** 1 vol. in-8, avec 873 figures et 30 pl. noires et coloriées .... 24 fr.

BREHM-CONSTANTIN. — **Le Monde des Plantes,** 1895-96, 2 vol. gr. in-8, à 2 colonnes, de 750 pages, avec 2500 figures. 24 fr.

CAUVET. — **Cours élémentaire de botanique,** 1895, 1 vol. in-18 jésus, avec 784 figures.......................... 10 fr.

— **Nouveaux éléments de matière médicale,** 2 vol. in-18 jésus, avec 701 figures.............................. 15 fr.

CONSTANTIN. — **Botanique, les Plantes,** 1898, 1 vol. in-8, avec 236 figures....................................... 3 fr.

COURCHET. — **Traité de botanique,** par L. Courchet, professeur à l'École de pharmacie de Montpellier. 1897, 2 vol. in-8 de 1300 pages avec 500 figures........................... 18 fr.

DENIKER. — **Atlas-manuel de botanique,** 1 vol. in-4, 400 pages, avec 200 pl. in-4, comprenant 3300 fig., cart.. 30 fr.
— Le même, planches coloriées......................... 100 fr.

DUCHARTRE. — **Éléments de botanique.** 3e *édition,* 1 vol. in-8, avec 571 figures, cartonné.......................... 20 fr.

GÉRARDIN (Léon). — **Anatomie et Physiologie végétales,** 1 vol. in-8, 600 p., avec 500 fig.......................... 6 fr.

GERMAIN (de Saint-Pierre). — **Nouveau dictionnaire de botanique,** 1 vol. in-8, avec 1640 figures.............. 25 fr.

GIROD (Paul). — **Manipulations de botanique.** 2e *édition,* 1895, 1 vol. gr. in-8, avec 35 planches, cartonné.......... 12 fr.

GUIBOURT et PLANCHON. — **Histoire naturelle des drogues simples,** 7e *édition,* 4 vol. in-8, avec 1077 figures....... 36 fr.

HÉRAIL et BONNET. — **Manipulations de botanique,** 1891, 1 vol. gr. in-8, avec 36 pl. col. et 223 figures, cartonné..... 20 fr.

HÉRAUD. — **Nouveau dictionnaire des plantes médicinales,** 3e *édition,* 1895, 1 vol. in-18 jésus, avec 294 fig., cart. 7 fr.
— Le même, 1 vol. in-8, avec 294 figures coloriées, cart..... 20 fr.

JAMMES. — **Aide-mémoire de botanique,** 1 vol. in-18 de 288 pages, avec 172 figures, cart...................... 3 fr.

LUBBOCK. — **La vie des plantes,** 1 vol. in-8, avec 211 fig. 6 fr.

MOQUIN-TANDON. — **Éléments de botanique médicale,** 1 vol. in-18 jésus, avec 133 figures, cartonné............. 4 fr.

SCHRIBAUX et NANOT. — **Éléments de botanique agricole,** 1 vol. in-18 jésus, avec 20 figures et 2 pl. col., cart......... 4 fr.

VESQUE. — **Traité de botanique agricole et industrielle,** 1 vol. in-8, avec 508 figures, cartonné.......... 18 fr.

VUILLEMIN (P.). — **La Biologie végétale,** 1 vol. in-16. 3 fr. 50

9134-97. — Corbeil. Imprimerie Éd. Crété.

AIDE-MÉMOIRE

DE

BOTANIQUE GÉNÉRALE

ANATOMIE ET PHYSIOLOGIE VÉGÉTALES

PAR

Le Professeur Henri GIRARD

AVEC 77 FIGURES INTERCALÉES DANS LE TEXTE

PARIS

LIBRAIRIE J.-B. BAILLIÈRE ET FILS

19, rue Hautefeuille, près le Boulevard Saint-Germain

—

1897

Tous droits réservés.

PRÉFACE

La série d'*Aide-mémoire*, dont l'ensemble forme le *Manuel d'histoire naturelle*, a pour objet de permettre aux candidats qui se présentent à tous les examens, dont le programme comporte l'étude des sciences naturelles, de repasser, en un temps très court, les diverses questions que peuvent poser les professeurs d'une Faculté ou le Jury d'un concours pour l'admission à une école.

L'auteur de ces *Aide-mémoire* s'est efforcé d'embrasser, aussi brièvement que possible et sans rien omettre, les sujets des divers programmes, aussi bien celui de la licence des sciences naturelles, du certificat d'études physiques, chimiques et naturelles, que celui des concours pour l'admission aux écoles d'agriculture.

Il s'est proposé de mettre en évidence les points les plus importants, avec assez de netteté et de concision pour que le candidat puisse, d'un seul coup d'œil, revoir l'ensemble des matières exigées à son examen. Le but du *Manuel* est de *rappeler* et non d'*apprendre*, et souvent il suffit d'un mot, de l'énoncé d'un principe, ou du nom d'un professeur pour éveiller dans la mémoire le souvenir d'un fait, d'une théorie, d'une découverte ou d'une idée personnelle.

Ainsi conçu, le plan du *Manuel d'histoire naturelle* permet de traiter tous les sujets d'une manière précise. Au début des études, il permettra d'acquérir rapidement des notions suffisantes pour profiter des cours spéciaux ou lire avec fruit les traités complets ; aux examens de fin d'année, il facilitera les revisions indispensables.

Dans cet *Aide-mémoire de Botanique végétale*, l'auteur s'est appliqué à condenser les travaux et les idées de MM. les professeurs Van Tieghem, M. Cornu, L. Guignard, G. Bonnier, Bureau, G. Planchon, Daguillon, Mangin, Constantin, Gérard et Sauvageau (de Lyon), Leclerc du Sablon (de Toulouse), Millardet (de Bordeaux), Flahaut, Granel, Courchet (de Montpellier), Vuillemin et Lemonnier (de Nancy), Hérail (d'Alger), Heckel (de Marseille), etc.

Nous avons emprunté quelques figures à l'excellent livre de M. Courchet, *Traité de Botanique*.

H. G.

1er Décembre 1897.

BOTANIQUE GÉNÉRALE

ANATOMIE ET PHYSIOLOGIE VÉGÉTALES

PREMIÈRE PARTIE

ANATOMIE VÉGÉTALE

CHAPITRE PREMIER

MORPHOLOGIE GÉNÉRALE.

Définition. — On désigne sous le nom de *Botanique générale*, la partie de la biologie végétale qui a pour but d'étudier, sans distinction de groupes végétaux, la forme, la structure, l'origine, le développement de la plante, avec les phénomènes dont elle est le siège et ceux qui s'accomplissent entre elle et le milieu dans lequel elle vit. De là une division naturelle de la Botanique générale en deux parties. La première, ou *Anatomie végétale*, se propose de connaître la forme, la structure, l'origine et le développement de la plante ; la seconde, ou *Physiologie végétale*, a pour but la connaissance des phénomènes dont le végétal est le siège et ceux qui s'accomplissent entre lui et le monde extérieur.

La *Morphologie générale* se propose d'étudier la forme extérieure du corps, aussi bien chez les plantes les plus simples que chez les plantes les plus compliquées, en d'autres termes, chez les *Thallophytes* et chez les *Phanérogames* (1).

Pour cela, on suppose, implicitement, la plante parvenue à l'*état adulte*, c'est-à-dire parvenue à cette phase de son existence, où, ayant acquis sa forme la plus parfaite et la plus stable, elle est apte à produire des cellules reproductrices.

Forme générale du corps. — Dans le cours de la vie végétale, la plante passe régulièrement par deux phases de durée inégale et dépendant des conditions de milieu; ce sont : la phase d'activité, et la phase de repos.

Phase d'activité. — Dans la phase d'activité, la plante modifie à la fois sa forme et sa dimension, en produisant sans cesse des parties nouvelles: elle s'accroît, et sa vie se manifeste d'une façon palpable. C'est l'état de *vie active*.

Phase de repos. — Dans la phase de repos, la plante se conserve sans changements, le corps ne s'accroît pas, la vie ne se manifeste que par des phénomènes particuliers qu'on ne peut mettre en évidence que d'une façon expérimentale. C'est l'état de *vie ralentie*.

L'anatomie générale suppose toujours la plante en voie de croissance ; aussi, semble-t-il rationnel de commencer l'étude générale du corps par la façon dont s'accomplit cette croissance qui déterminera la forme du végétal.

Croissance. — Toute plante, à l'état de vie active, forme des parties nouvelles qui s'ajoutent à son

(1) Voir H. Girard, *Aide-mémoire de Botanique Cryptogamique* et *Aide-mémoire de Botanique Phanérogamique.*

corps; c'est là un phénomène que chacun peut observer, surtout au printemps, époque où il est le plus fort et le plus rapide.

Accroissement. — On appelle *accroissement* du corps l'augmentation de volume acquise pendant un temps donné, sans tenir compte du volume des parties qui peuvent avoir disparu pendant ce même temps. La *vitesse de croissance* est cette même augmentation rapportée à l'unité de temps.

Variations de volume. — On peut concevoir, d'après cela, que la croissance n'amène pas forcément l'augmentation de volume du corps tout entier, puisque, tandis que des parties nouvelles apparaissent, des parties anciennes disparaissent. Le volume du corps n'augmente que si la différence entre le gain et la perte, ou *accroissement relatif*, est positif. Si cet accroissement relatif est nul, le gain est compensé par la perte, le volume reste sans changement; et si l'accroissement relatif est négatif, le corps diminue de volume tout en s'accroissant. Ces deux derniers cas sont beaucoup moins fréquents que celui d'un accroissement relatif positif.

Variations de poids. — Le poids du corps de la plante augmente généralement, avec la croissance et l'augmentation de volume. Toutefois, cette augmentation de poids n'est pas nécessaire. Les *Liliacées* (1) que l'on fait pousser dans l'atmosphère sèche d'une chambre peuvent perdre jusqu'au quart de leur poids, pendant que le volume du corps augmente. D'autres fois, l'augmentation de poids ne porte que sur la quantité d'eau, et la substance sèche du corps diminue de poids au moment où la croissance est la plus active. C'est ce qui arrive dans toute graine qui germe : la croissance rapide et consécutive de

(1) Voy. H. Girard, *Aide-mémoire de Botanique Phanérogamique.*

la germination ne s'opère qu'aux dépens des matériaux solides accumulés dans la graine, et est accompagnée de la perte d'une partie de ces matières.

On voit par là que non seulement le corps d'une plante peut croître sans augmenter de poids, ni de volume, mais en diminuant en même temps de volume et de poids. Dans la plupart des cas, la croissance est accompagnée d'une augmentation de ces deux facteurs.

DIRECTIONS DE CROISSANCE. — On peut poser en principe qu'une plante, à toute époque de sa vie, ne s'accroît pas également dans toutes les directions. En d'autres termes, la forme sphérique du corps n'existe pas d'une manière constante.

La croissance est presque toujours plus forte dans une direction que dans les autres. Le corps s'allonge alors suivant celle-là et prend deux extrémités. En général, l'une de celles-ci cesse de croître, se fixe et devient la base du corps, tandis que l'autre, où la croissance se poursuit sans entraves, devient le sommet.

On désigne sous le nom de *direction longitudinale* du corps la direction de plus grande croissance qui joint les deux extrémités.

Une section faite dans le corps suivant cette direction est une *section longitudinale :* une section faite perpendiculairement à cette direction est une section *transversale*.

Certaines plantes du groupe des *Algues*, comme les *Spirogyra*, les *Oscillaria* et toutes les *Bactéries* (1) ne se fixent pas, et leurs deux extrémités continuent de s'accroître librement.

Il peut arriver que la croissance longitudinale soit inférieure à la croissance transversale et que le

(1) Voy. H. Girard, *Aide-mémoire de Botanique Cryptogamique.*

corps s'aplatisse de la base au sommet, comme chez les *Isoetes* (1), mais ce 'n'est là qu'un phénomène accidentel et peu fréquent.

CENTRES ORGANIQUES. — Dans toute section transversale du corps, il existe un point autour duquel le contour extérieur et l'organisation interne sont disposés régulièrement. Ce point, qui ne coïncide pas toujours avec le centre de figure de la section, est appelé *centre organique* de la section et l'on nomme *rayon* toute ligne menée de ce point à la périphérie.

AXES DE CROISSANCE. — On appelle *axe de croissance* ou *axe longitudinal*, la ligne qui joint ensemble tous les centres organiques des sections transversales du corps. Cette ligne est droite ou courbe. Tout plan qui coupe un corps suivant son axe de croissance est une *section longitudinale axile*.

La croissance peut s'accomplir avec la même intensité dans toutes les directions perpendiculaires à l'axe de croissance, elle est alors *transversale* et le corps est cylindrique, comme dans la plupart des tiges et des racines.

Si l'intensité de croissance est inégale suivant les divers rayons, atteignant sa plus grande intensité suivant une certaine direction et sa plus faible suivant la direction perpendiculaire, le corps s'aplatit en lame, ou en ruban, comme dans presque toutes les feuilles, et l'on peut y distinguer une croissance transversale en largeur et une croissance transversale en épaisseur.

Le rapport d'intensité entre la croissance transversale et la croissance en longueur change souvent au cours du développement. Suivant qu'il augmente ou diminue, le corps s'élargit ou s'amincit. Parfois, quand la croissance en longueur est terminée, la

---

(1) Voy. H. Girard, *Ibid.*

croissance transversale continue et le corps s'aplatit de manière à former un plateau.

L'axe longitudinal manque chez quelques *Algues*, la croissance s'y fait avec la même intensité dans toutes les directions du plan, et elle est très faible dans la direction perpendiculaire.

La croissance longitudinale du corps peut être *terminale* ou *intercalaire*.

CROISSANCE TERMINALE. — Quand les formations nouvelles naissent au sommet et s'échelonnent en se superposant, la croissance est dite *terminale*.

CROISSANCE INTERCALAIRE. — Si les parties nouvelles se forment le long du corps et s'intercalent aux parties anciennes, la croissance est dite *intercalaire*.

CROISSANCE LIMITÉE. — Que la croissance soit terminale ou intercalaire, si les segments transversaux successifs qui se superposent sont dissemblables et vont en se réduisant peu à peu, la croissance est dite *limitée*.

CROISSANCE ILLIMITÉE. — Au contraire, si les segments transversaux consécutifs sont semblables de tous points et se répètent indéfiniment, la croissance est *illimitée*.

Age relatif des régions du corps. — Quand la croissance est exclusivement terminale, les régions du corps vont en se superposant par rang d'âge décroissant de la base au sommet. Une section transversale est d'autant plus jeune qu'elle est plus voisine du sommet.

Si la croissance est exclusivement intercalaire, il peut se produire deux cas : ou elle est égale dans tous les points du corps à la fois, ou elle se localise dans une certaine zone transversale.

Dans le premier cas, toutes les régions sont nécessairement de même âge, et leur formation est *simul-*

tanée; dans le second cas, les régions sont d'âge différent et d'autant plus jeunes qu'on se rapproche davantage de la zone de croissance; leur formation est *successive.* Suivant que la zone où se localise la croissance intercalaire est située vers le sommet, vers la base ou vers le milieu du corps, la formation des régions est *basifuge, basipète,* ou *mixte,* c'est-à-dire basipète en haut et basifuge en bas.

Si la croissance est à la fois terminale et intercalaire, ce qui est fréquent, les deux effets se superposent. Le sommet produit des régions en ordre basifuge, puis dans ces régions viennent s'en intercaler de nouvelles suivant le mode simultané ou suivant l'un des modes qu'on vient d'énumérer.

Plans de symétrie. — Tout en s'accroissant dans le sens longitudinal, le corps peut disposer sa conformation transversale de plusieurs manières différentes. Supposons un plan passant par l'axe et divisant le corps en deux moitiés, si chacune des deux moitiés est conformée exactement comme l'autre, mais en sens inverse de chaque côté du plan, de manière que l'une semble l'image de l'autre vue dans un miroir plan, elles sont dites *symétriques* et le plan qui les sépare est un *plan de symétrie.*

S'il n'existe qu'un seul plan divisant le corps en deux moitiés symétriques, le corps est dit *bilatéral.* En ce cas, toutes les sections transversales sont symétriques par rapport à un diamètre qui est la trace du plan sur la section.

Un plan dirigé suivant l'axe, et perpendiculairement au plan de symétrie, partage le corps en deux moitiés diversement conformées, dont l'une est ventrale et l'autre dorsale : c'est ce qu'on exprime en disant que le corps est *dorsiventral.* Si plusieurs plans passant par l'axe de croissance partagent cette propriété, le corps est symétrique par rapport à une droite qui est son axe de croissance. En ce cas, toutes les sections transversales sont symétriques par rapport à un point qui est leur centre organique.

Nutation. — Que le corps soit symétrique par rapport à un plan ou à un axe, l'allongement peut être le même le long de toutes les lignes longitudinales qu'on peut tracer à sa surface et le long de l'axe. Le corps croît alors en ligne droite, et les lignes de sa surface suivent de la base au sommet la même direction rectiligne. Mais les choses peuvent se passer autrement, et l'allongement peut être inégal aux divers points de la circonférence; alors le corps se courbe et devient convexe du côté du plus grand allongement: il y a *nutation*.

Torsion. — Il peut encore arriver que la croissance soit plus intense suivant la surface que suivant l'axe, le corps se tord alors autour de son axe et il y a *torsion*.

Ces deux mouvements produisent souvent dans les parties de la plante en voie de croissance des mouvements dus à des causes internes, qu'il faut séparer des mouvements déterminés par des causes extérieures.

Circumnutation. — Chez la plupart des tiges dressées, la ligne de plus fort allongement se déplace progressivement autour de l'axe de croissance, et imprime au sommet un mouvement circulaire ou elliptique. Ce mouvement est appelé *circumnutation*. En raison de l'allongement constant du corps, le sommet ne décrit pas une ellipse ou une circonférence, mais une hélice ascendante.

Hyponastie. Epinastie. — Dans les feuilles, les deux moitiés symétriques grandissent de la même manière, mais la face dorsale croît tour à tour plus ou moins fortement que la face ventrale. Tant que la face dorsale croît plus fortement, le corps est concave sur sa face ventrale, il y a *hyponastie*. Plus tard, le corps s'allonge davantage sur sa face ventrale, se redresse et devient concave sur sa face dorsale, il y a *épinastie*.

Mesure de l'accroissement. — Lorsque la croissance est très rapide, on peut la mesurer **avec précision**, en traçant des points de repère sur le corps et en relevant, à des intervalles de temps égaux, l'écartement de ces points de repère. Ce relèvement s'opère soit avec une règle divisée soit avec une lunette horizontale munie d'un réticule et qui peut se déplacer le long d'une règle divisée, verticalement.

AUXANOMÈTRES. — Quand la croissance est lente et qu'il est nécessaire d'en suivre les progrès à des intervalles de temps rapprochés, on se sert d'appareils spéciaux, les *auxanomètres*, imaginés par J. Sachs et qu'on a plus ou moins perfectionnés aujourd'hui. Les uns sont des *auxanomètres indicateurs*, les autres sont des *auxanomètres enregistreurs*. Tous se composent essentiellement d'un fil de soie mince, qu'on adapte au sommet de la plante, ou de la partie de la plante en étude ; ce fil s'enroule sur une poulie très mobile, et met en mouvement un stylet indicateur.

Auxanomètre indicateur. — Dans la disposition la plus simple, un poids de quelques grammes tend l'extrémité libre du fil qui porte une aiguille horizontale dont la pointe se meut le long d'une règle verticale divisée en millimètres. L'aiguille suit ainsi le mouvement de l'autre bout du fil soulevé par l'accroissement de la plante.

Une autre forme de l'auxanomètre indicateur est celle dans laquelle l'aiguille agrandit l'allongement et le rend plus facile à mesurer. Le fil, attaché non loin du sommet de la plante, passe sur une première poulie et est assujetti par une pointe à une deuxième poulie suivant le rayon de laquelle est fixée une longue aiguille dont la pointe se déplace sur un arc divisé en degrés. Un petit contre-poids équilibre le mouvement de l'aiguille, et fait tourner la poulie en sens contraire. Quand la plante s'allonge, le contre-poids descend, une portion de fil, égale en longueur à l'allongement de la plante, s'enroule sur la seconde poulie, et la pointe de l'aiguille se déplace le long de l'arc divisé. Si l'aiguille est dix fois plus longue que le rayon de la poulie, le déplacement de la pointe sera dix fois celui de la plante et l'on pourra relever de très faibles allongements.

Le défaut de l'auxanomètre indicateur est d'exiger la présence de l'observateur à des moments très précis, ce qui peut rendre les observations difficiles.

Auxanomètre enregistreur. — Cet appareil évite l'inconvénient signalé. Le fil, fixé à la plante, met directement en mouvement la poulie qui porte l'aiguille. Pour cela on le fixe directement à la poulie par une pointe; un contre-poids augmente la tension du fil, qui est déjà obtenue par le mouvement de l'aiguille dont la pointe descend progressivement, à mesure que la plante s'allonge au-dessus du point d'attache du fil. Un cylindre couvert d'un papier noirci tourne lentement par l'action d'un mouvement d'horlogerie. Ce cylindre, assujetti excentriquement à un axe vertical, fait exactement un tour en une heure.

L'appareil étant convenablement réglé, l'aiguille touche le papier noirci et trace sur sa surface une ligne continue par suite de la rotation du cylindre. La situation excentrique de l'axe fait qu'un moment arrive où l'aiguille ne touche plus la surface cylindrique et que sa pointe demeure libre jusqu'à l'instant où la rotation amène de nouveau la surface noircie en contact avec elle, elle y trace un nouveau trait situé au-dessous du premier, si la plante s'est accrue dans l'intervalle. Il suffira donc de mesurer la distance qui sépare ces lignes tracées d'heure en heure, pour obtenir des longueurs directement proportionnelles aux accroissements horaires de la plante. Un tel appareil agrandit les accroissements et n'exige pas la présence de l'observateur.

L'auxanomètre enregistreur a reçu un perfectionnement assez important. Si le cylindre employé dans le premier cas tournait autour de son axe de figure, la pointe de l'aiguille en le touchant toujours tracerait à sa surface une ligne continue et, à l'aide de cette courbe qui représente le mouvement de croissance, on pourrait ensuite déterminer l'accroissement horaire. Mais une pareille courbe déforme trop le mouvement, et c'est pour éviter cette déformation qu'on emploie l'artifice suivant. Le cylindre tourne autour d'un axe *horizontal*. Un petit chariot guidé par une glissière porte un style court, dont la pointe touche le cylindre. Le fil attaché à la plante passe autour d'une poulie mobile avant de se fixer en avant du chariot. En arrière de celui-ci, est fixé un second fil passant sur une seconde poulie et portant un contre-poids. A mesure que la plante s'allonge, le contre-poids s'abaisse et le chariot recule, entraînant le stylet qui décrit sur le papier la courbe du mouvement.

RÉSULTATS DES MESURES. — Dans des conditions extérieures constantes, la vitesse de croissance est une fonction périodique du temps.

Si l'on marque par deux traits une zone transversale située au voisinage même du sommet, et si l'on mesure la longueur de cette zone à des intervalles de temps égaux jusqu'à ce que la croissance ait pris fin, on peut, en prenant les temps comme abscisses, et en traçant des ordonnées proportionnelles aux accroissements de la zone, obtenir, en joignant d'un trait continu les sommets de ces ordonnées, une courbe exprimant la marche de la croissance de la zone en fonction du temps. On voit toujours que la croissance, nulle ou faible au début, augmente avec le temps, passe par un maximum, puis décroît jusqu'à redevenir nulle.

On peut aussi chercher comment varie la vitesse de croissance au même instant dans différentes régions du corps, avec leur distance au sommet. Avec les distances au sommet comme abscisses et les accroissements comme ordonnées, on pourra construire une courbe qui exprime les variations de vitesse de croissance partielle le long du corps en fonction de la distance au sommet. On peut constater ainsi que la vitesse de croissance partielle, qui est une fonction périodique du temps, est aussi une fonction périodique de la distance au sommet.

Quelle que soit la longueur de la zone considérée, la loi s'applique à toute partie du corps de la plante en voie de croissance.

Capacité de croissance. — La longueur qu'une zone transversale voisine du sommet a acquise au moment où sa croissance prend fin, mesure ce que l'on appelle la *capacité de croissance* de cette zone. Si, à la fin des observations, on constate que de deux zones égales, au début, l'une a acquis une longueur dix fois plus grande que l'autre, on dira que la capacité de croissance de la seconde est dix fois moindre que celle de la première. Ceci étant, si, dans une plante ou dans une partie de plante entièrement développée, et maintenue dans des conditions extérieures constantes, on mesure les longueurs définitives des diverses zones égales au début et qui se superposent pour la former, si, ensuite, prenant les distances à la base comme abscisses, et ces longueurs pour ordonnées, on construit une courbe, elle représentera la marche de la capacité de croissance partielle du corps en fonction de la distance à la base. Cette courbe monte d'abord jusqu'à un certain point, qui représente le maximum de capacité de croissance partielle, puis redescend vers l'axe des abscisses. Si la croissance partielle du corps est limitée, la courbe touchera l'axe des abscisses ; si la croissance partielle du corps est illimitée, la courbe se rapprochera de l'axe des abscisses sans jamais l'atteindre.

Ainsi la capacité de croissance partielle est une fonction périodique de la distance à la base, c'est-à-dire du temps. D'ailleurs un simple coup d'œil jeté sur une tige entièrement développée fait voir la périodicité de la croissance partielle. Les divers entre-nœuds qui composent une tige, bien qu'ayant eu tous à un moment donné des longueurs identiques, acquièrent finalement des longueurs très différentes. Vers la base, les premiers entre-nœuds formés sont courts, les suivants sont de plus en plus longs, l'un d'eux est le plus long de tous et, à partir de celui-ci, les autres vont en se raccourcissant jusqu'au sommet.

Il en est de même pour les zones transversales du corps. Si on construit la courbe des accroissements successifs de la base au sommet, on voit chacune d'elles devenir de plus en plus large et de plus en plus haute, de manière à circonscrire une aire de plus en plus grande. On arrive ainsi à une courbe qui est la plus large et la plus haute de toutes et qui est maxima. Puis ces courbes vont en limitant des surfaces de plus en plus petites.

Au lieu des accroissements successifs d'une zone isolée, on peut mesurer à des intervalles égaux les accroissements successifs du corps tout entier de la plante. La courbe construite, ensuite, avec les temps comme abscisses et les accroissements totaux comme ordonnées, représentera la marche de la croissance totale du corps. Cette courbe monte jusqu'à un maximum, puis redescend. Suivant que la croissance du corps est limitée ou illimitée, la courbe rencontre l'axe des abscisses ou s'en rapproche indéfiniment sans jamais l'atteindre. La croissance totale est donc, elle aussi, fonction périodique du temps.

On appelle *capacité de croissance totale*, la faculté que possède le corps d'une plante d'acquérir une dimension déterminée quand il est soumis à des conditions extérieures constantes. De deux plantes issues de germes égaux, si l'une devient deux fois plus grande que l'autre, on dira que sa capacité de croissance est double de la capacité de croissance de la deuxième.

Ramification. — Il est assez rare que la croissance longitudinale se poursuive indéfiniment et exclusivement dans une seule direction. Ce phénomène n'est guère présenté que par le thalle de quelques *Oscillariées*, *Conjuguées*, *Œdogoniées* et par les *Bactéries* (1). En général, quand le corps a grandi pendant un certain temps et pendant qu'il continue de s'accroître dans la même direction, il se fait à son sommet, ou sur ses flancs, de nouvelles régions de croissance. Il apparaît alors, en ces points, une partie nouvelle, qui fait saillie au-dessus de la surface et s'allonge en s'éloignant du corps. Le contour général de celui-ci est alors découpé par des angles de plus en plus profonds, on dit qu'il est *ramifié*. La partie la plus ancienne est le *tronc*, les parties nouvelles sont les *membres*. Toutes les définitions générales données pour le corps s'appliquent aux membres.

---

(1) Voy. H. Girard, *Aide-mémoire de Botanique Cryptogamique.*

Chacun d'eux a sa base, par laquelle il se fixe au tronc; son sommet, par lequel il s'accroît durant un temps plus ou moins long; une direction longitudinale, qui joint la base au sommet, et des directions transversales perpendiculaires à celle-là. Chaque membre peut croître continuellement et exclusivement selon sa direction première et demeurer simple, ou bien il se forme de nouveaux centres de croissance dans les flancs, ou au sommet du membre primaire qui se ramifie à son tour. Les membres secondaires ainsi formés peuvent à leur tour se ramifier ou rester indivis, et ainsi de suite. Le corps de la plante peut acquérir ainsi un aspect extérieur de plus en plus compliqué. Souvent, certains membres se ramifient plus ou moins que d'autres, on dit alors que ceux-ci ont une capacité de ramification moindre que ceux-là.

Modes de ramification. — La ramification s'opère suivant deux modes, selon que les membres nouveaux prennent naissance sur les flancs ou au sommet du membre d'ordre inférieur qui les porte.

Lorsque ce membre poursuit au sommet sa croissance longitudinale et produit latéralement, au-dessous de l'extrémité, des éminences plus petites que la partie du tronc située au-dessus, la ramification est *latérale*.

Si le membre cesse de croître au sommet et forme côte à côte sur sa surface terminale plusieurs éminences qui s'allongent et divergent, la ramification est *terminale*. Il semble, en ce cas, que le tronc se divise au sommet, pour se continuer directement dans ses membres. En particulier, lorsqu'il ne se forme que deux membres nouveaux, la ramification terminale est une *dichotomie* (fig. 1). S'il s'en forme trois, c'est une *trichotomie*; s'il s'en forme plus, c'est une *polytomie*.

Chez les *Phanérogames*, on ne rencontre guère que la ramification latérale.

La ramification terminale, toujours assez rare, se rencontre chez quelques *Algues*, chez les *Hépatiques* et dans la racine des *Lycopodinées* (1).

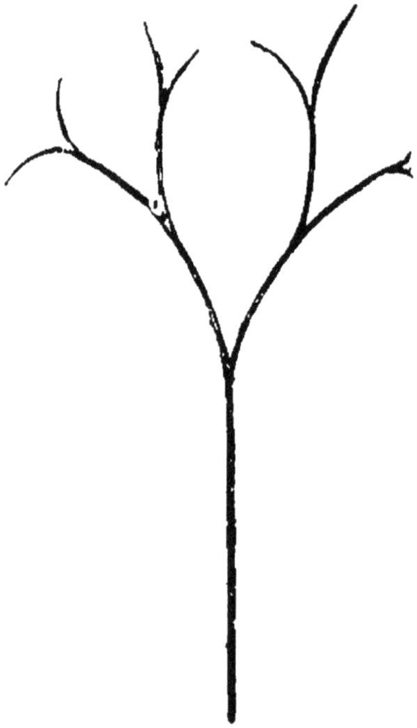

AGE DES MEMBRES. — Les membres nés à côté les uns des autres, en ramification terminale, ont nécessairement le même âge.

En ramification latérale, les membres de même ordre naissent successivement au voisinage de l'extrémité en voie de croissance. Seulement, il peut se présenter différents cas.

1° La croissance du tronc est illimitée au sommet et il n'y a pas de croissance intercalaire.

Fig. 1. — Dichotomie.

Les membres naissent alors de la base au sommet et la ramification latérale est *basifuge*. Tout membre voisin du sommet est plus jeune que tout membre éloigné et l'âge va en décroissant de la base au sommet. Si plusieurs membres se font à la même distance du sommet, ils ont le même âge. Pourtant, dans certaines *Algues*, les *Characées*, ils peuvent être d'âge différent.

(1) Voy. H. Girard, *Aide-mémoire de Botanique Cryptogamique*, et chap. II du présent volume.

2° La croissance terminale s'arrête sans que le tronc se soit ramifié, il continue à s'accroître par croissance intercalaire et les parties nouvelles ainsi formées forment les membres latéraux. Comme ces régions nouvelles produisent ces membres dans l'ordre où elles se sont formées, on voit que la naissance de ceux-ci peut être successive ou simultanée. Dans ce cas, ils sont de même âge ; dans l'autre, ils sont d'autant plus âgés qu'on s'éloigne de la zone de croissance intercalaire du tronc, et suivant la position basilaire terminale ou médiane de la zone, leur formation est basipète, basifuge ou mixte.

3° Le tronc produit un certain nombre de membres basifuges, puis arrête sa croissance terminale. Mais la croissance intercalaire continuant ensuite l'allongement du tronc, si les parties nouvelles se ramifient, il s'intercale entre les membres anciens un certain nombre de membres nouveaux, suivant l'un des modes signalés plus haut.

Dans tout ce qui précède, on a supposé que chaque centre de croissance qui a produit un membre demeure simple. C'est ce qui arrive chez les *Algues* et chez les *Lycopodinées*. Mais souvent il se forme un membre ou un groupe de membres, immédiatement au-dessus du point où il s'en est constitué un premier. La ramification est alors *multiple*. Ce cas est très fréquent chez les *Muscinées* et chez les *Phanérogames*.

RAMIFICATION NORMALE. — La ramification dont il vient d'être question est liée à la croissance intercalaire des membres et du tronc, elle se répète un grand nombre de fois en des points déterminés, c'est la ramification *normale*.

RAMIFICATION ADVENTIVE. — Mais souvent aussi il se forme, sur des parties âgées du corps, en des points éloignés du sommet et où la croissance intercalaire.

laire est terminée, des éminences qui s'allongent en membres nouveaux. Ces membres, qui s'intercalent sans régularité aux membres normaux, sont dits *adventifs ;* ils se produisent, sous l'influence de certaines conditions internes ou externes ; cette ramification est dite *adventive.*

RAMIFICATION EXOGÈNE. — Le plus souvent, la croissance transversale qui détermine la production des membres porte sur la région périphérique du corps dans la région considérée. La surface est continue avec elle-même dans toute l'étendue du système ramifié, elle passe sans interruption du tronc aux membres primaires et de ceux-ci aux membres secondaires. La ramification est *exogène* (*Thallophytes, Muscinées, Cryptogames vasculaires, Phanérogames*).

RAMIFICATION ENDOGÈNE. — Cependant, le nouveau contre de croissance peut se former dans la profondeur du corps, à une distance plus ou moins grande de la surface. Ce membre est alors caché tout entier dans la partie où il se produit et dont il perce, plus tard, la couche périphérique pour s'accroître en dehors. Cette ramification est dite *endogène* (racines des *Cryptogames vasculaires* et des *Phanérogames*).

DÉVELOPPEMENT DE LA RAMIFICATION TERMINALE. — Dans une dichotomie, les membres nés côte à côte au sommet sont égaux à l'origine. Il n'est pas rare que cette égalité parfaite se maintienne sur toutes les bifurcations successives, et la dichotomie est *égale* (tige des *Psilotum* et racine des *Selaginella*) (1).

Sympode. — Mais si l'un des membres de la dichotomie se développe et se ramifie plus puissamment que l'autre, la dichotomie est *inégale.* En ce cas, les segments successifs les plus vigoureux forment, en apparence, un tronc unique et continu, bien qu'arti-

(1) Voy. H. Girard, **Aide-mémoire de Botanique Cryptogamique.**

culé, sur lequel les segments plus faibles sont insérés comme autant de membres latéraux, à chaque article. On donne à l'ensemble formé par la superposition des membres les plus puissants, le nom de *sympode* (fig. 2), et la dichotomie est dite *sympodique*.

Sympode héliçoïde. — Lorsque à chaque bifurca-

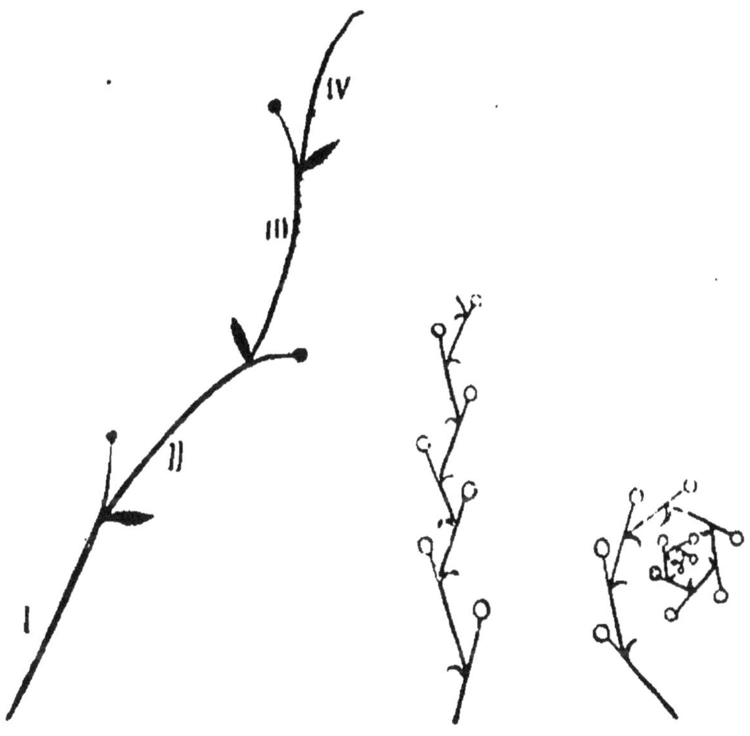

Fig. 2. — Sympode.   Fig. 3. — Sympode héliçoïde.   Fig. 4. — Sympode scorpioïde.

tion c'est alternativement le membre de droite et celui de gauche qui se développent avec le plus d'ampleur, le sympode est alternativement coudé en sens contraire, mais sa direction générale est droite (tige des *Selaginella*); un tel sympode est dit *héliçoïde* (fig. 3).

Sympode scorpioïde. — Si c'est, au contraire, toujours le membre du même côté qui devient le plus vigoureux et se ramifie le plus, le sympode, toujours articulé et coudé dans le même sens se courbe en spirale comme dans les feuilles d'*Adianthum* (1) ; on le dit *scorpioïde* (fig. 4).

DÉVELOPPEMENT DE LA RAMIFICATION LATÉRALE. — Dans la ramification latérale, chaque région transversale où s'attache un membre est appelée *nœud*, et l'espace qui s'étend entre deux nœuds consécutifs est un *entre-nœud*.

Grappe. — Souvent le tronc continue de s'allonger avec plus de puissance que les membres et conserve sur eux l'avance qu'il avait à l'origine. Chacun des membres primaires se comporte de même vis-à-vis des membres secondaires et ainsi de suite. Ce fait se produit avec une grande netteté sur la tige des Pins et des Sapins. Une pareille ramification complètement développée est une *grappe*.

1° *Grappe simple et composée.* — Une grappe est *simple* quand le tronc ne porte que des membres d'un seul ordre; elle est *composée*, s'il porte des membres de plusieurs ordres.

La grappe peut revêtir plusieurs formes différentes, suivant la longueur I des intervalles qui séparent les membres et la longueur M des membres eux-mêmes. Dans la grappe proprement dite, I et M sont longs et le système a une forme ovale allongée.

2° *Épi.* — Si M est court et I long, le système est très effilé, c'est un *épi*. Dans l'*épi*, le tronc prédomine de beaucoup sur les membres.

3° *Ombelle.* — Si M est long et I très court, le système prend une forme sphérique, c'est une *ombelle*. Dans l'ombelle, le tronc se développe, au plus, autant que les membres latéraux.

---

(1) Voy. H. Girard, *Aide-mémoire de Botanique Cryptogamique.*

4° *Capitule.* — Lorsque que I et M sont simultanément très courts, les membres sont courts, ramassés en tête presque au sommet du tronc et forment un *capitule.*

Cyme. — Il peut arriver qu'un certain nombre de membres formés à peu de distance du sommet et originairement plus faibles que le tronc, commencent de bonne heure à s'allonger et à se ramifier, pendant que le tronc croît peu au-dessus d'eux et s'allonge à peine. Un tel système, dans lequel le sommet du tronc est dépassé par les membres latéraux, est une *cyme.*

La cyme peut prendre deux formes différentes : 1° elle est *bipare* ou *multipare;* 2° elle est *unipare.*

1° *Cyme bi ou multipare.* — Si deux ou plusieurs membres, formés au voisinage du sommet, se développent dans des directions divergentes plus puissamment que l'extrémité du tronc qui ne s'allonge pas au-dessus d'eux, et si cette disposition se répète au sommet de chaque membre, il se forme une *fausse dichotomie* (fig. 5) ou une *fausse polytomie,* et la cyme est dite *bipare* ou *multipare.* Une cyme multipare rappelle une ombelle ; aussi la nomme-t-on quelquefois *cyme ombelliforme.*

2° *Cyme unipare.* — Si un seul membre s'allonge et se ramifie plus vigoureusement que le tronc qui cesse bientôt de s'allonger au-dessus de lui, la cyme est dite *unipare.* Le phénomène se répétant de même au sommet de chaque membre, les membres les plus vigoureux sortis chacun du précédent semblent former un tronc continu, sur les côtés duquel les extrémités grêles de chacun d'eux paraissent régulièrement. En un mot, il se forme un *sympode* et la cyme unipare est dite aussi *sympodique.*

La cyme sympodique peut être *héliçoïde* ou *scor-pioïde*.

Elle est *héliçoïde* si, à chaque nouveau degré de ramification, le membre dominant est situé alternativement à droite et à gauche du tronc primitif. Le

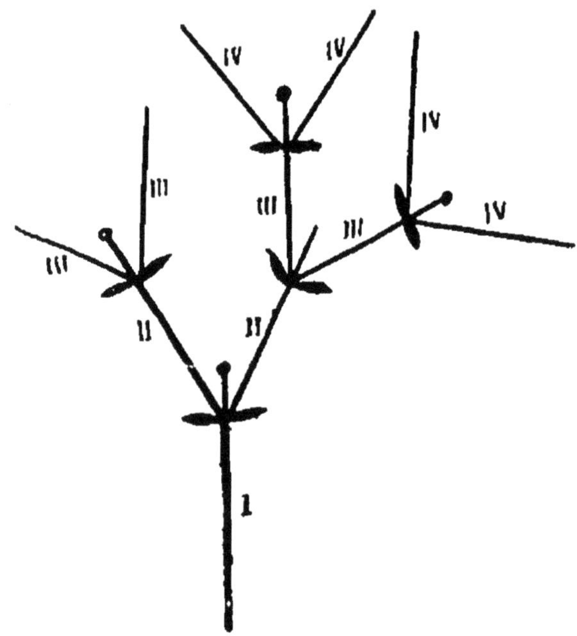

Fig. 5. — Fausse dichotomie.

sympode, alternativement articulé à droite et à gauche, oscille autour d'une direction rectiligne.

La cyme est *scorpioïde*, si le membre dominant est, à chaque fois, situé du même côté du tronc. Le sympode présente toutes ses articulations du même côté et, portant sur ce côté les sommets grêles des membres, se courbe en spirale du côté des membres dominants.

Dans le corps ramifié d'une même plante, tous ces modes de ramification peuvent se présenter. Une ramification terminale peut commencer par une dichotomie égale, puis se continuer par une dichotomie sympodique heliçoïde ou scorpioïde. Une ramification latérale peut débuter en grappe proprement dite et se poursuivre en épi, en ombelle; ou bien commencer en cyme multipare, qui devient bipare puis unipare.

On peut modifier à volonté la forme d'un système ramifié. Supposons que, sur une polytomie, on supprime tous les membres sauf deux, on aura une dichotomie. Si dans celle-ci on sectionne un membre, à chaque bifurcation, on aura une dichotomie sympodique.

Que l'on vienne à couper le sommet du tronc dans une grappe en développement, les membres formés acquerront une vigueur nouvelle, se ramifieront plus abondamment jusqu'à donner une cyme multipare. La transformation d'une cyme en grappe se fera de même. Il faudra sectionner de bonne heure les sommets des membres d'une cyme bipare par exemple, de manière à les empêcher de se ramifier.

Le sommet du tronc, recevant une nourriture plus abondante, s'accroît au lieu d'avorter et forme sur ses flancs de nouveaux membres. En traitant ceux-ci comme les premiers, on obtient en définitive une grappe.

Le tableau suivant résume les divers modes de la ramification normale.

Ramification terminale.	Dichotomie.	Égale. Inégale ou sym-podique.	Héliçoïde. Scorpioïde.
Ramification latérale..	Grappe.....	Simple. Composée. Épi. Ombelle. Capitule.	
	Cyme......	Bipare. Multipare. Unipare.	Héliçoïde. Scorpioïde.

Disposition des membres. — La disposition des membres sur le tronc dépend de trois facteurs qui sont : 1° la *distance longitudinale* de deux membres consécutifs, segments compris, entre deux bifurcations s'il s'agit d'une dichotomie, entre-nœud compris, si c'est une ramification latérale ; 2° la *divergence* des membres consécutifs, c'est-à-dire la distance transversale de ces membres ; 3° l'angle que fait le membre avec la portion supérieure du tronc qui le porte, angle qu'on appelle *inclinaison*.

Si l'on suppose la surface du tronc prolongée à travers la base de tous les membres, la section déterminée dans chacun d'eux est sa *surface d'insertion*. Un point de cette surface est le centre organique de la base, et peut être appelé *point d'insertion* : il ne coïncide pas forcément avec le centre géométrique de la surface. Le plan qui contient à la fois l'axe de croissance du tronc et celui du membre et qui divise ce dernier en deux moitiés, passe par le point d'insertion, et est le plan médian du membre considéré.

DISTANCE LONGITUDINALE. — I. *Ramification latérale.* — La distance longitudinale des membres, c'est-à-dire la distance de leurs points d'insertion comptée sur l'axe du tronc, présente deux cas à examiner : la disposition *isolée* et la disposition *verticillée*.

1° *Disposition isolée.* — Chaque membre est séparé de celui qui le suit, et de celui qui le précède par une distance longitudinale considérable, et il n'y a jamais qu'un membre à l'entre-nœud.

2° *Disposition verticillée.* — Plusieurs membres sont insérés autour du tronc exactement à la même hauteur, c'est-à-dire à la périphérie d'une même section transversale ; puis, après un certain entre-nœud, on retrouve un nouveau groupe semblable et ainsi de suite. Chaque groupe de membres est un *verticille* et la disposition est dite *verticillée*. Le verticille est simultané si tous les membres y naissent en même temps. Il est successif quand les divers membres y naissent l'un après l'autre, comme on le voit chez les *Characées* (1).

La distance longitudinale des membres conserve quelquefois sensiblement la même valeur dans toute l'étendue du système ramifié; tantôt elle est très courte, tantôt elle est très longue. Il peut arriver qu'elle change brusquement et périodiquement de valeur d'un point à un autre : après un long entre-nœud, vient un entre-nœud court, etc.

On peut rencontrer dans la même plante la disposition isolée et la disposition verticillée. Chez les *Dicotylédones*, la tige commence toujours par un verticille, passe ensuite à la disposition isolée, pour revenir plus tard à la disposition verticillée.

II. *Ramification terminale.* — La disposition des membres est nécessairement verticillée, dans la ramification terminale, avec cette particularité que le tronc ne se prolonge pas au-dessus de chaque verticille de membres. Suivant l'énergie ou la faiblesse de leur croissance intercalaire, les segments qui séparent les différents verticilles sont tous longs ou courts, ou alternativement longs et courts. Dans ce dernier cas, le nombre des membres de chacun des verticilles est doublé; enfin, si les segments s'allongent inégalement dans les membres jumeaux, la dichotomie se déforme et devient sympodique.

Divergence. — I. *Ramification latérale.* — Il y a deux cas à distinguer : la disposition *isolée* et la disposition *verticillée*.

1° *Disposition isolée.* — Il est rare que deux membres isolés se superposent de manière que leurs plans

(1) Voy. H. Girard, *Aide-mémoire de Botanique Cryptogamique.*

médians coïncident. Ordinairement, deux membres successifs sont séparés par une distance angulaire transversale, qu'on nomme *divergence* et qui se mesure du point d'insertion d'un membre au point d'insertion du membre suivant. On la projette sur une circonférence qui passe par l'un de ces deux points, et on l'évalue en degrés. On peut la définir aussi par la valeur de l'angle dièdre que forment entre eux les plans médians des deux membres. Cet angle se maintient assez constant dans une certaine étendue du système ramifié. Quelquefois la divergence prend des valeurs différentes qui se succèdent périodiquement.

Il y a deux manières de compter la distance transversale des deux membres, soit du côté où elle est la plus longue, soit du côté où elle est la plus courte. C'est cette dernière que l'on choisit couramment.

La divergence D est une fonction rationnelle de la circonférence qu'on peut écrire sous la forme $\frac{p}{n}$, p et n étant des nombres entiers, et p pouvant être égal à 1, tandis que n est toujours au moins égal à 2. Il résulte de là qu'après avoir compté un certain nombre n de membres, on en trouve un $n + 1^{o}$, dont le plan médian coïncide avec celui du premier, c'est-à-dire qui est superposé à ce premier, et pour atteindre ce membre on a fait p fois le tour du tronc.

Les membres se superposent donc de n en n, ils sont disposés sur le tronc (considéré comme cylindrique ou conique) suivant n génératrices. L'ensemble de ces n membres, qui se répète ensuite indéfiniment, tant que la divergence y conserve sa valeur primitive, est un *cycle*. La disposition isolée peut être aussi nommée *disposition cyclique*. Un

cycle est déterminé, quand on connaît là valeur de
sa divergence.

Les principales valeurs de la divergence sont les
suivantes :

$D = \frac{1}{2}$, $p = 1$, $n = 2$. Les membres sont écartés transversalement d'une demi-circonférence et se super-
posent de deux en deux. Ils sont disposés sur le tronc
en deux séries longitudinales diamétralement oppo-

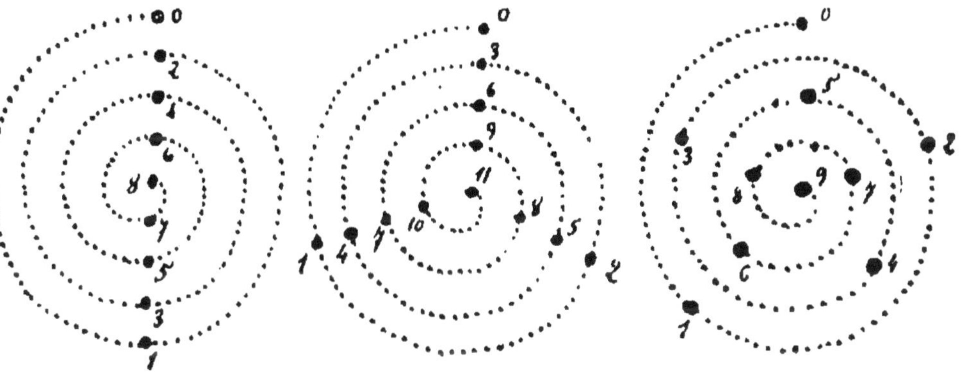

Fig. 6, 7 et 8. — Schéma des divergences $\frac{1}{2}$, $\frac{1}{3}$, $\frac{2}{5}$.

sées, le long desquelles ils alternent régulièrement.
Le cycle comprend deux membres en un tour. C'est
ce qu'on nomme la disposition *distique* (fig. 6).

$D = \frac{1}{3}$, $p = 1$, $n = 3$. L'écart transversal de deux
membres est 120°, ils sont superposés de trois en
trois et disposés sur trois séries longitudinales : disposition *tristique* (fig. 7).

$D = \frac{1}{4}$, $p = 1$, $n = 4$. L'écart transversal est de 90°,
les membres se superposent de quatre en quatre et
sont disposés en quatre séries longitudinales : disposition *tétrastique*.

Ces trois dispositions sont assez fréquentes, mais on rencontre aussi des divergences $\frac{1}{5}$, $\frac{1}{6}$, $\frac{1}{7}$ plus petites.

Toutes les autres divergences sont comprises par séries entre les précédentes. La série de valeurs la plus répandue est comprise entre $\frac{1}{2}$ et $\frac{1}{3}$. Les autres séries sont d'autant plus rares qu'elles sont plus petites. Celles qui sont comprises entre $\frac{1}{3}$ et $\frac{1}{4}$ et entre $\frac{1}{4}$ et $\frac{1}{5}$ sont assez fréquentes.

Entre $\frac{1}{2}$ et $\frac{1}{3}$ on trouve fréquemment réalisées les divergences suivantes :

$D = \frac{2}{5}$, $p=2$, $n=5$. L'écart transversal est de 144° ; les membres se superposent de cinq en cinq, disposés en cinq rangées longitudinales ; ce cycle comprend cinq membres en deux tours : disposition *quinconciale* (fig. 8).

$D = \frac{3}{8}$, $p=3$, $n=8$. L'écart est de 135° ; les membres se superposent de huit en huit et sont disposés en huit rangées longitudinales. Le cycle comprend huit membres en trois tours. On désigne cette disposition par sa divergence $\frac{3}{8}$, et l'on fait de même pour les autres.

$D = \frac{5}{13}$, $p=5$, $n=13$. L'écart est un peu supérieur à 138°,27 ; les membres se superposent de treize en treize et sont disposés en treize rangées longitudinales. Le cycle comprend treize membres en cinq tours.

On trouve encore $\frac{8}{21}$, $\frac{13}{34}$, $\frac{21}{55}$, $\frac{34}{89}$ etc., série de valeurs qui commence à $\frac{1}{2}$, $\frac{1}{3}$, $\frac{2}{5}$ et dans laquelle une divergence quelconque à partir de $\frac{2}{5}$ est comprise entre les deux précédentes, et s'obtient en additionnant les deux précédentes numérateur à numérateur et dénominateur à dénominateur. Cette série, qui renferme la plus grande partie des divergences connues, est dite *série normale*. L'espace compris entre $\frac{1}{2}$ et $\frac{1}{3}$ comprend deux parties. L'une d'elles, entre $\frac{1}{3}$ et $\frac{2}{5}$ étant occupée par la série précédente, l'autre sera occupée par une série complémentaire semblable. Ces nouvelles divergences, commençant par $\frac{2}{5}$ et obtenues en ajoutant les deux qui précèdent numérateur à numérateur et dénominateur à dénominateur, ont même numérateur et un dénominateur plus petit que celles de la série normale, elles sont plus grandes que ces dernières. Cette série :

$$\frac{1}{2}, \frac{1}{3}, \frac{2}{5}, \frac{3}{7}, \frac{5}{12}, \frac{8}{19}, \frac{13}{31},$$ etc., est rarement réalisée.

Entre $\frac{1}{3}$ et $\frac{1}{4}$, entre $\frac{1}{4}$ et $\frac{1}{5}$ on aura de même deux séries complémentaires. Mais, sauf la série normale, toutes les autres sont rarement réalisées dans le corps de la plante.

La divergence peut varier d'une région du corps à l'autre, soit le long d'un même tronc ou d'un même membre, soit quand on passe du tronc aux membres, ou de ceux-ci aux membres d'ordre supérieur. Ces variations ont souvent lieu par le passage brusque d'une divergence à une autre de la même série, habituellement à celle qui la précède ou à celle qui la suit.

Ces changements de divergence se voient très nettement dans la fleur des *Renonculacées* et dans la tige des *Cactées* (1). Dans ces dernières plantes, la tige est charnue et présente autant de côtes saillantes qu'il y a de génératrices d'insertion, huit, par exemple. A un certain niveau, on voit cinq de ces côtes se bifurquer de manière à en former treize. De la disposition $\frac{3}{8}$ on passe ainsi à la disposition $\frac{5}{13}$.

D'autres fois, la divergence présente d'un nœud à l'autre une variation brusque et périodique. La tige de certains Aloès se ramifie d'abord suivant la disposition distique, puis s'amoindrit tout à coup, devient $\frac{1}{4}$ pour redevenir $\frac{1}{2}$ à l'entre-nœud suivant; et bientôt une disposition nouvelle s'établit dans laquelle les divergences $\frac{1}{2}$ et $\frac{1}{4}$ se succèdent alternativement.

2° *Disposition verticillée.* — Dans chaque verticille, les membres sont toujours équidistants; la divergence à l'intérieur du verticille est $\frac{1}{m}$ de la circonférence, m étant le nombre des membres du verticille. D'un verticille à l'autre, ce nombre est constant, au moins sur une assez grande étendue du corps.

La divergence est rarement nulle d'un verticille à l'autre. Quand ce phénomène se produit, les membres sont superposés en séries longitudinales, comme on le voit dans la fleur de quelques *Phanérogames*.

(1) Pour ces deux familles, voir H. Girard, *Aide-mémoire de Botanique Phanérogamique*.

Plus souvent, entre un membre d'un verticille, pris comme point de départ, et le membre du verticille suivant qui en est le plus rapproché, il y a une certaine divergence qui est une fraction $\frac{p}{n}$ de la circonférence. Les membres, et par suite les verticilles, se superposent de n en n. Si le nombre m des membres du verticille est premier avec n, il n'y aura pas de superposition dans l'intervalle et les membres seront disposés le long du tronc sur $m \times n$ rangées longitudinales.

Suposons qu'il n'y ait que deux membres à chaque verticille, et que d'un verticille au suivant la divergence soit $\frac{1}{3}$ ou $\frac{2}{5}$, les membres ne se superposeront que de trois en trois ou de cinq en cinq, et seront sur six ou sur dix rangées verticales.

Il arrive fréquemment que m soit un multiple de n; alors on observe, outre la superposition vraie des verticilles de n en n, de *fausses superpositions*, c'est-à-dire des superpositions où des membres qui ne se correspondent pas dans la série des divergences se trouvent placés au-dessus les uns des autres. Le nombre des séries longitudinales qui renferment tous les membres sera donc réduit d'autant. Par exemple, si $n = 2 \times m$ avec $p = 1$ (la divergence d'un verticille au suivant est la moitié de la divergence à l'intérieur du verticille), il y a vraie superposition de $2 \times m$ en $2 \times m$ et superposition fausse de 2 en 2; tous les membres seront sur $2\,m$ rangées.

En multipliant les exemples, on établirait aisément cette loi que la disposition verticillée suit les mêmes règles que la disposition isolée; seulement, au lieu d'une seule série de membres se succédant avec une divergence déterminée, il y a autant de séries semblables que de membres aux verticilles.

Cette différence en produit une seconde en amenant la valeur de la divergence dans chaque série à être la moitié de la divergence d'une série à l'autre, ce qui détermine l'alternance régulière des verticilles.

Quoi qu'il en soit, les membres sont disposés sur le tronc, de manière à se recouvrir le moins possible, et à étaler le plus possible leur surface à la lumière.

La divergence des membres peut se continuer simplement d'un tronc à un membre; mais elle peut aussi varier brusquement au passage, pour reprendre, plus tard, sa valeur première. Il y a ce qu'on nomme une *divergence de passage*. Dans la disposition distique, par exemple, si le premier membre secondaire suit le membre primaire à 180° de la région inférieure du tronc, la divergence $\frac{1}{2}$ se poursuit simplement, et tous les membres du système ramifié ont leurs axes dans le même plan ; mais s'il arrive que le premier membre secondaire s'insère à 90° du tronc et que les autres se succèdent à 180° du premier, il y a une divergence de passage de $\frac{1}{4}$ et les membres secondaires ont leurs axes dans un plan perpendiculaire au plan des axes des membres primaires. Le système distique est alors dit *transversal*.

Dans le passage des membres d'une génération à ceux de la génération supérieure, si les divergences se comptent dans le même sens, et si, comptées à droite sur le tronc, elles se comptent de même sur le membre, il y a *homodromie* ; si elles se comptent en sens inverse (à gauche, par exemple), il y a *antidromie*.

11. *Ramification terminale.* — Les membres, toujours verticillés, sont équidistants et leur divergence dans le verticille est $\frac{1}{m}$, m étant le nombre des membres

de la polytomie. Dans la dichotomie, la divergence est $\frac{1}{2}$. D'une fourche à l'autre, la divergence peut être nulle, les verticilles se superposent et les membres sont sur m rangées. D'autres fois, il y a une divergence qui est ordinairement $\frac{m}{2}$ et les membres sont disposés sur $2 \times m$ rangées. Dans la dichotomie, la divergence étant de $\frac{1}{4}$, la bifurcation s'opère alternativement dans des plans rectangulaires (racine des *Selaginella*).

REPRÉSENTATION DE LA DISPOSITION DES MEMBRES. — La distance longitudinale et la distance transversale des membres déterminent entièrement la position de ces membres sur le tronc. On emploie pour représenter cette disposition plusieurs procédés graphiques.

Projection verticale sur un cylindre développé. — Supposant le tronc cylindrique, on peut fendre ce cylindre suivant une génératrice, le développer, et sur la surface plane ainsi obtenue tracer des lignes horizontales qui seront les nœuds, et marquer sur ces lignes les centres d'insertion par autant de points. Ces points se superposeront en un nombre de rangées donné par le dénominateur de la divergence. On figure ces rangées par des lignes verticales. On numérote ensuite les membres en allant de gauche à droite, ou de droite à gauche en montant, suivant l'ordre où ils se succèdent sur le tronc.

Projection horizontale ou diagramme. — Au lieu de figurer le tronc par un cylindre développé, on peut le supposer conique, et en figurer la projection horizontale. Les nœuds sont alors représentés par des circonférences concentriques, et les séries longitudinales de membres par des rayons. Une pareille projection horizontale est un *diagramme* (fig. 9). Elle permet de représenter non seulement la disposition des membres sur le tronc, mais la disposition relative de toutes les parties.

Construction spiralée. — On facilite la perception des rapports de position au moyen de l'hypothèse suivante.

Que l'on joigne, dans la représentation verticale, les points d'insertion par des lignes droites, on aura une série de lignes obliques parallèles, qui sont le développement d'une hélice tracée sur le cylindre et qui comprend tous les membres. Cette hélice tourne à droite ou à gauche suivant que le membre le plus rapproché du point de départ est à droite ou à gauche de celui-ci.

Fig. 9. — Diagramme.

Sur le diagramme, on obtient la courbe connue sous le nom de *spirale d'Archimède*, qui est la projection horizontale de l'hélice supposée tracée sur un cône. A cette spirale qui comprend tous les membres, dans la disposition isolée, on donne le nom de *spirale générale*.

Dans la disposition verticillée, chaque membre du verticille dont on part est le point d'origine d'une telle spirale et, pour comprendre tous les membres, il faut construire autant de spirales parallèles à pas concordant qu'il y a de membres au verticille.

Cette construction spiralée n'est pas toujours possible, ni utile. Par exemple, dans la disposition $\frac{1}{2}$ la spirale peut être construite indifféremment à droite ou à gauche, et par conséquent n'offre aucune signification. Si le tronc porte deux séries parallèles de membres sur une face, et pas du tout sur l'autre, la spirale est absolument impossible.

Quand elle est applicable, et que la disposition est isolée, si en outre les entre-nœuds sont très courts, la spirale générale ne s'aperçoit pas directement, et il est difficile d'assigner aux membres un numéro d'ordre. Mais on peut voir nettement d'autres spirales plus relevées que la spirale générale et qui tournent, les unes vers la droite, les autres vers la gauche. Ces spirales sont des *spirales secondaires;* elles unissent le membre dont on part au membre le plus rapproché d'un côté et de l'autre.

Si l'on compte le nombre des spirales secondaires dans un sens et dans l'autre, on obtient, en les ajoutant, le nombre des lignes verticales, et par conséquent le dénominateur de la divergence; le plus petit des nombres en est le numérateur. Quant à la spirale générale, elle tourne alternativement dans le sens du petit nombre et dans le sens du grand nombre des spirales secondaires.

INCLINAISON. — En l'absence de toute cause extérieure de déviation, la direction que prennent les membres est droite comme celle du tronc, et l'axe de croissance du membre se maintient dans un plan qui passe par l'axe de croissance du tronc et par le point d'insertion, c'est-à-dire qu'il reste dans le plan médian du membre. Toutefois, il fait généralement, dans ce plan, avec l'axe du tronc, un certain angle qui est l'*inclinaison* du membre. Dans chaque cas particulier, cette inclinaison a une valeur déterminée qui contribue beaucoup à donner au corps ramifié de la plante sa forme propre, qu'on nomme souvent son *port.*

I. *Ramification terminale.* — L'inclinaison des

branches de la dichotomie sur l'axe de croissance
du tronc supposé prolongé peut être de 45° et les
deux membres divergent à angle droit. Si elle est
inférieure à 45°, l'angle de bifurcation est aigu ; si elle
est supérieure à 45°, l'angle de bifurcation est obtus.
Dans chaque cas particulier, l'angle de dichotomie
possède une valeur déterminée. Si la dichotomie
devient sympodique, son inclinaison sur l'axe de
croissance du tronc va en diminuant, mais il est
rare qu'elle usurpe complètement la place du prolongement du tronc, et les segments vigoureux font
certains angles, qui s'ajoutent ou non, suivant que le
sympode est scorpioïde ou hélicoïde.

II. *Ramification latérale.* — Dans la grappe et
dans la cyme, considérées avec leurs modifications,
l'inclinaison du membre sur l'axe de croissance
offre une certaine constance dans chaque cas. Elle
peut être de 90° ; et les membres sont insérés à angle
droit sur le tronc, et dirigés horizontalement si le
tronc est vertical. Généralement, elle est plus petite
et l'angle d'inclinaison est aigu. Il est plus rare
qu'il soit obtus. Enfin il peut être nul et les membres s'appliquent sur le prolongement du tronc qui
les porte ; la ramification forme alors un ensemble
compact en forme de lame ou de massif, comme on
voit sur certaines Thallophytes.

Quand la ramification latérale, devenant sympodique, donne lieu à une cyme unipare, les choses se
modifient. L'inclinaison diminue beaucoup, et le
membre dominant tend à se mettre dans le prolongement du membre avorté, usurpant cette direction
jusqu'à produire un sympode presque rectiligne
qu'on peut confondre avec un tronc continu, surtout si le sympode est hélicoïde.

Ce résultat s'obtient artificiellement, si dans une
grappe on coupe le tronc au-dessus du point d'in-

sertion d'un membre latéral. Ce membre cesse de croître, diminue son inclinaison, et se place suivant le prolongement du tronc.

Influences déterminant la position des membres. — Les causes qui déterminent la disposition des membres sont de différents ordres morphologiques.

STRUCTURE. — Chaque fois qu'un membre naît sur le tronc à une distance du sommet assez grande pour que la structure définitive du tronc soit établie dans la région d'insertion, c'est cette structure qui détermine la position du membre. Si les membres sont, de plus, suffisamment éloignés les uns des autres pour que leur présence réciproque n'ait aucune influence, c'est encore la structure interne seule qui sera la cause déterminante de la position primordiale.

MODE DE CROISSANCE. — Si les membres se forment au voisinage du sommet, leur position peut être déterminée par la manière même dont s'effectue la croissance. C'est ainsi que, comme on l'a vu plus haut, si le sommet cesse de s'accroître et donne naissance à des centres de croissance, la ramification est terminale; elle est au contraire latérale, s'il continue à croître. Quand la ramification est terminale, le nombre des centres détermine immédiatement la polytomie; quand elle est latérale, c'est le mode même de croissance qui impose aux membres leur position.

MEMBRES DÉJA FORMÉS. — Il peut arriver que les membres naissent près du sommet sans que le mode de croissance puisse aider à saisir leur disposition; car on ne peut invoquer la structure, qui n'est pas, en ce point, définitivement acquise, ni le mode de croissance terminale. Le mécanisme de la disposition des membres doit être attribué à l'action réciproque des membres. On peut observer alors, dans tous les cas, que le nouveau membre naît au-dessus du plus large intervalle laissé libre par les membres les moins anciens.

La règle est surtout applicable aux *Phanérogames*, elle explique l'alternance des verticilles, et l'intercalation de verticilles en nombre double entre deux verticilles déjà formés. Mais cette règle n'indique qu'une des causes de la disposition.

Le tronc se dilatant brusquement à son sommet, il y aura place pour un plus grand nombre de membres, et la disposition deviendra plus compliquée. Cela arrive, pour les feuilles, dans les *Palmiers* et dans beaucoup de *Dicotylédones*, à mesure que la plante devient plus vigoureuse. Au contraire, le sommet amincissant son diamètre, l'inverse aura lieu, tandis que s'il le conserve, c'est la largeur d'insertion qui pourra diminuer progressivement ou non.

Contacts. — Quand la formation des membres a lieu non loin du sommet, leur disposition primordiale peut être altérée et transformée plus tard, soit par la croissance intercalaire du tronc, soit par son accroissement transversal. C'est ainsi que, lorsqu'on passe d'une région dépourvue de croissance intercalaire et à entre-nœuds courts, à une région douée d'une croissance intercalaire active et à entre-nœuds longs, on voit la divergence changer. La torsion du tronc pendant la croissance intercalaire peut amener encore des changements profonds dans la disposition primitive. Les membres, disposés d'abord en séries longitudinales, sont déplacés de telle sorte que les séries longitudinales paraissent enroulées en spirale autour du tronc. Si les membres sont disposés, autour du sommet, de manière à se toucher les uns les autres, chacun d'eux exerce, en grandissant, une pression qui se transmet le long des lignes de contact, cette pression s'exerce sur les membres voisins, déplace les membres, et leur assigne leur disposition définitive.

Suivant les plantes considérées, la même disposition des membres peut être amenée par des causes ou des combinaisons de causes diverses, tandis que la même cause pourra conduire à des dispositions différentes.

Il y a certainement un mécanisme différent pour amener la formation en deux séries, et la disposition distique des membres d'un *Mucor*, d'une *Vaucheria*, d'un *Penicillium* et d'une *Graminée*. Les deux premières sont des plantes à structure continue (1), le *Penicillium* est formé d'une série de cellules et les *Graminées* (2) allongent leur tige par la croissance de toutes les cellules de leur extrémité. Au contraire, le mécanisme de croissance du tronc est le même chez les *Fontinalis*, les *Polytrichum*, les *Sphagnum*, les *Equisetum* et les *Marsilia*, et la disposition des membres est bien différente chez chacune de ces Cryptogames.

Surface du corps. — En plus de la localisation de croissance qui atteint toute l'épaisseur du corps et détermine la ramification, il en est une autre qui provoque, à la surface du corps, soit des inégalités, soit des perforations, ou d'autres modifications qu'on peut réunir sous le nom d'*accidents* de la surface.

A l'étude de ces accidents s'adjoint celle des dépôts qui se produisent sur la surface et sont dus à des causes internes. Ces dépôts forment le *revêtement* superficiel.

Quand la structure est continue, ou formée d'une

(1) Voy. H. Girard, *Aide-mémoire de Botanique Cryptogamique.*
(2) Voy. H. Girard, *Aide-mémoire de Botanique Phanérogamique.*

file de cellules, ces accidents se réduisent à peu de chose : quelques crêtes, quelques points saillants, ou quelques dépressions en profondeur.

Si le corps est cloisonné dans les trois directions, la croissance peut se localiser sur certains points isolés, sur certaines cellules de la surface, suivant trois modes principaux.

1° La cellule en question, prenant une direction perpendiculaire à la surface générale, forme un accident en relief, dit *poil*.

2° Au contraire, si elle cesse de croître perpendiculairement à la surface, tandis que toutes les autres continuent leur croissance et forment au-dessus d'elle un rebord saillant, l'accident en creux produit est une *crypte*.

3° En troisième lieu, la cellule superficielle cessant de croître, sans s'élever ni s'enfoncer, se divise seulement en deux moitiés qui s'écartent l'une de l'autre, de manière à laisser entre elles une ouverture en forme de boutonnière dont les cellules sont les bords. Un pareil accident est un *stomate*.

POILS. — On nomme *poil*, tout ce qui naît d'une cellule superficielle du corps et s'accroît vers l'extérieur. La plupart des plantes ont leur surface hérissée de poils, aussi bien si le corps est simple que s'il est ramifié. Une partie du corps couverte de poils est dite *velue* ; et *glabre*, dans le cas contraire.

La forme des poils est extrêmement variable. Ils sont simples, étoilés, rameux, filiformes, écailleux, massifs, isolés ou groupés. Ici, ils sont éphémères, et couvrent des régions jeunes ; là ils persistent aussi longtemps que la surface qu'ils couvrent.

Émergences. — La saillie perpendiculaire peut provenir non de la croissance d'une seule cellule, mais du développement local de cellules sous-jacentes qui forment un mamelon recouvert par les cellules superficielles. On lui donne le nom d'*émergence*. (Aiguillon des *Rosiers* et des *Ronces*, piquant qui hérisse la surface de certains fruits.)

Émergences pilifères. — Parfois, les deux sortes d'accidents en relief se superposent. Sur une émergence, une cellule superficielle se prolonge en poil, et l'on a une *émergence pilifère* (*Ortie, Garance, Fraxinelle*).

Cryptes. — Ce sont des accidents en creux, qui ont souvent la forme d'une bouteille à goulot étroit. Elles sont abondamment développées sur tout le corps des *Fucus*, et dans les feuilles du *Laurier-rose*. Quelquefois, elles s'allongent et produisent d'étroits sillons (*Casuarinées*).

Cryptes pilifères. — Parfois lisse, la paroi interne des cryptes développe certaines cellules en poils qui y demeurent enfermées, ou sortent par l'orifice de la crypte (*Fucus*). Souvent le fond de la crypte se relève en un poil massif unique. De telles cryptes sont dites *cryptes pilifères*.

Stomates. — Un stomate résulte de la division en deux d'une cellule périphérique avec écartement des deux moitiés de la cloison mitoyenne. Par ces ouvertures, les espaces vides internes communiquent directement avec le milieu extérieur.

On trouve les stomates pressés en grand nombre sur les parties aériennes du corps de la plante, où ils sont, parfois, visibles à l'œil nu.

Émergences et cryptes stomatifères. — On trouve parfois des stomates portés au sommet d'une émergence, et d'autres enfoncés dans des cryptes, sur la surface desquelles ils sont entremêlés à la base des poils. De telles émergences et de telles cryptes sont des *cryptes* et des *émergences stomatifères*.

Revêtement superficiel. — Chez un très grand nombre de plantes, les parties aériennes du corps produisent, dans leurs cellules périphériques, et émettent au dehors, à travers les membranes, une matière cireuse fusible au-dessous de 100° et soluble dans l'alcool chaud. Cette substance couvre la surface d'un revêtement continu qui la protège et l'empêche d'être mouillée par l'eau. Cet enduit donne aux feuilles du chou par exemple leur couleur, et forme sur certains fruits, comme le raisin ou les prunes, ce qu'on appelle la *fleur* ou la *pruine*. Quelquefois, il est assez abondant pour donner lieu à une exploitation industrielle. La croûte cireuse reparaît quand on l'a enlevée.

Le *revêtement cireux* se rattache à quatre types. Tantôt, c'est une seule couche de granules isolés, en contact les uns avec les autres (*Iris, Allium, Tulipa, Tropæolum, Dianthus, Pinus*). Ailleurs, ces granules se disposent en plusieurs couches, comme dans les genres *Eucalyptus, Secale, Ricinus*.

Dans les *Graminées* et dans les *Scitaminées* (1), le revêtement est formé de petits bâtonnets perpendiculaires à la surface, quelquefois recourbés en boucle au sommet. Ces bâtonnets peuvent couvrir toute la surface, à l'exception des stomates (*Canna*), ou bien former, çà et là, des touffes isolées (*Sorghum*).

Enfin, le revêtement peut former une couche continue recouvrant toute la surface, et s'interrompant au-dessus des stomates.

Suivant son épaisseur, la couche cireuse prend l'aspect d'un vernis homogène dur et cassant (*Sempervirum*), d'un feuillet mince et brillant (*Taxus*), ou encore d'une couche épaisse, striée et stratifiée (*Myrica*).

La structure du dépôt est toujours bien nettement

(1) Pour toutes les plantes citées dans l'article *Revêtement superficiel*, voir H. Girard, *Aide-mémoire de Botanique Phanérogamique*.

cristallisée, sauf le cas où il prend la forme d'un vernis, et il possède la double réfraction (1).

Chez quelques végétaux, le revêtement cireux est remplacé par une couche amylacée blanche, ou d'un jaune d'or, formée de granules ou d'écailles d'une matière grasse qui se dissout à froid dans l'alcool.

Cet enduit joue le même rôle que l'enduit cireux et empêche la plante d'être mouillée par l'eau. Il possède aussi une structure cristalline.

Altérations de la forme du corps. — Il arrive assez fréquemment que divers membres d'un corps ramifié contractent des points d'union là où ils étaient libres, ou s'unissent plus intimement par leur surface de contact.

Si deux membres, d'abord séparés, viennent à se toucher en certains points, et à se continuer l'un l'autre, on dit qu'il y a *soudure* entre ces deux membres.

Lorsque deux membres issus du même tronc en des points rapprochés sont soulevés, plus tard, par une croissance intercalaire portant sur leur base commune à la périphérie du tronc, il se fait une pièce unique, qui leur appartient à tous deux. Cette pièce, dont la longueur dépend de l'activité et de la durée de cette croissance intercalaire commune, ne résulte pas d'une soudure, mais d'une communauté de croissance. Il y a *concrescence* entre les deux parties des deux membres.

SOUDURE. — La soudure a lieu de diverses manières et suivant les cas, elle est plus ou moins intime.

Soudure par anastomose. — Quand le corps de la plante est dépourvu de membrane cellulosique, l'union des deux parties qui se rencontrent a lieu par résorption des deux membranes albuminoïdes, et fusion des protoplasmas en un seul. C'est le cas

____

(1) Voy. H. Girard, *Aide-mémoire de Minéralogie.*

de Cryptogames inférieures comme les *Myxomycètes*.

La soudure est encore très intime si le corps est pourvu d'une membrane de cellulose avec des cloisons internes, comme dans les *Champignons* ordinaires, pourvu qu'au point de contact les deux membranes de cellulose se détruisent pour permettre aux deux protoplasmas de se mélanger.

L'ensemble de cellules ainsi fusionnées forme un *symplaste* local (1).

Toutes les fois qu'il y a union directe de deux membres, on dit que la soudure a lieu par *anastomose* ou que les deux membres sont *anastomosés*.

Soudure par juxtaposition. — Souvent, les membranes cellulosiques persistent au point de contact de deux membres et c'est par osmose que les protoplasmas communiquent ensemble. L'union n'en est pas moins intime. Dans le cas de membres cellulaires, le lien qui s'établit de la sorte est identique à celui qui réunit entre elles les diverses cellules du corps, et par conséquent les deux corps n'en font qu'un. Dans le corps ou *thalle* des *Algues* et des *Champignons*, on voit souvent un grand nombre de membres successifs se souder ainsi dans toute leur longueur. De pareilles unions peuvent s'observer dans certaines parties du corps des *Phanérogames*. Souvent, on voit, sur des arbres, des branches se souder entre elles, ou se réunir, par une soudure, à la tige dont elles sont issues; de telle sorte que, coupées au-dessous du point de contact, elles continuent à prospérer, nourries par la branche ou la tige à laquelle elles sont soudées.

De telles soudures, dites *soudures par juxtaposition*, se réalisent artificiellement dans la *greffe par approche*.

---

(1) Voy. H. Girard, *Aide-mémoire de Botanique Cryptogamique.*

CONCRESCENCE. — Lorsque deux membres, distincts à partir d'une certaine région, sont insérés sur le tronc par une partie commune, la concrescence revêt trois formes, suivant que la partie commune appartient tout entière au tronc, tout entière aux membres, ou moitié aux membres, moitié au tronc. Si les membres nés, isolément, sont soulevés, plus tard, par une croissance intercalaire transversale du tronc, s'opérant au-dessous de leurs insertions, ou s'ils naissent au bord d'une proéminence transversale du tronc, la partie commune appartient entièrement à ce dernier, dont elle est un nœud développé. Les membres ne sont pas concrescents en ce cas, c'est le tronc qui est accrescent au-dessous d'eux.

Tout en naissant isolément en des points voisins, les membres peuvent être disposés de telle sorte que leurs insertions se touchent. Si, plus tard, ils possèdent une croissance intercalaire commune, ils deviennent concrescents dans la longueur de la partie basilaire ainsi développée, et dans laquelle leurs parties inférieures sont confondues dès l'origine. Cette concrescence est fréquente entre feuilles rapprochées, elle peut se produire aussi entre des racines nées sur la même tige, en des points voisins.

Il peut y avoir encore accrescence du tronc sous les membres, et concrescence de ceux-ci entre eux. Les deux parties communes, de forme semblable, mais d'origine différente, s'ajoutent ensemble et il faut examiner les choses avec le plus grand soin pour rapporter au tronc et aux membres les parties qui leur appartiennent.

La concrescence altère souvent la disposition des membres. Quand il y a concrescence entre des membres de même génération, le point où ils paraissent s'insérer l'un sur l'autre est nommé l'*insertion apparente*, tandis que l'*insertion vraie* a lieu, pour tous à la fois, sur le tronc, à la base de la partie commune.

Avortement. — Lorsqu'un membre, après s'être formé sur le tronc, cesse de croître de manière à n'acquérir qu'une très petite partie de sa dimension normale, on dit qu'il y a *avortement* de ce membre.

L'avortement de certaines parties d'un corps ramifié contribue, autant que les concrescences et les soudures, à altérer la disposition de ces parties.

L'avortement peut s'opérer plus ou moins tard et le membre est alors représenté par une proéminence plus ou moins saillante. Il peut aussi être tellement précoce que le membre ne fasse jamais une saillie visible à la surface du corps. L'avortement est dit *total*.

La loi de disposition des autres membres pourra seule permettre d'affirmer qu'il y a une place vide dans l'ensemble. En examinant la place ainsi désignée, on peut apercevoir les premières traces du développement du membre, et mettre en évidence la réalité de l'avortement. On peut alors comprendre comment, si un assez grand nombre de membres avortent, la forme sera modifiée profondément.

Chaque fois qu'une trace des membres avortés pourra être relevée, on pourra, en en tenant compte, retrouver la loi générale de position qui les réunit; mais si l'avortement est total, la question devient à peu près insoluble; seule, la comparaison avec des plantes analogues, chez lesquelles l'avortement ne se produit pas, pourra donner d'utiles indications.

L'avortement se produit souvent sans régularité, et la forme du corps devient, en même temps, irrégulière. Mais souvent aussi, l'avortement suit une marche régulière, et de la formation du corps résulte un autre système régulièrement ramifié. C'est ainsi que l'on a vu précédemment que l'avortement régulier d'une branche d'une dichotomie transforme la dichotomie en sympode.

Association. — Il arrive souvent que plusieurs corps distincts nés, ou amenés par leurs mouvements, au voisinage l'un de l'autre, se soudent en divers points, s'associent de manière à ne former qu'un seul corps. Cette soudure des corps est une *association*, et l'association peut s'opérer de deux manières principales. Lorsque la soudure a lieu entre corps issus d'un corps antérieur, ou issus l'un de l'autre, le corps complexe sera doué des mêmes propriétés, en ses diverses parties, dans toute son étendue, et ne différera en rien d'un corps simple. L'association est dite, en ce cas, *homogène*.

Lorsque la soudure a lieu entre corps issus de corps différents, il en résultera une certaine hétérogénéité dans le corps complexe, qui présentera des variations d'un point à un autre. L'association est dite *hétérogène*. On conçoit que l'hétérogénéité sera d'autant plus accentuée que la soudure s'opérera entre corps appartenant à des genres, des familles, des ordres, ou des classes différentes.

Associations homogènes. — L'association homogène peut avoir lieu comme la soudure des membres, par anastomose ou par juxtaposition. L'association par anastomose est fréquente chez les *Myxomycètes*, l'association par juxtaposition est commune chez tous les *Champignons*, mais elle peut se produire **aussi** chez les *Phanérogames*. Ainsi, quand des arbres voisins entrelacent leurs branches et leurs racines, il peut arriver que des branches ou des racines issues de tiges différentes s'unissent intimement et établissent des communications entre les appareils où circulent les liquides nourriciers. Si l'on vient à couper l'une des branches au-dessous du point d'union, l'arbre voisin nourrit la branche étrangère qui lui reste attachée. C'est un exemple naturel de la *greffe par approche* entre individus différents. Les

Sapins, les *Charmes*, les *Hêtres*, les *Tilleuls* en fournissent fréquemment des exemples.

Entre individus appartenant à des plantes différentes de même race, l'union peut s'opérer, soit par anastomose, soit par juxtaposition.

ASSOCIATIONS HÉTÉROGÈNES. — Il est rare que deux plantes d'espèces ou de genres différents s'unissent directement par anastomose en confondant en quelques points leurs protoplasmas. Au contraire, les associations hétérogènes par juxtaposition sont très fréquentes. Dans la nature, la greffe par approche se produit fréquemment entre espèces différentes d'un même genre, ou entre genres différents d'une même famille. Ainsi, un *Poirier* et un *Cognassier* croissant côte à côte peuvent s'unir, soit par leurs branches, soit par leur racine, et les deux corps n'en forment plus qu'un seul.

Symbiose. — La *symbiose* est une association hétérogène à bénéfices réciproques. Le meilleur exemple est offert par les *Lichens* (1). Des Champignons trouvent dans leur voisinage des *Algues inférieures*, entrent en contact avec elles, les entourent de leurs filaments et les incorporent. L'Algue devient plus vigoureuse, parce que le Champignon lui offre un abri, de l'humidité et les aliments à la fois minéraux et azotés; elle cède en revanche au Champignon des aliments carbonés. En réglant ainsi leur croissance l'un sur l'autre, en s'entr'aidant, l'Algue et le Champignon forment le Lichen, qui joue un rôle très important dans la végétation du globe.

Parasitisme. — Si le bénéfice de l'association hétérogène n'est profitable qu'à une seule plante, on dit qu'il y a *parasitisme*. Quelquefois, la plante parasite implante ses racines sur celles de la plante hospita-

______

(1) Voy. H. Girard, *Aide-mémoire de Botanique Cryptogamique*.

lière et lui emprunte une partie de ses aliments. C'est le cas du *Melampyrum*, qui vit sur les racines des Graminées. Les parasites dépourvus de chlorophylle, comme l'*Orobanche*, la *Cuscute* (1), le *Cystopus*, les *Peronospora* et les *Phytophtora* (2), prennent à leur hôte tous leurs aliments et l'épuisent rapidement.

Il arrive quelquefois que, pour parcourir tout le cycle de son développement, le parasite soit obligé de s'adresser à plusieurs hotes. Telle est la *Puccinia graminis*, Champignon qui vit au printemps sur l'Épine-vinette, passe en été sur le Blé, et revient au printemps souvent sur son premier hôte.

Association par proximité. — Les associations hétérogènes par anastomose ou par juxtaposition établissent toujours un certain lien entre les protoplasmas des individus associés. Il est un autre genre d'association, où l'une des plantes se place seulement au voisinage d'une autre, pour profiter de certains produits, ou de certains avantages réalisés par elle. Il peut y avoir symbiose ou parasitisme, en ce cas, mais ils n'ont lieu que par l'intermédiaire d'un produit de la plante. C'est une association *par proximité*. A cet ordre d'association, il faut joindre celle que contractent les plantes dites *épiphytes*, qui se servent d'un végétal plus grand, qui leur fournit l'ombre et l'humidité indispensables. Ce ne sont pas là, en somme, des associations véritables.

Dissociation. — A mesure qu'il grandit, le corps de la plante peut se séparer en parties distinctes formant autant d'individus nouveaux, sur chacun desquels se poursuit la croissance. Chacun de ces individus nouveaux peut se fragmenter et ainsi de suite. Au bout d'un certain temps, un même corps

(1) Voy. H. Girard, *Aide-mémoire de Botanique Phanérogamique*.
(2) Voy. H. Girard, *Aide-mémoire de Botanique Cryptogamique*.

se trouve avoir disséminé dans le monde extérieur une infinité d'individus séparés, qui ne sont que les diverses parties d'un corps unique *dissocié*.

Les modes de dissociation sont très nombreux. Ainsi, dans les *Fraisiers*, le corps se dissocie en un nombre de plus en plus grand de systèmes déjà ramifiés au moment de le séparation. La *Pomme de terre* détruit son corps à la fin de chaque saison, ne laissant subsister que les sommets renflés de rameaux souterrains. Ceux-ci constituent désormais autant de systèmes isolés, qui deviennent les points de départ d'individus nouveaux à la saison prochaine.

On reproduit artificiellement ces modes de dissociation. Chaque fois qu'il est nécessaire de multiplier le corps d'une plante, en lui conservant ses caractères, on le dissocie.

Lorsque la portion séparée possède un système rameux aussi complet que le tout, c'est une *marcotte*. Si la partie séparée a besoin de se compléter d'abord avant de devenir semblable au tout, c'est une *bouture*. Théoriquement, on peut isoler une partie quelconque du corps pour faire une bouture.

Certaines plantes offrent, dans le cours du développement, la dissociation et l'association.

Ainsi, les *Myxomycètes* dissocient leur corps à chaque bipartition de cellule; puis vient un moment où tous les éléments séparés se réunissent par anastomose en un symplaste. De même, les individus provenant de la dissociation d'un *Fraisier* ou d'une *Pomme de terre* pourraient se greffer ou être artificiellement greffés par approche.

C'est ce qu'on a réalisé en somme dans la *greffe en écusson*, et dans la *greffe en fente*. On sépare d'un premier individu la racine, d'un second une branche ou un bourgeon, puis on ajuste ensemble ces deux parties, qui sont des boutures, de manière à ce qu'elles se soudent par juxtaposition. On n'a pas réalisé autre chose qu'une dissociation suivie d'une association.

CHAPITRE II

ANATOMIE GÉNÉRALE.

Définition. — Tout ce qui a été exposé dans le chapitre précédent a trait à la forme extérieure du corps dans ce qu'elle a de plus général. Nous exposerons maintenant la forme intérieure ou la *structure*.

**L'étude de la forme intérieure porte le nom d'*anatomie*.

Dans l'*anatomie générale*, on se propose d'étudier la structure du corps végétal, aussi bien chez les plantes inférieures, comme les *Thallophytes*, que chez les plantes les plus compliquées, comme les *Phanérogames*.

On sait que le corps des végétaux est formé de petits compartiments polyédriques, auxquels on donne le nom de *cellules* (1).

Les cellules se groupent de manière à former des ensembles de forme et de propriétés différentes, dans chacun desquels les cellules ont toutes sensiblement la même forme et les mêmes propriétés. Ces ensembles homogènes sont des *tissus*.

A leur tour, les tissus se rassemblent pour constituer des ensembles plus compliqués, doués d'une forme et de propriétés spéciales, dans lesquels chaque tissu apporte son activité propre. Ces ensembles sont des *appareils*.

(1) Voy. H. Girard, *Aide-mémoire de Botanique Cryptogamique.*

Enfin, les appareils s'ajustent pour former les divers membres de la plante, qui sont la *racine*, la *tige* et la *feuille*.

I. — CELLULE.

Une cellule complète, parvenue à son état moyen de développement, se compose de cinq parties : 1° le

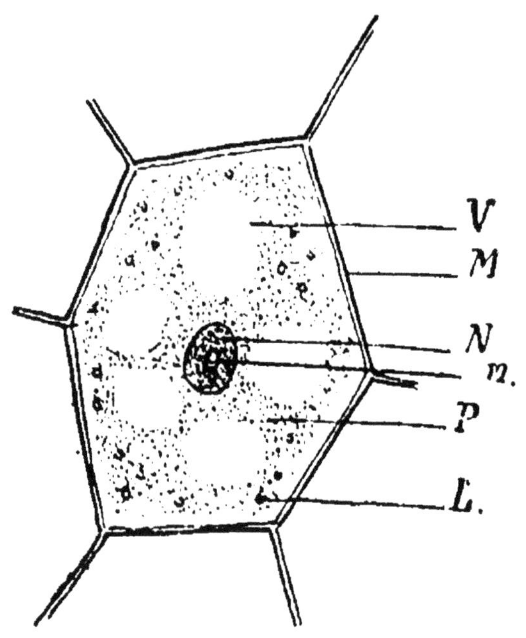

Fig. 10. — Cellule adulte.

cytoplasma, P ; 2° le *noyau*, N ; 3° le *suc cellulaire* ou *hyaloplasma* ; 4° les *leucites*, L ; 5° les *hydroleucites*, V ; 6° la *membrane*, M (fig. 10).

Cytoplasma. — Le cytoplasma est un mélange de composés azotés et minéraux, avec une forte proportion d'eau. Il est constamment en voie d'activité chimique. Quelquefois, il possède une transparence absolue ; d'autres fois, certaines substances résultant de son activité chimique sont insolubles, et se déposent dans la masse, en la rendant plus ou moins opaque. Ils peuvent atteindre une dimension assez grande, et acquièrent une forme, une structure déterminées, ainsi que des propriétés chimiques qui se traduisent par des réactions particulières.

Consistance. — La consistance du cytoplasma varie d'une cellule à l'autre au même âge et dans la même région. Généralement, il est mou, tenace, extensible, mais non élastique, et plastique.

Dans les cellules jeunes, il est compact et devient fluide dans le cours du développement.

Dans une même cellule, la consistance du cytoplasma varie. A la périphérie, il forme une couche transparente, plus réfringente et plus compacte que le reste. Souvent elle reste très mince. Elle circonscrit complètement la masse interne, et demeure avec elle en parfaite continuité. Lorsqu'un corps protoplasmique se segmente, chaque portion se recouvre d'une pareille couche transparente. Quand elle est épaissie, elle se montre nettement divisée par des stries perpendiculaires à sa surface, ou par des lignes concentriques.

Cette couche périphérique joue un rôle important dans les phénomènes osmotiques dont la cellule est le siège.

Enfin, à partir de la couche périphérique, la réfringence et la densité du cytoplasma vont en diminuant vers le centre.

Perméabilité. — Le cytoplasma est très perméable à l'eau ; avec une consistance assez ferme, il en contient environ 70 p. 100 de son poids total. Au delà d'une certaine limite, l'eau se sépare de la masse générale et s'accumule dans des *vacuoles* (1).

On augmente, ou on diminue la consistance du

(1) Voy. l'article *Hyaloplasma.*

cytoplasma en diminuant, ou en augmentant la proportion d'eau d'imbibition qu'il renferme. Il suffit pour cela de plonger les cellules dans une dissolution saline ou sucrée. Le volume du corps protoplasmique diminue, en même temps que sa consistance augmente ; il se contracte. Si on remplace la dissolution par de l'eau pure, il revient à son état primitif, son volume augmente et sa consistance diminue ; il se dilate. Ces changements de volume sont très marqués, si le cytoplasma contient de grandes vacuoles ; par contraction dans l'eau sucrée le cytoplasma peut se réduire à la moitié de son volume primitif.

La couche périphérique, très perméable à l'eau, l'est beaucoup moins pour les substances que celle-ci peut tenir en dissolution. Elle est même imperméable pour le sucre, le sel marin, le salpêtre et diverses matières colorantes. Le protoplasma plongé dans une eau contenant ces matières en dissolution ne prend que de l'eau. Si ces substances sont dissoutes dans l'eau des vacuoles, et que le volume se contracte, l'eau seule traverse la membrane. Le phénomène est directement appréciable, si la substance en dissolution est une matière colorante, comme la teinture de campêche.

Au contraire, la membrane se laisse traverser par des substances comme les acides, les bases, les carbonates alcalins en solution et certaines matières colorantes (fuchsine, éosine, brun d'aniline, etc.). Ces substances, après avoir traversé la membrane, pénètrent, avec l'eau, dans toute l'étendue du protoplasma.

Sous une légère pression, la membrane peut se laisser pénétrer, et des corps solides, comme les *Bactéries*, les grains d'amidon, etc., peuvent la traverser aussi bien pour se mêler au cytoplasma que pour l'abandonner.

Cette propriété ne se manifeste qu'autant que le cytoplasma est vivant. Dès qu'il a été tué, sa couche membraneuse devient rigide, se déchire au moindre effort et se laisse traverser par les substances pour lesquelles elle était imperméable. Cependant, tant qu'elle reste sans déchirures, elle conserve ses propriétés.

Mouvements. — Quelle que soit la proportion d'eau qu'il renferme, le cytoplasma n'est jamais un solide ni un liquide. Il est animé en effet de mouvements internes ou de déplacements externes qui établissent une différence profonde entre lui et les autres corps.

Si l'on étudie les cellules à un âge, et dans des conditions favorables, les mouvements qui animent son cytoplasma peuvent se rapporter à trois modes : 1° la disposition interne des particules, et le contour externe de la masse se modifient ensemble ; 2° le contour externe, seul se modifie, il y a en d'autres termes *locomotion*; 3° la disposition interne des particules se modifie seule.

1° *Mouvement à la fois interne et externe.* — Ce double mouvement se manifeste très visiblement chez les *Myxomycètes.*

En un point de sa surface, le corps protoplasmique pousse un prolongement que la substance transparente forme seule d'abord, mais où le reste du protoplasma afflue bientôt.

Ce prolongement en produit d'autres à sa surface et ceux-ci, se rencontrant, s'unissent et forment des réseaux. Comme à chaque fois la masse primitive passe dans les prolongements nouveaux, l'ensemble ramifié ou réticulé change de place, coule à la surface de son support. En même temps, on voit s'accomplir dans le protoplasma d'actifs mouvements intérieurs. La masse générale est sillonnée de courants rendus visibles par le rapide déplacement des granules charriés. Ces courants traversent en divers sens la substance fondamentale, et reviennent au point où le mouvement a pris son origine. Après avoir coulé dans une certaine direction pendant un certain temps, le courant se ralentit, puis cesse, mais il se forme bientôt un nouveau courant dans une direction différente qui peut être opposée à la première, et le phénomène se poursuit.

Il n'y a aucune concordance entre les changements de forme du corps protoplasmique et les courants internes. La vitesse des mouvements est le plus souvent différente. En outre, le corps protoplasmique peut conserver une forme sphérique, pendant que les courants internes sont aussi rapides et aussi abondants que s'ils se déplaçaient, en prenant la forme ramifiée.

Quand le corps protoplasmique est recouvert d'une membrane cellulosique (1), on y peut trouver aussi ce double mouvement. Seulement il est lent, car il lui faut vaincre la résistance de la membrane.

En un point de sa surface, le corps protoplasmique émet un prolongement qui pousse devant lui la membrane cellulosique extensible. Le prolongement protoplasmique demeure recouvert de la membrane. Des branches latérales naissent bientôt, et il se forme un système ramifié, dont les branches peuvent s'anastomoser aux points de contact. Le cytoplasma se rend dans les branches nouvelles en quittant progressivement les anciennes. Derrière lui reste le tube vide à travers lequel il s'est déplacé. Pendant ces déplacements et ces changements de forme, la masse est parcourue aussi par des courants intérieurs, comme ceux qu'on observe chez les *Myxomycetes.*

(1) Voy. l'article *Membrane.*

2° *Mouvement externe.* — Lorsqu'un corps proto-plasmique de forme constante et déterminée est animé de contractions légères et alternatives, il se déplace en nageant dans l'eau, ou en rampant sur les supports.

Dans ce mode de locomotion, il faut distinguer deux cas, suivant que le cytoplasma jouit, sur toute son étendue, de contractilité, ou que cette propriété réside exclusivement dans un prolongement aminci, qu'on nomme un *cil.*

Le premier cas est celui d'un grand nombre d'*Algues.*

Le second est surtout offert par les *zoospores* (1) des *Champignons*, des *Algues* et des *Cryptogames vas-culaires.*

Enfin, le mouvement exclusivement externe peut avoir lieu à la fois par contractilité générale et par contractilité ciliaire.

3° *Mouvement interne.* — Le cytoplasma présente ce genre de mouvement principalement sur les plantes à structure cellulaire.

Dès que le cytoplasma d'une cellule renferme des vacuoles importantes, formant les mailles d'un réseau, on le voit s'animer de mouvements internes rapides, qui se traduisent par des changements continuels dans la forme de ce réseau.

En un point, une ligne rayonnante s'amincit, se brise, puis se rétracte sur le protoplasma pariétal. Ailleurs, il se forme une ligne nouvelle sur le réseau, ou bien on voit une ligne persistante émettant une ramification qui s'anastomose avec une ligne voisine.

En même temps, le cytoplasma pariétal, qui enve-loppe tout le réseau ainsi que le noyau, se montre tra-versé par des courants très actifs. Souvent, il y a deux courants de sens inverse sur les deux bords de la couche pariétale, séparés par une bandelette au repos.

La vitesse de ces courants n'est pas constamment la même et elle varie d'un courant à l'autre.

Quand la cellule est plus âgée, et que le cytoplasma ne forme plus qu'une couche pariétale qui contient le noyau, sa forme ne change plus, mais des courants la parcourent, excepté dans sa région la plus externe qui reste toujours immobile. On constate alors : ou bien qu'il n'y a qu'un seul courant pourvu d'une direction constante, ou bien qu'il y a plusieurs courants parallèles à la plus grande dimension de la cellule, et dirigés dans le même sens, ou dans des sens différents. Dans les cellules de la feuille de certaines plantes vertes, le noyau et les chloroleucites sont entraînés par le mouvement. Dans les *Chara* (1), la couche immobile est très épaisse, les chloroleucites y sont logés et restent par conséquent immobiles, mais le noyau est mobile.

Composition chimique. — On trouve dans le cytoplasma des composés chimiques très divers :

1° Des substances quaternaires contenant du carbone, de l'oxygène, de l'hydrogène et de l'azote. Quelques-unes, fort complexes, font partie du groupe des matières albuminoïdes, comme la caséine et l'albumine ; la plus caractéristique est la *plastine*, qui précipite dans l'acide acétique étendu et se colore mieux par les couleurs d'aniline acides que par les couleurs d'aniline basiques. D'autres sont des diastases, comme l'amylase, la pepsine et l'invertine. Quelques-unes plus simples appartiennent au groupe des amides (Asparagine) ou des alcaloïdes (Quinine).

(1) Voy. H. Girard, *Aide-mémoire de Botanique Cryptogamique.*

2° Des substances ternaires, contenant du carbone, de l'oxygène et de l'hydrogène (hydrates de carbone). Les unes, comme le tannin, sont des glucosides ; les autres, plus simples, appartiennent au groupe de l'amidon (dextrines, sucres), ou des corps gras et des cires.

3° Des substances minérales en petite quantité. Les carbonates sont les plus abondants. On y trouve aussi des lactates, des acétates, des formiates, des oxalates, des phosphates, des sulfates, du chlorure de sodium.

RÉACTIONS. — Le cytoplasma offre les réactions générales des composés albuminoïdes. Il se coagule par la chaleur, dégage en brûlant des vapeurs ammoniacales. La coagulation par la chaleur commence à des températures différentes. Les spores de certains *Bacillus* supportent une température de 105°. L'alcool, l'éther, les acides étendus (picrique, osmique, chromique), et les bichromates alcalins le coagulent et le durcissent.

L'acide acétique cristallisable, l'ammoniaque et la potasse étendue le dissolvent. Dans la potasse concentrée, il conserve sa forme.

L'iode le colore en jaune ; l'action successive de l'acide azotique et de la potasse le colore en brun ; l'azotate mercurique le colore en rouge, et l'action successive du sulfate de cuivre et de la potasse lui donne une couleur violette, tandis que l'acide sulfurique concentré, en présence du sucre, lui communique une teinte rose.

CORPS DÉRIVÉS. — Un certain nombre de corps dérivent du protoplasma, et, étant insolubles dans sa masse, y prennent forme. Ces corps sont des *albuminoïdes*, des *pigments*, des *hydrates de carbone*, des *matières grasses*, des *carbures* et des *matières minérales*.

4.

Albuminoïdes. — Il peut se former, dans certaines circonstances, au sein du protoplasma, des principes albuminoïdes qui cristallisent. Comme la forme des cristaux, et les conditions dans lesquelles ils prennent naissance sont différentes, on admet qu'ils correspondent à des substances diverses, qu'on ne peut distinguer que par leur forme cristalline et les propriétés optiques inhérentes à celle-ci. Mais leur composition chimique propre et leurs réactifs sont inconnus.

Toutefois, ces substances albuminoïdes cristallisées diffèrent par certaines propriétés des autres cristaux. Si elles ont les mêmes caractères géométriques, les propriétés optiques, les clivages, le même mode d'accroissement que les matières cristallisées connues, elles ont la propriété de se laisser pénétrer par l'eau pure, ou tenant des substances en dissolution, qui les gonfle. Ce gonflement amène un changement dans les angles, changement qui peut atteindre 15° dans une dissolution de potasse.

L'eau qui imbibe ainsi une substance albuminoïde cristallisée ne se répartit pas uniformément dans l'épaisseur de la masse. On peut observer sur celle-ci une stratification parallèle aux faces. Le cristal est ainsi formé de couches alternativement dures et molles, sèches ou aqueuses, brillantes et ternes. La couche externe est dure, et il y a toujours, au centre, un noyau mou. En outre, dans les couches de même nature, la quantité d'eau décroît du centre à la périphérie. Dans l'étendue d'une couche donnée, la densité n'est pas la même, on y voit un réseau de matière résistante, dont les mailles sont remplies par une substance plus molle et plus hydratée. La dessiccation et un gonflement exagéré font disparaître cette stratification qu'un gonflement modéré met en évidence.

Cette constitution particulière a fait donner à ces corps le nom de *cristalloïdes*. D'autre part, des substances ternaires pourront affecter le même mode de cristallisation et former des cristalloïdes, aussi donne-t-on aux albuminoïdes cristallisés le nom de *cristalloïdes protéiques*. Ils sont insolubles dans l'eau, et offrent les réactions caractéristiques de la matière albuminoïde.

Pigments. — Le cytoplasma renferme parfois des substances colorantes qui se disséminent dans sa masse sous forme de fins granules. Certains *Myxomycètes* sont ainsi colorés en rouge, en jaune ou en violet. Les *Bactéries* produisent dans leur cytoplasma des matières colorantes solubles dans l'eau et offrant de remarquables analogies avec les couleurs d'aniline. Ces pigments sont rouges, jaunes, verts ou bleus. Les *Cyanophycées* ont leur cytoplasma coloré simultanément en vert par la *chlorophylle*, en bleu par la *phycocyanine*. La première est soluble dans l'alcool et insoluble dans l'eau, la seconde soluble dans l'eau et insoluble dans l'alcool. C'est pourquoi la couleur verte de ces *Algues* est toujours mélangée de bleu.

Hydrates de carbone. — La dextrine et les sucres qui, restant dissous dans l'hyaloplasma, échappent à l'observation directe, ne sont pas les seuls hydrates de carbone que renferme le protoplasma de la cellule. Quelques-uns apparaissent en forme de granules fins, ou sous l'aspect de grains plus gros formés de nombreuses couches concentriques.

Quand la substance se colore en bleu foncé par l'action de l'iode, c'est de l'*amidon*; si elle se colore en jaune rougeâtre ou en rouge brun, c'est de l'*amylodextrine*. Enfin, on nomme *paramylon* un hydrate de carbone, qui, comme la cellulose, est insensible à l'action de l'iode.

Corps gras. — Les corps gras s'accumulent parfois en quantités considérables dans les cellules des graines. Ils sont tantôt solides à la température ordinaire, tantôt liquides.

Les corps gras solides peuvent apparaître sous forme de cristaux en aiguilles, mais plus souvent sous forme d'amas irréguliers amorphes et mous, auxquels on donne les noms de *suif*, de *beurre* ou de *cire*.

Les corps gras liquides forment des gouttelettes plus ou moins denses, qu'on appelle de l'*huile grasse* ou simplement de l'*huile*.

Les corps gras solides fondent au voisinage de 50°, tandis que les huiles se solidifient en général au-dessous de 0°. Ils sont réfringents et plus légers que l'eau, dans laquelle ils sont insolubles; ils se dissolvent mal dans l'alcool froid, mieux dans l'alcool chaud, et sont, en général, solubles dans la benzine, l'éther, le sulfure de carbone. Ils sont blancs ou colorés en jaune, en vert ou en rouge. Les huiles contiennent de l'azote et de l'oxygène en dissolution dans les proportions où ces gaz se trouvent mélangés dans l'atmosphère. Grâce à cette propriété, elles peuvent entretenir la vie de certains végétaux inférieurs (*Penicillium*, *Saccharomyces*).

Au point de vue chimique, les corps gras sont des éthers de la glycérine, c'est-à-dire des combinaisons de la glycérine avec des acides organiques. Ils répondent à la formule générale $C^nH^{2n}O^2$.

L'action de l'eau seule, à une température supérieure à 200°, dédouble les corps gras en glycérine et en acide gras.

La même action se produit sous l'action de l'eau à 100° en présence de bases, d'acides ou d'oxydes métalliques. Le dédoublement sous l'action des bases ou des oxydes porte le nom de *saponifica-*

tion (1) et on appelle *savon* le corps formé par l'action de l'acide avec la base. Avec les bases, la saponification est précédée d'une *émulsion*, c'est-à-dire d'un mélange très intime d'eau, de base et du corps gras ; en ce cas, le savon formé est soluble. Avec les oxydes l'émulsion ne se produit pas, et le savon est insoluble.

L'action de l'oxygène de l'air altère peu à peu les huiles, mais cette altération diffère avec le produit considéré. Quelques-unes s'épaississent et se transforment en une masse jaune, transparente, un peu élastique, ayant l'aspect des vernis. On les nomme *huiles siccatives* (huiles de noix, de ricin, de chanvre, de lin, d'œillette). Les autres, dites *non siccatives*, restent liquides ; en s'oxydant, elles dégagent de l'anhydride carbonique et rancissent (huiles d'olive, de noisette, d'amandes douces).

Le rôle physiologique des corps gras est très divers suivant le temps et le lieu où ils se développent. S'ils prennent naissance dans l'enveloppe charnue d'un fruit à noyau, ou dans le tégument d'une graine, ils sont sans utilité pour l'alimentation de la plante et ne subissent aucune modification ultérieure.

Si, au contraire, ils se forment et s'accumulent dans l'amande de la graine, ou dans tel ou tel organe de la végétation, ils ont un rôle important, car ils constituent une réserve alimentaire. Au réveil de la végétation, ils se dissolvent dans les cellules et disparaissent en se transformant.

Le dédoublement en glycérine et en acide gras s'accomplit dans la cellule vivante à la température ordinaire et par un mécanisme particulier. Pendant la germination des graines oléagineuses, le protoplasma produit une diastase qui émulsionne les

---

(1) Voy. P. Lefort, *Aide-mémoire de Chimie médicale.*

graisses, puis les saponifie. La glycérine et l'acide gras subissent une série de transformations chimiques assez mal connues, mais pouvant donner naissance à des hydrates de carbone et en particulier à de l'amidon.

Carbures. — Dans certaines cellules spéciales, le cytoplasma produit des composés binaires exclusivement formés de carbone et d'hydrogène. Ils sont quelquefois solides et cristallisés, mais généralement ils sont liquides et forment dans le protoplasma des gouttelettes réfringentes huileuses, volatiles, odorantes qu'on nomme des *essences* ou des *huiles essentielles*.

Au fur et à mesure de leur production, les carbures d'hydrogène fixent plus ou moins rapidement une certaine quantité d'eau, et donnent naissance à un composé oxygéné plus fixe, solide à la température ordinaire, et qui reste dissous dans le carbure liquide. Une essence naturelle est donc généralement un mélange de deux huiles volatiles, l'une oxygénée, l'autre non oxygénée. Mais si l'oxydation ou l'hydratation ne se produit pas, l'essence est tout entière formée de carbure d'hydrogène; si, au contraire, elle porte sur la totalité du produit, l'essence s'oxyde entièrement, ce qui est le cas du *camphre*.

Une oxydation prolongée donne naissance à des composés fixes, solides, qu'on appelle des *résines*.

Une résine peut demeurer dissoute dans l'essence, tant qu'une notable partie de celle-ci résiste à l'oxydation : l'ensemble est liquide et porte le nom d'*oléorésine*. Si l'oxydation porte rapidement sur la totalité de l'essence, il se forme, dans le protoplasma, des grains puis, peu à peu, des masses solides qui sont de la *résine* pure.

Les essences sont en général des liquides dont

le point d'ébullition varie entre 140° et 150°. Elles sont très peu solubles dans l'eau, plus dans l'alcool, et tout à fait dans l'éther, les huiles grasses et le sulfure de carbone. Leur solubilité dans l'alcool froid et l'essence de térébenthine sert à les distinguer des huiles grasses. Généralement plus légères que l'eau, elles sont assez rarement colorées, et dévient à droite ou à gauche le plan de polarisation de la lumière ; un petit nombre d'entre elles sont inactives.

A l'air, elles s'oxydent facilement et se transforment lentement en résines. L'iode agit violemment sur elles, et la réaction peut donner lieu à une explosion. Elles sont en général neutres ; cependant l'essence de Menthe et l'essence d'Origan ont une réaction acide.

Il existe des huiles essentielles qui, au lieu de fixer de l'oxygène, fixent une certaine quantité de soufre. Tel est le cas de l'essence d'ail.

Les résines sont des corps solides, durs et cassants, solubles dans l'éther et les essences, peu solubles dans l'alcool, insolubles dans l'eau. Elles ne sont pas volatiles, mais fondent à température assez peu élevée. Elles sont le plus souvent colorées.

Leur composition chimique est peu connue ; on sait qu'elles dérivent des carbures d'hydrogène et des essences oxygénées par hydratation ou oxydation. Elles sont neutres. On en connaît qui ont une réaction faiblement acide, et qui forment avec les bases des savons insolubles. Quelques-unes renferment de l'acide benzoïque (Benjoin, Styrax), d'autres de l'acide cinnamique (Baume de Tolu).

Parmi les carbures d'hydrogène, il en est un auquel il convient de faire une place à part, à cause de ses propriétés différentes de celles des huiles essentielles, c'est le *caoutchouc*. Il se présente sous forme de petits globules solides en suspension dans le protoplasma cellulaire, auquel ils communiquent un aspect laiteux. Si on étend d'eau ce liquide, les globules s'unissent et forment une masse amorphe, élastique, soluble dans la benzine, le chloroforme, le sulfure de carbone. Il est produit par certaines *Urticacées* et quelques *Euphorbiacées*. Les *Sapotées* (1) produisent une substance comparable au caoutchouc, mais plus lourde que l'eau : c'est la *gutta-percha*.

Il semble, au point de vue physiologique, que les carbures d'hydrogène et leurs dérivés issus de l'activité protoplasmique ne soient pas employés plus tard dans la vie de la plante. Ce sont des produits d'élimination, et non des réserves.

Corps minéraux. — Les substances minérales qui se séparent du cytoplasma sont tantôt amorphes, tantôt cristallisées.

Les *Myxomycètes* contiennent de fins granules de carbonate de calcium dont la nature cristalline n'est visible qu'en lumière polarisée. Les plantes qui vivent dans les eaux sulfureuses, contiennent dans leurs cellules des cristaux de soufre, qui peuvent y constituer une réserve utilisée pour le développement ultérieur.

Ailleurs, c'est la silice qui se dépose dans le cytoplasma sous forme de nodules ou de concrétions amorphes.

Croissance. — Le cytoplasma croît très rapidement pendant les premiers temps de la vie de la cellule, il arrive à acquérir plusieurs centaines de fois le volume qu'il avait au début.

La croissance a toujours lieu par interposition de parties nouvelles dans toute la profondeur de la masse cytoplasmique. Cette interposition se fait

---

(1) Voy. H. Girard, *Aide-mémoire de Botanique Phanérogamique.*

par *adjonction*, lorsqu'un cytoplasma vivant, appartenant à une cellule voisine, vient se mêler au corps cytoplasmique et en accroître la masse. D'autres fois, les substances étrangères sont de nature minérale, et c'est dans la cellule même qu'elles s'unissent en composés de plus en plus complexes, qui s'assimilent au cytoplasma, dont ils augmentent le volume. C'est la croissance par *assimilation*.

Quel que soit le mode de croissance, c'est celle-ci qui détermine la forme que prend le corps protoplasmique, et, par suite, la cellule tout entière.

Quelquefois, la croissance a lieu également dans tous les points de la masse. La cellule en grandissant conserve alors son contour primitif polyédrique ou sphérique.

Plus souvent, la croissance se localise diversement, et la forme primitive subit des modifications plus ou moins profondes. Par exemple, une cellule ayant primitivement la forme cubique devient un prisme allongé, quand la croissance se localise sur les faces latérales. Si la croissance est plus forte sur les faces que sur les angles, la cellule s'arrondit en sphère; si le point où se localise la croissance est le centre de chaque face, la cellule devient une étoile à six branches. Enfin, s'il se forme çà et là sur ses flancs de nouveaux centres de croissance le corps se ramifie.

Ces diverses manières d'être dépendent de la nature propre des cellules, et de la place qu'elles occupent dans l'ensemble. C'est par cette croissance inégale et diversement localisée du cytoplasma que les nombreuses cellules qui composent un membre arrivent à se différencier de plus en plus profondément.

Division. — En s'accroissant, le cytoplasma ne reste pas continu avec lui-même, il découpe sa masse perpendiculairement à la ligne qui joint les centres des noyaux par des cloisons qui ont d'abord la même nature que la couche membraneuse, mais qui finissent par former, en son milieu, une lame cellulosique. La plante, en ce cas, possède la structure cellulaire.

Au moment de la reproduction, le cytoplasma se divise en un certain nombre de portions, qui s'isolent et forment les corps reproducteurs : *spores, oosphères, anthérozoïdes* (1).

Le cytoplasma possède aussi la faculté de se réunir en une masse unique. C'est en fusionnant ainsi des corps protoplasmiques issus, par voie de division, d'un cytoplasma primitif, que les Champignons inférieurs constituent leur plasmode. C'est encore par une fusion de deux corps cytoplasmiques issus d'une segmentation antérieure, que l'œuf de tous les végétaux prend naissance.

Noyau. — Le noyau, ou tout au moins sa substance, existe dans toutes les cellules végétales. Tantôt il est nettement différencié, tantôt il est disséminé en fragments au milieu du protoplasma cellulaire, où les réactifs convenables décèlent sa présence. C'est le cas du noyau des *Bactériacées*.

Structure et composition chimique. — Le noyau occupe le centre de gravité de la cellule (O. Hertwig), et présente des réactions acides. Il est limité par une membrane, dite *membrane nucléaire, Mn* (fig. 11), formée d'une substance albuminoïde, l'*amphipyrénine*, analogue à la membrane du cytoplasma. Cette membrane enveloppe un liquide, le *suc nucléaire, Sn*, contenant diverses substances dissoutes, entre autres un albuminate, auquel on a donné le nom de *paralinine*. Sa réaction est basique. Dans le suc nucléaire

____

(1) Voy. H Girard, *Aide-mémoire de Botanique Cryptogamique.*

baigne un filament *F* capricieusement replié sur lui-même et de composition chimique complexe. La charpente du filament est formée d'une substance amorphe, la *linine*, qui est réfractaire aux réactifs colorants ; le filament de linine porte de petits grains ou microsomes de *chromatine*, substance très sensible aux réactifs colorants ; elle se comporte vis-à-vis d'eux comme un corps faiblement cristallin. On la considère, aujourd'hui, comme formée de *nucléine*, de *lécithine*, de *cholestérine*, combinées à une matière complexe, riche en phosphore, à laquelle on donne le nom d'acide *nucléique* ($C^{29}H^{49}Az^9P^3O^{22}$). Il est probable que ce corps est combiné aux diverses substances albuminoïdes du cytoplasma.

Entre les replis du filament nucléaire existent des corpuscules très **réfringents**, les *nucléoles*, **N**, solubles dans l'acide acétique qui ne dissout pas les microsomes chromatiques. Leur substance est la *paranucléine*, ou *pyrénine*, matière protéique qui résiste aux réactifs colorants mieux que la chromatine, et ne se colore qu'avec les matières tinctoriales en solution ammoniacale.

Dans les cellules au repos, on distingue, accolés à la membrane nucléaire, deux corpuscules, qu'il est presque impossible de séparer du noyau, tant leur rôle est corrélatif au sien. Ils se composent d'une masse sphérique, la *sphère attractive*, contenant un corpuscule, le *centrosome*. L'ensemble est nommé *sphère directrice*, *Sd*. Elles jouent un rôle important dans la division nucléaire.

Division. — La division d'une cellule est la conséquence de l'assimilation fonctionnelle qui tend à lui faire dépasser sa forme d'équilibre dans le milieu où elle vit.

La division cellulaire est directe (*amitose*) ou indirecte (*mitose* ou *karyokinèse*).

1. *Division directe*. — La première, qui est très rare, s'effectue de la manière suivante. Le noyau s'étire en forme de biscuit; sa partie centrale devient de plus en plus mince et finit par se rompre. En même temps, la cellule s'étrangle perpendiculairement au sens de la division nucléaire, et bientôt deux cellules distinctes sont constituées.

Le noyau garde, dans ce phénomène, sa forme et sa disposition de repos. Le rôle des centrosomes est

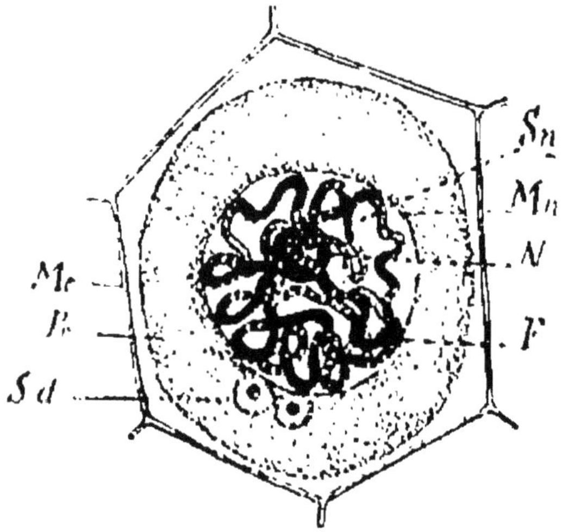

Fig. 11. — Noyau. — Mc, membrane; Pr, cytoplasma.

peu connu. Lorsqu'il n'y en a qu'un, s'il ne se divise pas, il doit, par la suite, manquer à l'une des cellules filles. Dans certains cas, il joue un rôle assez actif.

II. *Division indirecte*. — Les phénomènes de la division nucléaire sont beaucoup plus importants que ceux de la division cytoplasmique. Les uns s'accomplissent dans le noyau, les autres dans le cytoplasma, indépendamment et simultanément. On peut les grouper en trois phases : la *prophase*, la *métaphase*, l'*anaphase*.

A. *Prophase*. — Le premier phénomène est la

modification du réseau de linine, dont les mailles se coupent et se rétractent, de manière à ce que le peloton forme un cordon continu ou *spirème* (fig. 12). En même temps, la chromatine se distribue plus régulièrement sur ce cordon, et le couvre entièrement. A la formation du filament continu succèdent d'abord l'épaississement et le raccourcissement de ce filament qui devient un cylindre régulier homogène ; en second lieu, il se divise en un très grand nombre de segments (*chromosomes* ou *anses chromatiques Bn*). Une segmentation longitudinale du cordon, commencée dès le début, s'active quand les chromosomes sont séparés. Cette division répartit également la chromatine entre des anses jumelles.

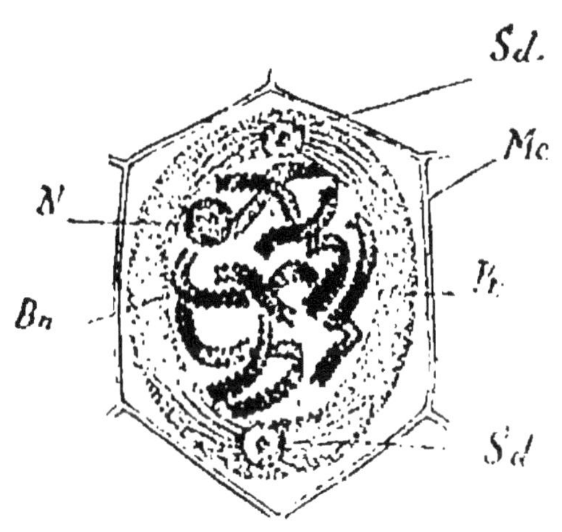

Fig. 12. — Prophase. — Mc, membrane ; Pr, cytoplasma.

En même temps, les nucléoles disparaissent, la membrane nucléaire disparaît et laisse communiquer le cytoplasma et le noyau.

Des phénomènes extra-nucléaires s'accomplissent en même temps. Au moment où se constitue le cordon, chaque centrosome s'entoure de fines stries rayonnantes partant de la couche externe de la sphère attractive. Ces stries vont en augmentant (formation de l'*aster*) et la sphère s'éloigne du noyau. Dans le cas, assez rare, où il n'y a qu'un centrosome, il se divise en deux qui s'écartent l'un de l'autre, mais restent unis par de fins filaments achromatiques ;

cet ensemble est le *fuseau*, *Fus* (fig. 13). Lorsqu'il y a deux centrosomes, ils s'écartent simplement, laissant voir tout de suite le fuseau. Ce phénomène coïncide avec le commencement de la disparition de la membrane nucléaire, disparition qui débute au point où étaient accolées les sphères attractives.

En s'écartant, les sphères attractives entraînent leur aster, s'éloignent et viennent se placer aux deux pôles opposés du noyau. Les filaments du fuseau s'allongent en même temps, il s'en forme même de nouveaux, qui aboutissent aux anses chromatiques.

Il y a, à ce moment, deux sortes de filaments achromatiques, ceux qui vont d'un centrosome à l'autre et forment les stries rayonnantes des deux asters, et ceux qui joignent les centrosomes aux chromosomes.

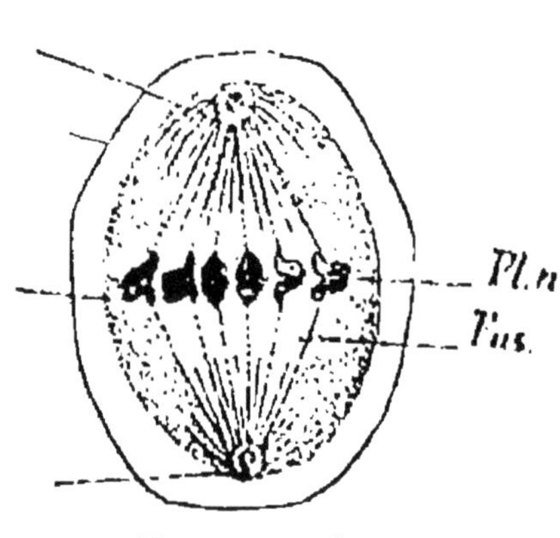

Fig. 13. — Fuseau.

B. *Métaphase*. — Cette phase, nommée aussi *métakinèse*, représente un stade fort court, dans lequel la cellule en voie de division montre, à chaque pôle, un centrosome enfermé dans sa sphère attractive entourée d'un aster. Des centrosomes partent les filaments du fuseau, qui vont d'un pôle à l'autre, et dont chacun s'attache à un chromosome.

Les chromosomes, divisés par segmentation longitudinale en anses jumelles, sont disposés, en forme de V ou d'U, l'angle dirigé vers l'intérieur; leur réunion constitue la plaque *équatoriale* ou plaque nucléaire, *Pln* (fig. 13). Le sommet de chaque anse est dirigé vers un pôle auquel elle se rendra.

La forme en U ou en V n'est pas constante ; les chromosomes peuvent se disposer en bâtonnets, ou en globules, mais leur rôle est toujours le même. Les centrosomes se dédoublent et chaque demi-centrosome se porte au pôle opposé, sans qu'il y ait formation de fuseau. La membrane nucléaire achève de disparaître et il apparaît autour du noyau une zone claire qui semble formée par le sac nucléaire ayant transsudé à travers la membrane.

L'origine des filaments du fuseau est controversée. Pour les uns, ils dérivent du cytoplasma, comme les stries de l'aster (Guignard, Henneguy, H. Fol, Boveri); pour d'autres, ils dérivent du réseau de linine (Rall, Bütschli, les frères Hertwig) ; d'autres, enfin, admettent que la partie polaire du fuseau dérive du cytoplasma, tandis que la région équatoriale dérive de la linine dont les filaments se réunissent aux filaments polaires (Prenant, Flemming, Ed. Van Beneden).

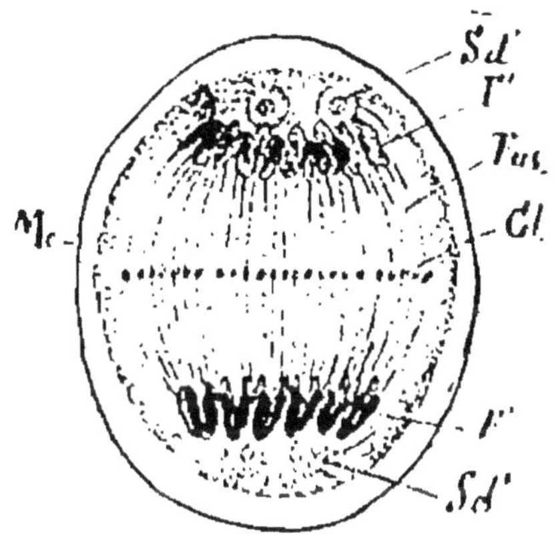

Fig. 14. — Métaphase. — Cl, plaque cellulaire ; F'F", filaments nouveaux noyaux ; Mc, membrane ; Pr, cytoplasma.

C. *Anaphase*. — La métaphase est de courte durée. Les anses jumelles de chaque chromosome s'écartent l'une de l'autre en commençant par leur sommet, et se dirigent vers chaque pôle, comme si les filaments les tiraient à eux (fig. 14). Entraînées de la sorte, les anses se réunissent auprès du pôle sans le toucher, ni se toucher. Le petit espace vide qu'elles laissent ainsi est le *champ polaire*, qui existe peut-être déjà dans le noyau au repos (Rall).

Quand ce champ polaire est constitué, les phénomènes qui se produisent sont inverses de ceux de la prophase. Les chromosomes perdent, à chaque pôle, leur disposition régulière, se rapprochent, prennent l'aspect d'un peloton segmenté, puis d'un peloton lâche, puis d'un peloton serré. Enfin le cordon cylindrique résultant devient irrégulier, des mailles apparaissent et constituent le réseau de repos.

En même temps, on voit réapparaître la membrane nucléaire et les nucléoles. Les filaments du réseau deviennent moins distincts, et disparaissent quand la membrane fait son apparition. L'aster disparaît aussi, et chaque sphère attractive, avec son centrosome, s'accole à sa voisine, et se loge contre la membrane nucléaire qui se déprime un peu pour les recevoir.

Chaque noyau ainsi constitué atteint l'état de repos.

L'anaphase présente encore un phénomène, c'est celui de la formation de la plaque cellulaire. Exactement dans le plan équatorial, sur chacun des filaments unissants se forme une petite nodosité. Toutes les nodosités sont situées dans le même plan et leur ensemble constitue la plaque cellulaire, destinée à former la cloison de séparation entre les deux cellules filles.

D. *Division du corps cellulaire*. — Cette division commence quand les anses chromatiques atteignent les pôles. Un sillon naît en un point, exactement dans le plan équatorial du fuseau et le tour est complet quand les asters disparaissent. Ce sillon, en s'approfondissant, coupe en deux la cellule mère. Les noyaux des cellules filles sont rigoureusement semblables, mais les masses de cytoplasma peuvent être fort inégales.

Il peut arriver que la division du corps cellulaire ne suive pas celle du noyau. Il subsiste alors plusieurs noyaux dans la cellule, état qui est permanent chez les *Algues* de la famille *Vaucheria* (1) et transitoire dans beaucoup d'autres cas, lorsque la division du cytoplasma n'a été que retardée (*Sac embryonnaire* des *Phanérogames*).

Hyaloplasma. — Le suc cellulaire ou hyaloplasma est la partie liquide du cytoplasma; il est plus abondant que la partie solide. Les rapports de ces deux parties sont assez mal connus. Sa réaction, lorsqu'il s'accumule dans les vides du cytoplasma ou *vacuoles*, est franchement acide. Il joue un rôle important en distendant la membrane des cellules et en provoquant un état de raideur, qu'on nomme la *turgescence* des cellules, et dont la pression peut atteindre une douzaine d'atmosphères. Il tient en dissolution un grand nombre de substances.

Diastases. — On désigne sous le nom de *diastases*, des substances azotées neutres, précipitables par l'alcool, et capables de dédoubler, en les hydratant, certains composés complexes, et de les transformer en composés plus simples. En même temps, elles rendent solubles ces matières, si elles étaient primitivement insolubles.

L'une d'elles, l'*amylase*, attaque en milieu acide les grains d'amidon et les dédouble en dextrine et maltose; une autre, l'*invertine*, dédouble le sucre de canne en lévulose et glucose dont le mélange à poids égaux est dit *sucre interverti;* une troisième, la *pepsine*, attaque, en milieu acide, les albuminoïdes insolubles, les convertit en *peptones* solubles. Une quatrième, la *saponase*, saponifie les matières grasses. On peut encore citer l'*émulsine,* qui hydrate l'amygda-

<hr>

(1) Voy. H. Girard, *Aide-mémoire de Botanique Cryptogamique.*

5.

line des graines et la dédouble en glucose, essence d'amandes amères, et acide cyanhydrique ; la *cellulase*, qui attaque certaines variétés de cellulose ; la *myrosine*, qui hydrate l'acide myronique des graines de moutarde et donne du glucose, de l'essence de moutarde et de l'acide sulfurique.

Amides. — Beaucoup de composés azotés dissous dans le sac cellulaire sont des amides, corps qui représentent un état d'hydratation et de dédoublement des matières albuminoïdes.

La plus répandue, et celle dont le rôle est le plus important, est l'*asparagine* ($C^4H^8 Az^2O^3$). On la rencontre chez toutes les plantes, dans tous les organes, et à toutes les époques du développement. Mais son existence est transitoire, car elle est très rapidement engagée dans des combinaisons plus complexes, et ne s'accumule dans les cellules que dans certaines conditions, surtout quand un organe abondamment pourvu de matières albuminoïdes se développe sans renfermer ni recevoir une quantité suffisante de matières ternaires.

On la met en évidence en mouillant avec de l'alcool absolu la coupe du tissu où on la recherche. L'asparagine précipite dans l'alcool, et quand celui-ci est évaporé, se dépose en cristaux orthorhombiques. Ces cristaux sont insolubles dans une solution saturée d'asparagine, liquide qui dissout toutes les autres substances qui ont pu cristalliser par évaporation de l'alcool. Si donc tous les corps mis en évidence après l'évaporation de l'alcool se dissolvent dans la solution saturée d'asparagine, c'est que le tissu ne contenait pas cette amide.

Au point de vue chimique, l'asparagine en absorbant de l'eau se décompose en acide aspartique ($C^4H^7AzO^4$) et en ammoniaque. Ce dédoublement n'a pas été observé dans les cellules vivantes.

L'asparagine provient, en grande partie, de la décomposition des albuminoïdes du cytoplasma. En présence des substances ternaires, l'asparagine semble régénérer les albuminoïdes, elle disparaît alors dès qu'elle se produit, et sa présence est difficile à déceler.

L'asparagine est accompagnée de la *glutamine*, de la *leucine* et de la *tyrosine*, substances azotées qui ont la même origine et la même destinée que la première. Elles peuvent également se mettre en réserve.

Alcaloïdes. — Outre les amides, le suc cellulaire contient en dissolution des bases azotées quaternaires à propriétés actives, dont les principales sont : la *morphine*, la *codéine* (*Papavéracées*), la *quinine*, la *cinchonine* (*Quinquinas*), la *nicotine*, l'*atropine* (*Solanées*), etc.

Il faut ajouter les matières colorantes des fleurs, comme l'*anthocyanine*, bleue, si le suc cellulaire est alcalin ; rouge, s'il est acide, et l'*érythrophylle*, qui colore en rouge certaines feuilles.

Matières ternaires. — Les matières ternaires dissoutes dans l'hyaloplasma sont nombreuses. Ce sont l'*inuline*, la *dextrine*, les *gommes*, les *sucres*, les *glucosides*, les *tannins* et les *acides végétaux*.

1° *Inuline.* — C'est une substance ternaire qui a la même composition que l'amidon, mais qui est lévogyre. Les végétaux qui la produisent contiennent parfois du sucre, mais jamais d'amidon dans leurs organes de réserve.

Dans le suc cellulaire de ces plantes, obtenu par pression, l'inuline se sépare peu à peu et forme un précipité blanc granuleux. Redissoute dans l'eau, elle cristallise en formant des amas sphériques de prismes rayonnants (*sphéro-cristaux*).

Par la dessiccation, ou par une rapide absorption

d'eau provoquée par l'addition d'alcool absolu, l'inuline se dépose en fins granules à l'intérieur des cellules. Il suffit d'immerger dans l'alcool une coupe d'un organe pour voir l'inuline apparaître en petits sphéro-cristaux. Ceux-ci sont formés de cristaux biréfringents, et présentent, en lumière polarisée, une croix noire caractéristique. Ce ne sont pas des cristalloïdes, car l'eau ne les gonfle pas. Ils sont peu solubles dans l'eau froide, insolubles dans l'alcool et l'éther, solubles dans l'eau à 50°, la potasse, l'acide sulfurique et l'acide chlorhydrique. Une ébullition prolongée avec ces acides la transforme en lévulose. La solution alcoolique d'iode ne colore pas les sphéro-cristaux.

2° *Dextrine*. — Partout où l'amidon se trouve en présence de l'amylase, l'hyaloplasma tient en dissolution de la dextrine. C'est une substance incolore, vitreuse, insoluble dans l'alcool concentré et dans l'éther, elle est très soluble dans l'eau et la dissolution est dextrogyre. Son rôle est très important, c'est sous forme de dextrine que la matière amylacée chemine de cellule en cellule.

3° *Gommes*. — Le principal type des gommes dissoutes dans l'hyaloplasma est l'*arabine*, de même composition chimique que l'inuline et la dextrine; elle est lévogyre.

Toutes les gommes subissent de la part des acides étendus une action hydratante qui les transforme en lévulose. Il y a lieu de penser qu'une réaction analogue s'opère dans la cellule vivante sous l'action d'une diastase. On peut rapprocher des gommes, la *viscine*, matière visqueuse que produisent abondammment les fruits du Gui (*Viscum album*) et les cellules de l'écorce du Houx. Les substances *pectiques*, qui donnent, comme les gommes, de l'acide mucique sous l'action de l'acide azotique, sont à ce point de vue comparables aux autres gommes. On les considère comme une combinaison de l'arabine. La *pectine* existe dans l'hyaloplasma des cellules d'un grand nombre de fruits mûrs. Sous l'action d'une diastase, la *pectase*, elle se transforme en acide pectique.

4° *Sucres*. — Les sucres, très abondants dans l'hyaloplasma, et qui même y cristallisent dans certaines circonstances, appartiennent à trois familles. La première est celle des *glucoses* ($C^6H^{12}O^6$), que les bases détruisent à 100°. La seconde renferme les *saccharoses* ($C^{12}H^{22}O^{11}$), qui ne sont pas attaqués par les bases, mais donnent du sucre interverti sous l'action des acides étendus ou de l'invertine. La troisième famille est celle des *Mannites* ($C^6H^{14}O^6$).

a. *Glucoses*. — Les glucoses les plus répandus dans les cellules végétales sont le *dextrose* et le *lévulose*.

Le *dextrose*, très soluble dans l'eau et dextrogyre, réduit le tartrate cupropotassique. Il se produit dans les cellules par l'action de l'invertine sur le saccharose, ou par une hydratation mal connue du maltose. Toutes les fois qu'une cellule est privée d'oxygène, il est décomposé en alcool, glycérine, anhydride carbonique et acide succinique. Il existe des Thallophytes (*Saccharomyces*, *Mucor*), qui, résistant énergiquement à cette asphyxie, deviennent des agents de décomposition du dextrose, et jouent le rôle de *ferments alcooliques* (1). Le *lévulose* est associé au dextrose dans la plupart des fruits acides et mûrs ; il est lévogyre, mais son pouvoir rotatoire diminue à mesure que la température s'élève. Il réduit le tartrate cupropotassique, est très soluble dans l'eau, et subit la décomposition alcoolique.

(1) Voy. H. Girard, *Aide-mémoire de Botanique Cryptogamique.*

Les autres glucoses sont la *sorbine*, qui réduit le tartrate et l'*inosine* qui ne le réduit pas. Ni l'un ni l'autre ne subissent la décomposition alcoolique.

b. *Saccharoses.* — Le plus répandu est le *saccharose proprement dit* ou *sucre de canne*, soluble dans l'eau, dextrogyre, ne réduisant pas le tartrate cupropotassique. Il ne subit pas la décomposition alcoolique. L'invertine le dédouble en dextrose et lévulose, qui eux peuvent subir la décomposition alcoolique.

Le *maltose*, qui résulte de l'action de l'amylase sur l'amidon, est dextrogyre, et réduit le tartrate cupropotassique, son action est moins grande que celle des glucoses. Les acides étendus l'hydratent et le transforment en glucose.

On trouve encore dans les cellules, le *synanthrose*, le *mélitose*, le *tréhalose*, le *lactose*, le *mannitose*.

c. *Mannites.* — La *mannite* ordinaire, $C^6H^{14}O^6$, se rencontre abondamment dans tous les embranchements du règne végétal. Elle est soluble dans l'eau, faiblement lévogyre, ne réduit pas le tartrate cupropotassique, et subit la décomposition alcoolique.

La *dulcite* présente la même composition, mais n'a pas de pouvoir rotatoire ; la *sorbite*, l'*isodulcite*, la *pinite*, la *quercite* sont des isomères de la mannite qu'on trouve dans divers végétaux.

5° *Glucosides.* — Ce sont des corps neutres ou peu acides, qui, sous l'action de certaines diastases ou des acides dilués, se dédoublent en donnant du dextrose, et un ou plusieurs corps neutres ou acides.

Les principaux sont : la *salicine*, que l'émulsine dédouble en dextrose et saligénine, l'*esculine*, dont les solutions aqueuses sont fluorescentes, l'*arbutine*, la *digitaline*, la *saponine*, l'*amygdaline*.

6° *Tannins.* — Ce sont des glucosides très répandus dans les végétaux. Ce sont des acides faibles que caractérisent deux propriétés importantes. D'abord, ils communiquent aux solutions ferriques une couleur noir, bleue ou verte. Ensuite, ils précipitent de leurs solutions la gélatine et les albuminoïdes. Un fragment de peau fraîche les absorbe en formant un composé rigide et imputrescible, le *cuir*.

Le tannin ($C^{27}H^{22}O^{17}$) est très fréquemment dissous dans l'hyaloplasma, cependant il peut former des gouttelettes dans l'écorce de certains arbres (*Chêne, Bouleau, Peuplier*). On décèle sa présence par l'action d'une solution ferrique.

En solution concentrée, il sert d'aliment à certains *Champignons*, et, en même temps, il se dédouble en glucose et en acide gallique, peut-être sous l'influence d'une diastase encore inconnue.

7° *Acides organiques*. — Les acides organiques ou leurs sels se trouvent fréquemment en dissolution dans le suc cellulaire. Les principaux sont : l'acide *gallique* ($C^7H^6O^5$), l'acide *citrique* ($C^6H^8O^7$), l'acide *tartrique* ($C^4H^6O^6$), l'acide *malique* ($C^4H^6O^5$), l'acide *acétique* ($C^2H^4O^2$), l'acide *oxalique* ($C^2H^2O^4$). L'acide *benzoïque* ($C^7H^6O^2$) et l'acide *formique* (CH^2O^2) sont plus rares.

Les acides sont surtout répandus dans les cellules des feuilles, des fruits et des graines.

8° *Sels minéraux*. — Les sels minéraux que la plante a absorbés se retrouvent souvent, dissous, dans l'hyaloplasma; ce sont : des carbonates et des bicarbonates, des azotates, des sulfates, des phosphates et des silicates, des chlorures de potassium, de sodium, de magnésium, de fer et de calcium.

Leucites. — Les leucites sont des petits grains de forme arrondie ou ovale, épars dans le cytoplasma et doués d'une activité propre. Ils se distinguent du noyau par leurs propriétés optiques et surtout par leur réfringence. Tantôt ils se montrent brillants, tantôt ils semblent pâles, surtout quand l'eau les pénètre et les gonfle. La dissolution d'iode dans l'alcool les contracte et leur communique une assez grande résistance. Ils jouissent des propriétés des matières albuminoïdes. On les trouve quelquefois localisés dans la couche périnucléaire, toujours plongés dans le protoplasma; on ne les trouve ni dans le suc nucléaire, ni dans le noyau. Ils se multiplient par bipartition, tant que la cellule s'accroît. Ils ne naissent jamais directement du protoplasma, et procèdent d'un leucite préexistant.

Les uns produisent, dans des conditions favorables, des substances qui les colorent; ce sont les *chromoleucites*, c'est en eux que se produit la matière colorante la plus importante des végétaux, la *chlorophylle*. D'autres restent incolores, ce sont les *leucoleucites*, parmi lesquels se trouvent ceux dont l'activité propre engendre les grains d'amidon : on leur donne le nom d'*amyloleucites*.

CHROMOLEUCITES. — *Xantholeucites.* — Dans le protoplasma des plantes qui végètent à l'obscurité, les leucites sont d'abord incolores. Mais il y apparaît assez rapidement, sous l'action de la lumière, une matière colorante jaune qui les imprègne uniformément, c'est la *xanthophylle* ; ces leucites jaunes peuvent être appelés *xantholeucites*. Si la température est assez basse, la production de la xanthophylle est augmentée rapidement, et les feuilles deviennent d'un jaune foncé. Ce sont les radiations les moins réfrangibles du spectre solaire qui sont les plus actives.

La xanthophylle est insoluble dans l'eau et soluble dans l'alcool. On l'obtient en faisant bouillir dans l'eau des feuilles étiolées, on les dessèche, on les pulvérise, et on les traite par l'alcool concentré. Cette solution alcoolique, mise en contact avec du noir animal en grains, cède sa xanthophylle et laisse dans le liquide, des graisses et des cires. On lave ensuite le noir animal dans de l'alcool faible, qui entraîne la xanthophylle, laquelle cristallise par évaporation.

Les propriétés chimiques et la composition de la xanthophylle sont assez peu connues.

La dissolution n'en est pas fluorescente, la lumière ne l'altère pas, les acides sulfurique et chlorhydrique la décomposent et la font passer au vert, puis au bleu. Les bases n'ont aucune action.

Le spectre d'absorption de la xanthophylle contient trois larges bandes noires, dans la moitié la plus réfrangible du spectre.

C'est à la présence des xantholeucites que beaucoup de fleurs doivent leur coloration. Dans d'autres au contraire, les cellules renferment des leucites, qui se colorent en orangé ou en rouge par une matière qui cristallise dans le système clinorhombique ; cette matière est différente de la xanthophylle, l'acide sulfurique la colore en rouge, puis en bleu. Elle est plus soluble dans l'éther que dans l'alcool.

Chloroleucites. — Ce sont les plus importants. Ils se produisent quelquefois directement, notamment chez certaines *Algues*, mais dans la plupart des *Angiospermes*, ce sont des leucites déjà colorés en jaune, qui, sous l'influence de la lumière, quand la température est suffisante, se transforment en chloroleucites par production de *chlorophylle*. Ces leucites, colorés par les deux pigments, donnent aux feuilles leur couleur verte ; on leur donne souvent le nom, très impropre, de *grains de chlorophylle* (fig. 15).

Chez les *Algues*, les chloroleucites offrent une grande diversité de forme ; ce sont tantôt des disques transversaux, parallèles, séparés par des zones incolores, tantôt une plaque axile longitudinale ; d'autres fois, plusieurs lames longitudinales, rayonnantes, unies suivant l'axe et dessinant une étoile; ailleurs, des rubans spiralés accolés à la paroi ou flottant dans la masse générale. Toutefois, ces formes sont exceptionnelles, même chez les *Algues*.

Dans toutes les plantes vertes, les chloroleucites sont de petites masses arrondies ou polyédriques, très nombreuses dans chaque cellule verte.

Fig. 15. — Chloroleucites.

Un chloroleucite se trouve en somme composé : 1° d'une matière fondamentale incolore, qui est la leucite primitive ; 2° des deux principes colorants, la xanthophylle et la chlorophylle, qui l'imprègnent complétement.

En débarrassant le chloroleucite de ses pigments, par l'action de l'alcool ou de l'éther, on retrouve le leucite avec sa forme et son volume primitifs.

Il est sensiblement homogène, sa couche externe est un peu plus dense. Au contact de l'eau, il se gonfle et présente une division alternativement plus ou moins dense.

Propriétés des chloroleucites. — En décolorant le chloroleucite, l'alcool forme une dissolution d'un vert émeraude qui renferme toutes les matières solubles du leucite. Cette solution, agitée avec un égal volume de benzine, se sépare en deux couches. La supérieure, d'un vert foncé, est formée de benzine, et tient en dissolution surtout la chlorophylle. L'inférieure est jaune et formée d'alcool, retenant la xanthophylle mêlée à des matières étrangères.

La solution, mise en contact avec du noir animal en grains, perd à la fois ses deux matières colorantes et laisse les impuretés. Le noir animal lavé avec de l'alcool à 65° cède la xanthophylle, qui peut cristal-

liser par évaporation. On traite ensuite par l'éther
anhydre, ou par l'huile légère de pétrole; le noir
animal laisse échapper la chlorophylle, qui forme une
dissolution d'un vert sombre. Si l'on fait ensuite éva-
porer lentement à l'obscurité, la chlorophylle cristallise.

C'est une substance d'un vert intense, cristallisant
dans le système clinorhombique. Les cristaux sont
dichroïques, verts par réflexion, rouges par trans-
mission. Ils ne se dissolvent pas dans l'eau, mais
sont solubles dans l'alcool, l'éther, le chloroforme,
la benzine, le sulfure de carbone, et l'huile de
pétrole. La chlorophylle ne renferme pas trace
de fer. Elle laisse, après combustion, un peu de
cendres formées de phosphates alcalins, de magnésie
avec un peu de chaux. Sa formule est sensiblement
$C^{18}H^{36}AzO^2$. Elle semble avoir les propriétés d'un acide
faible formant des sels solubles avec l'ammonium,
le potassium et le sodium. Ses autres sels sont insolubles.

L'oxygène agit sur la chlorophylle, même à la
lumière diffuse. Les cristaux ou leur solution jau-
nissent, puis se décolorent, le produit d'oxydation, ou
chlorophyllane, est cristallisable, huileux et incolore.

Pour la séparer, on fait agir sur les chloroleucites
de l'eau chaude ou de l'acide chlorhydrique étendu.
On voit bientôt de fines gouttelettes perler à la surface des grains. Ces gouttelettes se réunissent en
globules huileux, qui cristallisent très lentement.

La *chlorophyllane*, nommée aussi *hypochlorine*, est
soluble dans l'alcool, l'éther, le sulfure de carbone,
la benzine, et l'essence de térébenthine; elle est
insoluble dans l'eau. Elle est riche en carbone, mais
sa composition n'a pas été nettement établie, on la
rattache aux corps gras. Elle dissout très bien la
chlorophylle, et est altérée par la lumière.

Dans les chloroleucites, la chlorophylle se détruit et se décolore rapidement en présence de l'oxygène sous l'influence de la lumière solaire, mais, dans un milieu non oxygéné, la lumière solaire n'a jamais d'action.

La chlorophylle cristallisée, traitée par l'acide chlorhydrique concentré et chaud, se dédouble en une substance d'un vert bleuâtre, l'acide *phyllocyanique*, soluble dans l'acide chlorhydrique et une substance insoluble ailleurs que dans l'alcool, la *phylloxanthine*.

Propriétés de la chlorophylle. — Les chloroleucites croissent et se multiplient par division. Quand leur forme est celle d'un ruban, ils s'accroissent en longueur comme le protoplasma, et se divisent par le milieu, chaque fois que la cellule se cloisonne elle-même.

Sous leur forme habituelle, leur croissance est limitée et bien inférieure à celle de la cellule, dans laquelle ils occupent une place de plus en plus petite. La croissance a lieu par l'apport de molécules nouvelles à l'intérieur des couches anciennes dans toute l'épaisseur du leucite.

Lorsqu'ils ont atteint un certain volume, les chloroleucites se partagent par le milieu en deux nouveaux leucites, qui vont en se multipliant de même. Cette division s'opère par un étranglement, qui part de la surface externe perpendiculairement à la plus grande longueur et atteint peu à peu le centre. Quelquefois se produit une scission simultanée dans le plan équatorial. Ces deux modes se rencontrent d'ailleurs dans la même plante.

Quand la forme des choroleucites est déterminée, comme dans les *Algues*, ils conservent, dans les cellules, une position fixe. La disposition de ceux qui sont en grains dépend de la disposition du protoplasma fondamental, dans lequel ils sont toujours inclus. Ils sont, le plus souvent, situés dans la couche pariétale, ou autour du noyau, quand celui-ci reste central.

Les choroleucites subissent, dans le cours du développement des végétaux, diverses altérations qui vont quelquefois jusqu'à une dissolution dans le protoplasma ambiant.

Dans les feuilles des Phanérogames, au moment de la chute, les choroleucites se dissolvent, peu à peu, dans le protoplasma fondamental, pour abandonner avec lui les cellules, et se concentrer dans les parties vivaces. Ce phénomène s'opère selon trois modes principaux.

I. La forme du grain se détruit la première, et il ne reste qu'une certaine quantité de granules jaunes, dont la nature est mal connue. Lorsque les feuilles deviennent rouges, au moment de leur chute, la coloration est produite par une substance dissoute dans le suc cellulaire, mais on y trouve aussi des granules jaunes.

II. Dans les *Conifères*, la substance fondamentale du chloroleucite et la xanthophylle qui l'imprègne restent inaltérés. Seule la chlorophylle s'altère, elle se transforme en une substance brune, qui reprend la couleur verte au printemps.

III. Ailleurs, c'est encore la chlorophylle qui s'altère, en se transformant en une matière jaune ou rouge superposée à la xanthophylle. C'est ainsi que certains fruits passent, au moment de la maturité, du vert au rouge, que les pétales de certaines fleurs passent du vert au jaune orangé, etc.

Les chromoleucites d'un grand nombre d'*Algues* contiennent, outre la chlorophylle, un pigment surnuméraire assez intense pour masquer la première et donner à la plante sa couleur propre. Ce principe est souvent soluble dans l'eau, insoluble dans l'alcool et dans l'éther. Dans les *Floridées*, il est rose vif (*phycoérythrine*); chez les *Phéophycées*, il est brun (*phycophéine*); chez les *Cyanophycées*, il est d'un vert bleuâtre (*phycocyanine*).

La production des chloroleucites a lieu dans tous les membres. Cependant, chez quelques *Phanérogames*, il s'en produit une très petite quantité. De là une coloration blanche ou brunâtre.

Parmi les *Thallophytes*, la chlorophylle manque à tous les *Champignons*, aux *Cyanophycées* et aux *Bactériacées*, à peu d'exception près.

L'activité des chloroleucites ne se borne pas à la production de la chlorophylle, très souvent, ils produisent des huiles grasses (*éleileucites*). Chez les Phanérogames, ils renferment quelquefois un cristalloïde protéique. Dans les Algues, ils contiennent un corpuscule incolore ou *pyrénoïde*. Ailleurs encore, de l'amidon.

Leucoleucites. — Dans les leucites incolores, l'amidon apparaît sous forme de grains solides, dont la production est la fonction générale des *amyloleucites*.

Grains d'amidon. — La production des grains d'amidon se fait en abondance dans les organes de réserve (racines de pomme de terre, graines du pois, du seigle, du riz, du maïs, du blé, de l'avoine). On extrait l'amidon en triturant ces organes et en les lavant à l'eau, il forme une poudre blanche, qui, desséchée, craque sous le doigt.

La forme des grains est très variable. Primitivement sphériques, ils prennent en s'accroissant, la forme ovale, lenticulaire, triangulaire, linéaire, ou tout à fait irrégulière (fig. 16).

Ils sont, en général, isolés les uns des autres; pourtant, il peut arriver qu'ils se rejoignent et se soudent pour former un grain composé. Le nombre des grains soudés peut dépasser 30 000.

La dimension des grains d'amidon est très variable. C'est, en général, dans les racines, ou dans les tiges souterraines qu'on rencontre les plus grands, et dans les graines qu'on observe les plus petits.

Ils sont formés de couches alternativement plus dures et plus molles, plus brillantes et plus ternes, rangées autour d'un noyau (*h*, fig. 16), dans lequel la substance est plus molle et plus terne, tandis qu'elle est plus dure et plus brillante dans la couche périphérique.

Ces couches sont parfois également épaisses et complètes en tous les points. Le grain est alors sphérique, et le noyau central. Mais souvent elles sont plus épaisses et

Fig. 16. — Grain d'amidon.

plus nombreuses, d'un certain côté, tandis qu'elles s'amincissent progressivement et se réunissent les unes aux autres du côté opposé. Le noyau est alors excentrique. Quand le noyau est central, il est le plus souvent allongé ; il est toujours arrondi, quand il est excentrique. Dans les grains composés, chaque grain partiel a son noyau propre, et son système de couches indépendant. Il y a quelquefois un certain nombre de couches communes.

Les grains d'amidon contiennent une assez forte proportion d'eau de constitution. Elle peut atteindre la moitié du poids du grain, et est en moyenne des $\frac{1}{3}$. Cette eau est inégalement répartie dans la masse du grain, et c'est cette inégalité qui en explique la structure. La couche externe est la moins hydratée ; après elle, vient une couche très hydratée, séparée de la première et de la suivante peu hydratée par des limites très nettes. Il en est ainsi dans tout le grain, jusqu'au noyau qui représente la région la plus hydratée. La cohésion de la substance, sa densité, sa réfringence, diminuent ou augmentent alternativement avec la proportion d'eau de constitution. De là résulte la netteté des couches concentriques, et la stratification disparaît dès que l'on extrait l'eau par l'alcool absolu, parce qu'en ce cas, les couches hydratées, ramenées à un état moins hydraté, perdent toute différence de réfringence et de densité. Le phénomène inverse se produit si l'on fait absorber au grain d'amidon une forte proportion d'eau.

Un grain d'amidon dans l'eau se gonfle inégalement dans les diverses directions. En favorisant ce gonflement par l'action d'un acide ou d'une base, on rend cette différence beaucoup plus nette. On constate ainsi que l'absorption est beaucoup plus grande dans le sens des couches que dans la direction perpendiculaire.

Quand on dessèche, ou qu'on comprime les grains d'amidon, il s'y fait des fissures radiales et jamais de fentes tangentielles.

La réfringence des grains d'amidon est très grande. Ceux du *Canna* (1) ont pour indice de réfraction 1,507. Même lorsqu'on n'y observe aucune stratification, ils sont nettement biréfringents. En lumière polarisée, ils offrent une croix noire dont les branches se coupent au noyau. C'est là un moyen de trouver la position de celui-ci, quand il n'est pas directement visible.

Le plan de polarisation du rayon extraordinaire (2) est perpendiculaire aux couches, celui du rayon ordinaire est parallèle à leur direction.

La biréfringence est due à la constitution propre

(1) Voy. H. Girard, *Aide-mémoire de Botanique Phanérogamique.*

(2) Voy. H. Girard, *Aide-mémoire de Minéralogie et de Pétrographie,* et P. Lefort, *Aide-mémoire de Physique médicale.*

des grains et non à quelque phénomène intérieur,
car une compression artificielle ne la fait pas disparaître.

Ces diverses propriétés tendent à démontrer la
structure cristalline des grains d'amidon. Tout se
passe comme si le grain était formé de cristaux
prismatiques uniaxes, rayonnant à partir du noyau,
perpendiculairement aux couches. Quand le noyau
est central, les prismes sont droits ; quand il est
excentrique, ils se courbent, de manière à demeurer
perpendiculaires aux couches.

Cependant, les éléments cristallins se gonflent
sous l'action de l'eau, ce qui établit un lien important avec les cristalloïdes protéiques. Aussi, consi-
dère-t-on les grains d'amidon comme des cristalloïdes amylacés.

Genèse des grains d'amidon. — Les grains d'amidon
prennent naissance dans des leucoleucites ou dans
des chromoleucites, principalement dans les chloroleucites.

I. *Dans les leucoleucites.* — Les leucoleucites dans
lesquels se forment les grains d'amidon sont dits
amyloleucytes. Ils naissent tantôt dans un point
quelconque de la masse du leucite, tantôt dans la
couche superficielle.

Dans le premier cas, ils sont entourés de toutes
parts par la substance du leucite, et conservent une
structure concentrique. Ils sont petits et souvent très
nombreux. Ils se soudent alors de manière à former
un grain composé. En même temps, la matière cons-
titutive du leucite disparaît peu à peu.

Dans le second cas, ils font saillie à la surface du
leucite, auquel ils demeurent attachés par la base,
pendant que l'extrémité opposée s'avance vers l'intérieur. Lorsqu'ils sont solitaires et peu nombreux, ils
atteignent une grande dimension, et prennent une

structure excentrique, parce que le côté par lequel ils s'unissent au leucite s'accroît plus que le côté opposé. Le noyau est rejeté à l'opposé du leucite. Si, pendant sa croissance, le grain d'amidon touche un autre leucite, la croissance s'opère en ce point, et il se forme une protubérance. Lorsque plusieurs grains se forment ainsi en des points rapprochés à la périphérie du leucite, ils se soudent en un grain composé dont les noyaux sont rapprochés côte à côte. Deux grains peuvent être engendrés par le même leucite en des points diamétralement opposés. Ils pourront se souder par leur base à l'intérieur du leucite et produire un grain composé à noyaux opposés.

Au fur et à mesure de la croissance du grain d'amidon, quelle que soit son origine, le leucite se réduit de plus en plus, s'use et disparaît, laissant le grain libre dans le protoplasma fondamental.

II. *Dans les chloroleucites.* — Les choses se passent comme dans les amyloleucites. Dans les chloroleucites de forme déterminée des *Algues*, les grains d'amidon occupent des positions fixes. Dans les chloroleucites des *Phanérogames* et des *Cryptogames vasculaires*, ils se développent tantôt à l'intérieur de la masse, tantôt à la périphérie.

Dans le premier cas, le chloroleucite forme soit un grain unique assez gros, soit un grand nombre de petits grains. En ce dernier cas, le leucite vert ne change pas de forme, et semble parsemé de granules que l'iode colore en bleu. Mais il peut arriver qu'ils soient assez fins pour que l'iode ne révèle pas leur présence. On décolore le chloroleucite par l'alcool, on traite par la potasse qui gonfle les granules amylacées, on neutralise par l'acide acétique et on ajoute de l'iode qui colore les grains en bleu. Au contraire, si les grains d'amidon grandissent de plus en plus en se comprimant et en se soudant en un grain composé, ils envahissent tellement le chloroleucite que la substance verte ne forme plus autour d'eux qu'un revêtement mince peu coloré. Ils donnent alors au chloroleucite moulé sur eux leur propre forme. La couche colorée disparaît même, quelquefois, et on ne trouve à la place du chloroleucite que le contenu amylacé.

Dans le cas où les leucites verts produisent des grains d'amidon dans la couche superficielle, celle-ci se déchire rapidement, et les grains sont mis à nu. Lorsque le leucite est sphérique, toute la surface forme des grains d'amidon. S'il est discoïde, leur formation est localisée sur la zone équatoriale, et ils entourent le leucite d'une couronne. S'ils sont peu nombreux et isolés, les grains périphériques atteignent de grandes dimensions. S'ils sont nombreux et voisins, ils se pressent et se soudent en un grain composé. Ils sont toujours excentriques et le côté le plus développé est toujours celui par où le grain est uni au chloroleucite. Il en résulte que l'inégale croissance du grain est un effet d'une nutrition inégale. Quand le grain d'amidon vient à toucher un autre grain de chlorophylle, on voit une protubérance se former au point de contact.

A mesure que le grain d'amidon grossit, le chloroleucite diminue, et quand il a disparu, le grain cesse de croître.

Croissance. — Les grains d'amidon étant des groupes de cristaux doivent s'accroître comme les cristaux, par apposition de molécules nouvelles en dehors des anciennes. C'est ce que montre l'observation.

Dans les cellules en voie de croissance ils se montrent corrodés plus ou moins profondément à la surface, phénomène dû à une dissolution progressive. Si la croissance de la cellule vient à se ralentir, puis à s'arrêter et qu'il se forme de nouveaux grains d'amidon, les anciens se reconstituent lentement; on voit alors se déposer à leur surface une couche brillante, épaisse et fortement réfringente, elle suit d'abord les inégalités superficielles, mais de manière à égaliser la surface, c'est-à-dire qu'elle est plus mince sur les saillies que dans les creux. Au milieu du grain nouvellement reconstitué, on peut, par un éclairage convenable, apercevoir nettement le contour du grain primitif corrodé. Il peut arriver que deux grains corrodés voisins se trouvent enveloppés à la fois par une couche commune.

En comparant entre eux des grains d'amidon diversement âgés, depuis leur première apparition jusqu'à leur état définitif, on déduit les diverses phases du développement de la manière suivante :

Le grain primordial, sphérique ou non, est homogène, brillant et pauvre en eau. Ce liquide s'accumule, peu à peu, vers son centre et il se forme un noyau mou, entouré d'une couche dense. Plus tard, le noyau, toujours mou, se trouve entouré de trois couches, deux denses, séparées par une couche molle, laquelle prend naissance dans la couche dense, comme le noyau mou dans le granule dur primordial. Le nombre de ces couches alternativement denses et molles à partir du centre va en croissant de plus en plus. Enfin, plus le grain grossit, plus la densité des couches internes va en diminuant, de telle sorte que la portion interne est moins dense, plus hydratée que celle d'un grain plus jeune de même dimension.

Pour expliquer, d'après ce mode de croissance, la structure définitive du grain d'amidon, il faut s'appuyer sur deux faits énoncés plus haut. Le grain amylacé absorbe plus d'eau dans le sens tangentiel que dans le sens radial, ce qui détermine en lui une tension, sa partie interne est distendue par sa couche externe. En second lieu, toute pression, toute traction exercée sur le grain ou sur une portion de sa surface augmente la faculté qu'il possède d'absorber l'eau et diminue sa densité.

On peut donc admettre que dans le grain primitif homogène il existe, entre la couche externe et la partie centrale, une tension croissante ; la substance centrale, peu à peu distendue, se trouve dans les conditions où elle absorbe le plus d'eau et où sa densité et sa réfringence sont le plus diminuées. De là, formation d'un noyau mou. Puis, l'apport de matière extérieure fait renaître la tension, qui s'accroît jusqu'à dépasser la limite d'élasticité de la couche dense. A ce moment, dans le milieu de la couche, s'opère une distension qui provoque une absorption d'eau considérable, et un amoindrissement de la densité et de la réfringence. Ainsi apparaît au milieu de la couche dense une couche molle, et ainsi de suite. Pendant que le grain va grossissant, l'ensemble des couches internes subit de la part de couches externes une traction croissante. Les couches molles et hydratées deviennent donc plus molles et plus hydratées ; et les couches denses perdent peu à peu leur réfringence en devenant plus hydratées.

Composition et propriétés. — L'amidon est un hydrate de carbone, dont la formule paraît être $C^6H^{10}O^5$ ou un multiple $(C^6H^{10}O^5)^n$.

En présence de l'eau, l'iode le colore en bleu intense, coloration qui disparaît quand la température s'élève, pour réapparaître sitôt le refroidissement.

Exposée à 100° pendant quelque temps, la substance des grains d'amidon devient soluble dans l'eau.

L'alcool, où elle est insoluble, la précipite de sa solution aqueuse en flocons amorphes. La dissolution d'amidon soluble est colorée en bleu par l'iode ; si l'on ajoute à la liqueur bleue, du chlorure de calcium ou du sulfate de sodium, on voit précipiter des flocons bleus d'*iodure d'amidon*. L'amidon soluble dévie à droite le plan de polarisation de la lumière.

Au contact de l'eau à 55° l'amidon se gonfle, les grains acquièrent plusieurs centaines de fois leur volume primitif. Si la quantité d'eau est insuffisante, ils se touchent et se soudent en une masse transparente, gélatineuse, l'*empois* d'amidon. Si l'on fait bouillir, l'amidon passe à l'état soluble.

A sec, vers 160°, par une ébullition prolongée dans la potasse étendue, ou dans les acides minéraux dilués, les grains d'amidon s'altèrent profondément. L'amidon devient d'abord soluble, ce qui n'altère pas sa composition chimique, puis il fixe de l'eau et se dédouble en *amylodextrine* et *maltose*.

L'amylodextrine cristallise soit en aiguilles isolées, soit en prismes groupés autour d'un centre. Ces cristaux sont solubles dans l'eau froide. Desséchés ils perdent leur solubilité à froid, mais se dissolvent dans l'eau tiède ; l'iode est sans action sur les cristaux, mais colore en rouge de cuivre leur dissolution dans l'eau. Par rapport à celui du glucose, son pouvoir réducteur est faible. Les cristaux d'amylodextrine dévient à droite le plan de polarisation de la lumière.

Le maltose est un sucre fermentescible dextrogyre et beaucoup plus réducteur que l'amylodextrine.

L'amylodextrine, en fixant de l'eau, donne de l'*érythrodextrine* et du maltose. L'érythrodextrine est insoluble dans l'eau froide, et soluble dans l'eau chaude. L'iode colore en rouge vif ses cristaux et leur dissolution.

Une nouvelle hydratation transforme l'érythro-dextrine en *achroodextrine* et en *maltose*. L'achroo-dextrine n'est colorée par l'iode sous aucune forme.

L'érythrodextrine et l'achroodextrine sont dextro-gyres et peu réductrices. La *dextrine*, qui résulte de l'hydratation de l'*achroodextrine*, a moins d'action sur le plan de polarisation de la lumière, mais est plus réductrice.

La dextrine, en s'hydratant, se transforme entière-ment en maltose, qui, s'hydratant à son tour, donne du glucose. Le pouvoir rotatoire de celui-ci est plus faible que celui du maltose, et son pouvoir réducteur plus fort. C'est ainsi que le glucose est le produit définitif et stable de toutes les transformations que subit l'amidon.

Toutes ces transformations, subies par l'action des agents chimiques, s'effectuent dans la cellule vivante par un mécanisme différent.

Quand les organes chargés d'amidon passent de la vie ralentie à la vie active, on voit les grains d'amidon disparaître des cellules et y être rempla-cés par du maltose.

A ce moment, le cytoplasma est légèrement acide, mais cette acidité est trop faible pour attaquer les grains d'amidon, l'attaque n'a lieu réellement que lorsque l'amylase se produit. Celle-ci, qui prend naissance de façon complexe dans les cellules, ne peut attaquer l'amidon qu'en milieu acide. Il y a d'abord dédoublement en maltose et en amylodextrine qui conserve la forme primitive du grain. Puis l'amylase dédouble l'amylodextrine en maltose et en dextrines successives, jusqu'à formation de la dextrine proprement dite. Ni l'un ni l'autre de ces composés n'est attaqué par l'amylase, dont l'action diffère ainsi de celle des acides qui transforment la dextrine en maltose, et le maltose en glucose.

La dissolution progressive du grain d'amidon par l'amylase a lieu tantôt de dehors en dedans, tantôt de dedans en dehors. La facilité avec laquelle l'attaque a lieu est très inégale suivant les plantes.

HYDROLEUCITES. — A côté des chromoleucites et des leucoleucites, le cytoplasma renferme d'autres leucites qui sont creusés d'une cavité renfermant un liquide qui ne diffère pas de l'hyaloplasma. Ces leucites sont nommés *hydroleucites*.

La partie solide du leucite, celle qui entoure la cavité, est quelquefois séparée du cytoplasma par un contour externe très net, mais souvent aussi elle a la même réfringence que le cytoplasma environnant, et l'hydroleucite ne diffère pas des vacuoles dont il a déjà été question. Si l'on tue le cytoplasma par un réactif approprié, l'hydroleucite résiste plus longtemps, et tandis que le cytoplasma, le noyau, les leucites se colorent par l'éosine, l'hydroleucite et son contenu demeurent incolores.

Ainsi la différence principale qui existe entre un hydroleucite et un leucite est que celui-ci est plein, tandis que l'autre entoure une vacuole contenant l'hyaloplasma.

Les hydroleucites d'une cellule jeune dérivent par voie de bipartition des hydroleucites de la cellule antérieure.

Pour se diviser, un hydroleucite s'allonge; son enveloppe s'épaissit vers l'intérieur en deux points opposés; les deux épaississements se rejoignent en un diaphragme continu séparant deux vacuoles. Enfin ce diaphragme se divise en deux, dans sa longueur et les deux hydroleucites sont séparés.

En grandissant, les hydroleucites arrivent à se toucher, à se fusionner, à former les mailles d'un réseau séparées par des bandelettes cytoplasmiques. Ils peuvent même se fusionner en un hydroleucite volumineux, occupant toute la cellule, tandis que le cytoplasma, avec les leucites et le noyau, forme une couche pariétale. L'hyaloplasma est alors réuni tout entier dans la cavité de l'hydroleucite.

Ensuite, l'hydroleucite peut se séparer en un grand nombre d'hydroleucites de plus en plus petits. Plus tard, quand la couche pariétale disparaît avec le noyau, les leucites et la paroi du grand hydroleucite, le suc cellulaire remplit tout le volume circonscrit par la membrane et la cellule est réduite à deux éléments, un liquide et une membrane solide. Ce liquide, qui tient en suspension les substances insolubles engendrées par le cytoplasma, doit être distingué de l'hyaloplasma. Il constitue surtout une provision d'eau pour les cellules voisines encore vivantes.

Les hydroleucites manquent chez les *Cyanophycées*, Algues qui sont dépourvues de chloroleucites, mais ils existent dans toutes les autres cellules vivantes. Ils constituent des réservoirs où le cytoplasma, et les autres éléments de la cellule, y compris la membrane, puisent l'eau nécessaire à leur formation et à leur croissance. En attirant l'eau de l'extérieur, grâce aux propriétés osmotiques de l'hyaloplasma acide qu'ils renferment, ils exercent de dedans en dehors une pression sur le cytoplasma qui la transmet à la membrane. Cette pression, qui s'accroît jusqu'au moment où l'élasticité de la membrane lui fait équilibre, est ce que l'on nomme la *turgescence* de la cellule.

En outre, les hydroleucites ont une activité chimique propre qui se traduit par la production de matières albuminoïdes, de diastases, de principes colorants, d'amides, d'alcaloïdes, de sucres, de tannin, etc. (Voy. p. 82 à 87).

Hydroleucites albuminifères. — On désigne sous ce

nom les hydroleucites qui contiennent des albuminoïdes dissous dans leur hyaloplasma. Ces albuminoïdes peuvent former des cristalloïdes protéiques, dans certaines conditions. On rencontre ces cristalloïdes dans les cellules de presque tous les végétaux. Ils sont quelquefois colorés, et alors les acides dilués et l'alcool les décolorent, tandis que l'eau ne les altère pas.

Grains d'aleurone. — Dans la graine des Phanérogames, les cellules de l'albumen contiennent un grand nombre d'hydroleucites qui produisent et accumulent dans leur vacuole des matières albuminoïdes qui peuvent y cristalliser et former plus tard un cristalloïde plus ou moins volumineux. Quand la graine mûrit, elle perd de l'eau et passe à l'état de vie latente. Alors, les hydroleucites albuminifères se contractent,

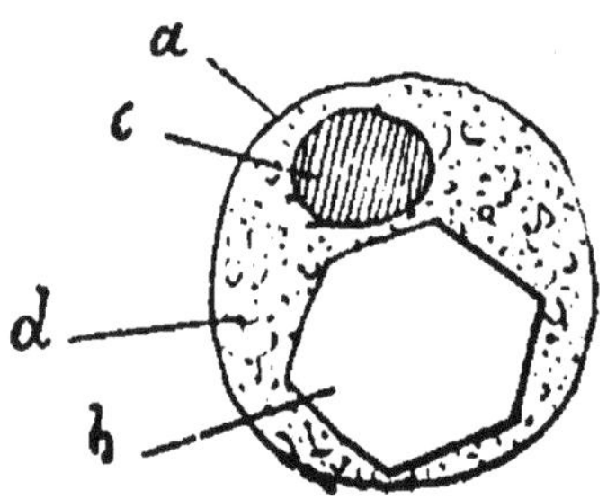

Fig. 17. — Grain d'aleurone. — d, Substance fondamentale ; a. membrane.

la matière albuminoïde se solidifie autour du cristalloïde, elle s'entoure de l'enveloppe solide primitive, et il se constitue un grain arrondi nettement limité dans le cytoplasma. C'est un *grain d'aleurone* (fig. 17).

Aucune graine n'est dépourvue de ces grains qui constituent une réserve nutritive de première importance. On ne les observe pas ailleurs que dans les graines, parce que celles-ci sont les seuls organes de la plante qui passent à l'état de vie latente.

A la germination, les grains d'aleurone absorbent de l'eau, dissolvent la substance albuminoïde amorphe et reprennent leur vacuole en se gonflant. Plus tard, le cristalloïde se dissout aussi, et les hydroleucites sont reconstitués en même nombre et à la même place qu'auparavant. Les grains d'aleurone ne sont donc qu'une forme transitoire et passive des hydroleucites albuminifères.

La forme des grains d'aleurone est arrondie ou ovale, quelquefois polyédrique. Leur dimension est très variable. Ils sont de consistance ferme et éclatent sous la pression. Ils sont insolubles dans l'eau, l'alcool, l'éther et les huiles grasses. Quelquefois colorés diversement, ils sont le plus souvent incolores.

Pour obtenir des grains d'aleurone, on coupe en fines tranches des graines oléagineuses débarrassées de leurs téguments. On lave avec de l'huile, et on tamise au tamis fin, puis on laisse reposer. Au bout de quelques heures, les grains d'aleurone sont tous réunis au fond du vase. On décante ensuite, et on lave à l'éther pour dissoudre l'huile. On obtient ainsi une poudre blanche qui est l'aleurone.

L'étude de l'aleurone montre que cette substance peut être formée de grains de deux sortes, les uns sans enclaves, les autres avec enclaves.

1. *Grains sans enclaves.* -- Ils proviennent d'hydroleucites dans la vacuole desquels aucune substance ne s'est déposée avant la consolidation totale. Ils ne renferment pas trace de matières grasses. Une dissolution de chlorure mercurique dans l'alcool les transforme en une combinaison insoluble dans l'eau. Celle-ci, à l'ébullition, détruit la combinaison mercurielle, et régénère la substance protéique sous sa forme insoluble dans les acides et les bases diluées.

Ces grains homogènes sont tantôt complètement solubles dans l'eau, tantôt partiellement solubles, tantôt absolument insolubles. Ils sont toujours solubles dans la solution même étendue de potasse ou de phosphate de potassium.

II. *Grains avec enclaves.* — Souvent, les grains d'aleurone renferment des corps qui se sont déposés dans les vacuoles de l'hydroleucite avant la consolidation de la substance albuminoïde amorphe qui les a finalement englobés. Ces corps sont des masses arrondies (*globoïdes*, *c*, fig. 17), des cristalloïdes protéiques, *b*, ou des cristaux d'oxalate de calcium. Ces divers corps sont entourés par une masse albuminoïde de même nature et de même propriété que celle des grains homogènes.

Les grains avec enclaves renferment une seule sorte d'enclaves, en nombre variable, et aussi quelquefois deux sortes d'enclaves, un cristalloïde et plusieurs globoïdes, par exemple, mais il est rare d'y trouver un cristal associé à un globoïde, ou à un cristalloïde. Dans la Vigne, où le fait se produit le plus fréquemment, on voit, à côté du cristalloïde, un gros globoïde entourant un cristal. En ce cas, les trois sortes d'enclaves sont réunies dans le même grain.

Les globoïdes sont arrondis ou mamelonnés, parfois très petits. Insolubles dans l'eau, l'alcool et la potasse, ils se dissolvent dans tous les acides minéraux étendus. Traités par la solution ammoniacale de phosphate d'ammonium, ils disparaissent et à leur place se forment des cristaux du phosphate ammoniaco-magnésien. Cette réaction décèle la présence du magnésium dans les globoïdes. Mais ils contiennent aussi du calcium, car si on fait agir l'oxalate, au lieu du phosphate d'ammonium, ils disparaissent, et à leur place apparaissent des cristaux d'oxalate, de calcium. Enfin, si, les ayant brûlés, on ajoute une solution ammoniacale de chlorure d'ammonium, on voit naître des cristaux de phosphate ammoniaco-magnésien. Ils contiennent donc aussi de l'acide phosphorique. Mais l'incinération a été nécessaire pour montrer la présence de cet acide, on en conclut qu'il n'est pas libre mais combiné à un acide organique qui paraît être l'acide glycérique ou l'acide saccharique. De là cette conclusion que la substance des globoïdes est un glycérophosphate, ou un saccharophosphate de magnésium et de calcium, avec prédominance du magnésium.

Les cristalloïdes protéiques des grains d'aleurone sont de deux sortes qui ne coexistent jamais dans une même famille végétale.

Les uns sont monoréfringents et présentent l'hémiédrie tétraédrique du cube ; les autres sont biréfringents avec l'hémiédrie rhomboédrique du prisme hexagonal.

Les cristalloïdes du premier type sont rares, ils sont solubles dans l'eau salée et dans les acides dilués.

Les cristalloïdes du second type sont, ou solubles dans l'eau salée, ou insolubles dans l'eau salée, mais solubles dans la potasse diluée.

Hydroleucites oxalifères. — Nous avons signalé, parmi les acides organiques dissous dans l'hyaloplasma, l'acide oxalique. Cet acide, au contact des sels de calcium, communs dans tous les organes végétaux, donne de l'oxalate de calcium qui se dépose souvent en cristaux dans la vacuole de l'hydroleucite. Ces cristaux une fois formés ne se redissolvent pas, ils s'accumulent dans le corps de la plante. L'acide oxalique peut donc être classé parmi les produits, jusqu'ici peu connus, de la désassimilation végétale.

Membrane. — Originairement, le cytoplasma est nu et protégé uniquement par sa couche périphérique, qui le revêt d'une membrane résistante. Cet état persiste souvent, comme chez les zoospores et les anthérozoïdes des Algues. Ordinairement, la couche périphérique forme à sa surface externe un revêtement de cellulose, solide, continu, mince et transparent, c'est la membrane cellulosique ou membrane proprement dite.

Croissance. — Tant qu'elle demeure appliquée sur la couche périphérique du cytoplasma, la membrane croît en surface, pour suivre l'extension de celui-ci, et plus tard elle s'épaissit, pour lui assurer une protection de plus en plus efficace.

La croissance superficielle est directement liée à celle du cytoplasma. Tout accroissement de volume de ce dernier exerce contre la membrane une pression qui la distend. Entre les molécules ainsi écartées viennent s'interposer des particules cellulosiques, il en résulte un état d'équilibre pendant lequel la pression est nulle. La croissance du cytoplasma produit une nouvelle pression et ainsi de suite, et la membrane suit pas à pas l'extension du cytoplasma.

Quelle que soit la forme prise par celui-ci, la membrane, en se moulant sur lui, fixe cette forme et la conserve quand il a disparu. C'est ainsi qu'on juge de la forme de la cellule par celle de la membrane. Si son accroissement superficiel est le même en tous les points, de façon qu'en grandissant la cellule conserve sa forme primitive, c'est que la croissance du cytoplasma est elle-même uniforme. Plus souvent, quelques parties de la membrane s'accroissent seules, ce qui modifie la forme de la cellule, et indique une localisation dans la croissance du cytoplasma. La localisation peut être terminale ou intercalaire.

Elle est terminale, quand l'accroissement superficiel est maximum en un point de la périphérie et devient progressivement nul à une certaine distance.

La croissance est intercalaire, quand la distension

de la membrane et l'interposition de nouvelles particules de cellulose sont localisées dans une certaine zone de la paroi, zone qui forme peu à peu une pièce nouvelle intercalée aux anciennes.

La croissance en épaisseur peut avoir lieu tantôt vers l'intérieur en rétrécissant la cavité cellulaire, et elle est dite *centripète* ; tantôt vers l'extérieur en élargissant le contour externe de la cellule, et elle est dite *centrifuge*. Elle peut aussi être *mixte*, c'est-à-dire s'opérer simultanément vers l'intérieur et vers l'extérieur.

Dans chacun de ces modes, l'épaississement peut être le même en tous les points, et la membrane reste lisse intérieurement et extérieurement. Plus fréquemment, il est inégal ; certaines régions s'épaississent beaucoup, les autres peu, et d'autres pas du tout. De là une sorte de sculpture qui est moulée soit en creux, soit en relief.

ÉPAISSISSEMENT CENTRIPÈTE. — Le fond de la membrane restant mince, les sculptures se mouleront en relief.

Sculptures en relief. — Si l'épaississement n'a lieu qu'en des points isolés, il se formera autant de proéminences, qui pourront s'allonger en filaments. C'est encore à un épaississement local de la membrane cellulosique des cellules qu'est due la formation des *cystolithes* des feuilles de *Mûrier*, de *Figuier*, etc.

Dans les cellules polyédriques, l'épaississement en relief peut se localiser le long des arêtes en formant une sorte de demi-cylindre dans chaque angle (*collenchyme* de certaines *Aroïdées* et des *Ombellifères*). Il peut encore se former suivant la ligne médiane des faces, de manière à entourer la cellule d'un cadre continu (*endoderme* de la racine de beaucoup de végétaux). Il se concentre quelquefois sur chaque face en une série de bandes parallèles transversales équidistantes qui rappellent les barreaux d'une échelle (tissu *scalariforme*). Ailleurs, il peut former des anneaux parallèles, un ruban spiralé, continu, ou plusieurs spirales parallèles ou un réseau à mailles plus ou moins serrées. Enfin, il faut rattacher à la sculpture en relief le cas où une seule face de la cellule s'épaissit fortement, tandis que les autres restent uniformément minces.

Sculptures en creux. — L'épaississement réticulé, annelé, spiralé, etc., passe à la sculpture correspondante en creux, rétrécissant les mailles, et élargissant les bandes qui les séparent, rapprochant ou élargissant ses anneaux, ses tours de spire, etc. Plus souvent, la membrane se sculpte en creux, s'épaississant dans la plus grande partie de sa surface, et ne conservant sa minceur que dans certains points isolés, qu'on nomme des *ponctuations*.

La forme des ponctuations est très variable ; quand elles sont étroites et traversent une membrane épaisse, les ponctuations deviennent des canalicules rayonnants, et souvent, si on le suit de dedans en dehors, le système des canaux semble se ramifier et ouvrir ses extrémités en divers points de la périphérie contre la membrane primitive.

La ponctuation conserve souvent dans toute son épaisseur sa dimension, sa forme et sa direction primitives ; elle est cylindrique. Vue de face, elle se montre limitée par un contour unique. On la dit *simple*. Mais sa largeur va souvent en augmentant, ou en diminuant progressivement, à mesure que la membrane s'épaissit. Elle prend alors la forme d'un tronc de cône, qui tourne sa large base tantôt vers l'intérieur, tantôt vers l'extérieur. Il arrive même, parfois, qu'après s'être d'abord élargie, la ponctuation se rétrécisse de nouveau, ou inversement. Elle acquiert, en ce cas, la forme de deux troncs de cône superposés par leurs grandes bases dans un cas, et par leurs petites bases dans l'autre. Si la membrane est très épaisse, les rétrécissements et les élargissements peuvent se répéter plusieurs fois. Vue de face, une telle ponctuation se montre, dans ces divers cas, pourvue d'un double contour, formé de deux cercles concentriques, dont le second constitue une aréole autour du premier. Cette ponctuation est dite *aréolée*.

En se rétrécissant, les ponctuations aréolées conservent souvent leur forme ; mais il arrive aussi que cette forme s'altère par les progrès de l'épaississement. Largement circulaire à l'extérieur, elle se réduit en dedans, par exemple, à une étroite ellipse. Vue de face, elle affecte la forme d'un cercle entourant une petite ellipse plus ou moins allongée. Si ces sortes de ponctuations aréolées sont très minces, elles forment des fentes très voisines, et il arrive que ces fentes en s'allongeant se confondent, çà et là, en une fente unique qui traverse jusqu'à cinq ou six aréoles rapprochées. Sur les ponctuations adossées de deux cellules voisines, les fentes internes se croisent souvent à angle droit au centre de l'aréole circulaire. Un tel croisement de fentes peut se manifester aussi dans l'épaisseur d'une même membrane. La ponctuation d'abord circulaire, puis allongée en fente, change ensuite de direction, tourne sur elle-même par les progrès de l'épaississement, et s'ouvre dans la cavité cellulaire perpendiculairement à sa direction primitive.

Les ponctuations simples se groupent souvent de manière à former des ponctuations composées. La surface des cellules offre alors de larges places uniformément minces, à la surface desquelles se dessine ensuite un fin réseau d'épaississement. Ces larges places sont nommées ponctuations *grillagées*. Souvent même, la membrane mince se résorbe au centre de chaque maille du réseau et la double ponctuation grillagée devient une ponctuation *criblée*. Les cellules communiquent directement à travers les trous du crible ainsi formé. Plus tard, les bandelettes du réseau se gonflent, s'épaississent, obstruent les orifices de manière à former une plaque *calleuse*. La substance de ces plaques se colore fortement par le bleu d'aniline, qui ne teinte pas le reste de la membrane. Quand la cloison transverse est horizontale, elle ne porte qu'un seul crible ; quand elle est fortement oblique, on y voit une série de ponctuations criblées, échelonnées comme dans la sculpture scalariforme.

ÉPAISSISSEMENT CENTRIFUGE. — Lorsque l'épaississement inégal est centrifuge, ce qui a lieu quand la cellule a sa surface libre en partie ou en totalité, la paroi interne de la membrane est uniforme, et c'est la paroi externe qui présente des sculptures en relief ou en creux.

Sculpture en relief. — Suivant la disposition des points où l'épaississement est localisé, la membrane primitive se recouvre de tubercules, d'épines, de crêtes, de bandes formant réseau, d'anneaux parallèles, ou de spires continues.

Sculpture en creux. — Les régions qui ne partagent pas l'épaississement général de la membrane, sont encore ici des ponctuations, mais elles s'ouvrent au dehors ; on ne les observe que dans les cellules entièrement libres comme les grains de pollen. Quand les ponctuations sont arrondies, elles forment des *pores* ; si elles s'allongent, ce sont des *plis*.

STRUCTURE. — En s'épaississant, la membrane se

différencie en couches concentriques, alternativement brillantes et ternes, plus ou moins nombreuses. Il semble pourtant qu'il en existe au moins trois. Ici encore, comme dans les grains d'amidon, la stratification semble due à une inégale répartition de l'eau de constitution suivant l'épaisseur : les couches les plus denses et les plus réfringentes sont les moins hydratées.

L'eau n'est pas distribuée uniformément suivant la surface dans toute l'étendue d'une même couche. Les diverses couches se montrent composées d'un système de lames minces qui les traversent toutes ensemble. Ces lamelles se montrent sous forme de stries parallèles que l'on peut retrouver partout. Il y a deux systèmes de lamelles et de stries, généralement obliques. Souvent, l'un des deux systèmes est très net, et l'autre méconnaissable ; ou bien l'un est plus accusé dans une couche de la membrane, et l'autre dans une autre.

Propriétés physiques. — La membrane est solide, mais perméable à l'eau et aux gaz. Sa résistance varie dans une même plante suivant les cellules considérées. Diverses membranes se déchirent facilement, tandis que la résistance de certaines fibres libériennes est comparable à celle de l'acier. La résistance semble augmenter à mesure que diminue la quantité d'eau d'imbibition. La membrane est encore élastique, et ses propriétés élastiques semblent augmenter avec la quantité d'eau.

La valeur du coefficient d'élasticité varie suivant trois directions. Il y a, en somme, trois axes d'élasticité. L'axe de plus grande élasticité est dirigé suivant la longueur, celui de moindre élasticité suivant la tangente transversale, celui de moyenne élasticité suivant le rayon.

La membrane possède la double réfraction, et cette

propriété est d'autant plus accentuée que l'hydratation est moindre.

La biréfringence et la constitution stratifiée con-
duisent à conclure que, comme les grains d'amidon,
la membrane possède une structure cristalline résultant probablement de la juxtaposition de cristalloïdes très petits et biréfringents.

Propriétés chimiques. — La constitution chimique
de la membrane comprend de l'eau, dont la proportion moyenne varie d'une cellule à l'autre, d'une
petite quantité de matières minérales (sulfates, phosphates, silicates, chlorures de potassium, de magnésium et de calcium) et d'un hydrate de carbone, la
cellulose, offrant la même composition que l'amidon
et la dextrine. Il existe plusieurs *celluloses*, comme
il existe plusieurs dextrines.

Par ébullition avec les acides, la cellulose s'hydrate et se dédouble en maltose et cellulose moins
condensée ; après trois ou quatre dédoublements successifs, on arrive à l'amidon bleuissant sous l'action
directe de l'iode ; l'action des acides sur l'amidon conduit au glucose, qui est le dernier terme de l'action
des acides sur la membrane.

La cellulose proprement dite est solide, blanche,
translucide, insoluble, sauf dans la dissolution ammoniacale d'oxyde de cuivre (liquide de Schweitzer).
Elle précipite de cette dissolution en flocon gélatineux, sous l'action de l'eau et des acides.

Attaquée par le mélange oxydant de chlorate de
potassium et d'acide azotique, la cellulose donne de
l'acide oxalique. L'acide chlorhydrique et l'acide sulfurique concentrés l'attaquent et la transforment
en amidon.

La cellulose, définie par ces diverses réactions,
présente deux variétés : l'une est attaquée par le
Bacillus amylobacter, qui la décompose en acide buty-

rique, hydrogène et anhydride carbonique ; l'autre résiste au bacille. Ces deux variétés de cellulose sont donc faciles à séparer ; on peut constater qu'elles coexistent dans les diverses couches d'une même membrane.

Beaucoup de membranes sont formées par une autre cellulose, insoluble dans la liqueur de Schweitzer, qui acquiert la propriété de se colorer en bleu par l'acide sulfurique et l'iode après ébullition avec des acides étendus. Elle n'est pas attaquée par le *Bacillus amylobacter* ; c'est la *paracellulose*.

Les membranes des *Basidiomycètes* et des *Ascomycètes* (1) sont constituées par une cellulose, plus résistante encore, à laquelle on donne le nom de *Fongine* ou de *Métacellulose*. Celle-ci résiste à l'action des acides et des bases, à l'attaque de l'acide chromique et à celle du mélange de chlorate de potassium et d'acide nitrique. Elle est attaquée à la longue par ces agents, si l'on ajoute à leur action un traitement très long par la potasse concentrée, pure et bouillante. La membrane bleuit alors par l'acide sulfurique et l'iode et se dissout dans le liquide cuproammoniacal.

Corps dérivés. — A mesure que la cellule avance en âge, sa membrane se transforme et change de propriétés physiques et chimiques. Il y a deux cas à distinguer dans ces modifications : 1° la cellulose se transforme en un nouveau corps ; 2° la cellulose s'imprègne d'une substance différente, qui masque momentanément ses propriétés qu'on peut toujours mettre en évidence.

1. *Transformations de la cellulose.* — Dans les cellules périphériques les couches externes des membranes cellulaires se modifient de dehors en dedans,

(1) Voy. H. Girard, *Aide-mémoire de Botanique Cryptogamique.*

7.

et forment une substance différente, la *cutine*, tandis que les couches internes demeurent à l'état de cellulose pure, ou seulement imprégnées de cutine. L'ensemble des couches cutinisées forme la *cuticule*; celles qui sont seulement imprégnées sont dites *cuticulaires*.

L'iode colore la cutine en jaune ou en brun, la fuchsine la colore fortement en rose. La cutine n'est soluble que dans la potasse concentrée et bouillante, le mélange d'acide azotique et de chlorate de potassium la transforme à l'ébullition en *acide subérique*. Elle résiste indéfiniment au *Bacillus amylobacter*. C'est un hydrate de carbone plus pauvre en oxygène que la cellulose.

Un second produit de transformation de la cellulose est la *subérine*. Souvent les assises cellulaires sous-jacentes aux assises périphériques modifient leur membrane qui devient imperméable aux liquides et aux gaz, fortement réfringente et très élastique. Ces assises forment alors le *liége* ou *suber*, très développé dans la tige du *Quercus suber*, par exemple. La subérisation de la membrane est parfois totale, parfois partielle. Dans le premier cas, il y a transformation de la cellulose en subérine, dans le second la couche interne est seulement imprégnée de cette substance, et, après l'action de la potasse, elle reprend ses propriétés.

La subérine se colore en jaune par l'iode, et résiste à l'acide sulfurique; l'acide azotique la dissout à l'ébullition, de même que la potasse concentrée. Elle résiste à l'action du *Bacillus amylobacter*. C'est un corps fort analogue, sinon identique, à la cutine.

Dans certaines couches de la membrane, la cellulose se transforme en un corps isomère, de consistance cornée à l'état sec et que l'eau gonfle énormément en une sorte de gelée. Les membranes qui ont subi cette transformation sont dites *gélifiées*. D'autres fois, c'est un élément soluble dans l'eau sans gonflement, la *lignine*, qui se substitue à la cellulose, et la membrane est dite *lignifiée*.

II. *Imprégnations de la cellulose.* — La modification par imprégnation la plus répandue est la *lignification*. Elle est offerte par les diverses cellules du bois âgé des plantes vasculaires, et se rencontre fréquemment çà et là en dehors du bois.

La membrane s'imprègne dans ses couches.externes d'une substance mal définie, la *lignine* ou *vasculose*, qui renferme plus d'hydrogène et de carbone, mais moins d'oxygène que la cellulose.

Une membrane lignifiée se colore en jaune par l'iode, en rose par la fuchsine, en jaune par le sulfate d'aniline, en rouge par la phloroglucine additionnée d'acide chlorhydrique. En même temps, elle devient très dure, cassante et se colore en jaune, en brun ou en noir. Elle ne se dissout plus dans le liquide cupro-ammoniacal, même après l'action des acides, elle n'est attaquée ni par l'acide sulfurique concentré, ni par le *Bacillus amylobacter*. Elle se dissout au contraire, à l'ébullition, dans le mélange de chlorate de potassium et d'acide azotique, ainsi que dans l'acide chromique. Comme la lignification est toute superficielle, c'est par ce procédé qu'on isole les cellules ligneuses. Celles-ci, traitées par l'acide azotique à chaud et sous pression, perdent leur lignine et les caractères de la cellulose réapparaissent.

Les membranes jeunes contiennent des matières minérales, qui, avec le temps, s'y accumulent au point d'empêcher les réactions de la cellulose. La membrane ainsi *minéralisée* devient dure et consistante.

La minéralisation est dite *homogène* quand la matière minérale imprègne la cellulose sans en altérer profondément la transparence. C'est le cas le plus fréquent. Les substances qui imprègnent la membrane sont les sels de calcium, de potassium, de magnésium et de sodium.

Quelquefois, une substance comme la silice l'emporte de beaucoup sur les autres (*Diatomées*, cellules périphériques des *Prêles* et des *Graminées*).

La matière minérale peut s'accumuler sous forme de granules qui rendent la cellulose opaque, c'est la minéralisation *granuleuse*. Ainsi, le carbonate de calcium se dépose souvent dans la membrane et la rend pierreuse, dure et cassante, l'action des acides rend à la membrane ses propriétés.

Enfin, quand des cristaux se déposent çà et là dans la membrane, on a la minéralisation *cristalline*. On trouve ainsi, assez souvent, des cristaux d'oxalate de calcium logés dans la zone externe des cellules, des assises périphériques.

Souvent aussi ces cristaux se groupent sur un épaississement local et très développé de la membrane. L'ensemble forme un *cystolithe*, comme on en trouve dans les cellules de la périphérie de certaines feuilles, ou dans les cellules internes (*Urticacées*). La forme des cystolithes varie d'une plante à l'autre.

En dernier lieu, la membrane cellulaire s'imprègne parfois de substances colorantes, qui sont encore mal connues, mais qui semblent être des composés ternaires solubles dans l'alcool et insolubles dans l'eau. Ils sont analogues aux résines. Ces substances se développent abondamment dans certains bois et sont quelquefois employées en teinture. Ainsi le bois de Fernambouc est coloré par la *brasiline*, le bois de Campêche par l'*hématoxyline* en rouge brun ; le santal en rouge par la *santaline*, etc.

II. — TISSUS.

Définition. — Un *tissu* est un ensemble de cellules douées de la même forme et des mêmes propriétés.

Origine. — Les tissus peuvent prendre naissance de trois manières : 1° par association de cellules d'abord libres ; 2° par cloisonnement répété d'une cellule mère ; 3° par association et par cloisonnement.

ASSOCIATION. — La division totale du corps cytoplasmique d'une cellule produit de nombreuses cellules qui, d'abord libres, se meuvent, puis se fixent et s'accroissent en même temps, elles se juxtaposent et fusionnent si bien leurs membranes, le long des surfaces de contact, que toute ligne de démarcation devient indiscernable. Cette origine de tissus est rare.

CLOISONNEMENT. — Le plus souvent, le tissu dérive du cloisonnement répété d'une cellule-mère ou de plusieurs cellules juxtaposées. Ce cloisonnement s'opère par une bipartition du noyau, et apparition d'une cloison cellulosique dans le plan équatorial de la cellule-mère.

A mesure qu'on se rapproche de l'extrémité en voie de croissance d'un organe, racine, tige ou feuille, on voit les différences qui séparaient les divers tissus s'effacer peu à peu, elles se confondent au sommet où existe un tissu homogène, dont les cellules sont pourvues d'un cystoplasma finement granuleux, entourées de membranes minces, sans sculpture et en voie de cloisonnement. Ce dernier caractère a fait donner à un tel tissu le nom de *méristème*. La méristème est le produit du cloisonnement d'une cellule unique, ou d'un groupe de cellules.

Formation du méristème par une cellule. — La cellule-mère se partage en deux cellules inégales L'une des deux cellules-filles possède la forme et garde la position relative de la cellule-mère, s'accroît de manière à en prendre la dimension, puis se cloisonne de nouveau. Les choses semblent donc se passer comme si la cellule-mère demeurait inaltérée. C'est ce qu'on dit ordinairement dans le langage habituel, bien que la nouvelle cellule-mère ne soit que la cellule-fille de la cellule-mère précédente.

L'autre cellule-fille est alors considérée comme un segment de la cellule-mère. Les segments issus successivement de la cellule-mère s'empilent suivant une loi régulière. Chacun d'eux a deux parois principales, l'une supérieure, par où il s'est détaché de la cellule-mère, l'autre inférieure, par où il repose sur le segment précédemment formé, une paroi extérieure est découpée entre les deux précédentes dans la face externe de la cellule-mère, et souvent des parois latérales découpées dans les faces principales des segments voisins.

Une fois détaché, le segment se divise par trois cloisons rectangulaires : 1° parallèlement aux faces principales; 2° radialement; 3° tangentiellement en assises concentriques. C'est de l'ensemble de ces segments qui se cloisonnent ensuite que naît le méristème.

Il y a deux cas à distinguer : 1° la cellule-mère demeure toujours terminale, et ne découpe de segments que vers le bas ; 2° la cellule-mère découpe des segments sur tout son pourtour, aussi bien en haut qu'en bas; elle n'est plus terminale, mais enveloppée de tous côtés par le méristème et par les tissus définitifs qu'il engendre.

Formation du méristème par un groupe de cellules. — Si le méristème procède d'un groupe de petites cellules juxtaposées, il y a encore deux cas à distinguer, suivant que l'ensemble des cellules mères produit le méristème vers le bas, en restant lui-même terminal ; ou bien en produit également vers le haut et se trouve lui-même recouvert.

Les tissus qui dérivent de la différenciation du méristème terminal ou intercalaire du corps sont appelés tissus *primaires*, et ce méristème est dit *primitif*.

Chez les végétaux supérieurs, on voit apparaître, au milieu des tissus *primaires*, un nouveau méristème dit *secondaire*, qui produit des tissus *secondaires*.

ASSOCIATION ET CLOISONNEMENT. — La combinaison des deux modes précédents forme des tissus d'origine mixte.

Division des tissus. — Les tissus de cellules vivantes sont désignés sous le nom de *parenchymes*. Les uns doivent leur caractère spécial à la membrane des cellules qui se subérifie en restant mince, ou en s'épaississant (*tissu subéreux*), qui s'épaissit en se lignifiant (*tissu scléreux*), en se gélifiant (*tissu gélatineux*), ou en restant purement cellulosique (*collenchyme*).

D'autres doivent leurs caractères au contenu de leurs cellules, dans lesquelles dominent les chloroleucites (*tissu chlorophyllien*), les amyloleucites (*tissu amylacé*), les corps gras (*tissu oléagineux*), les hydroleucites (*tissu aqueux*), les produits de sécrétions (*tissu sécréteur*).

D'autres encore sont caractérisés par la forme et la disposition spéciale de leurs cellules. Dans les uns, les cellules s'associent et constituent des stomates (*tissu stomatique*) ; dans les autres, les cellules se prolongent en poils dans le milieu extérieur (*tissu absorbant*).

Dans une autre classe de tissus, les cellules en se

différenciant meurent, perdent leur protoplasma, leur noyau, et la faculté de grandir et de se cloisonner. Ces tissus prennent leurs propriétés particulières, de la membrane de leurs cellules qui est tantôt fortement épaissie et lignifiée (*sclérenchyme*), tantôt épaissie et ornée de sculptures (*tissu vasculaire*), ou épaissie et munie de ponctuations criblées, mais restant à l'état de cellulose (*tissu criblé*).

Tissu subéreux. — Ce tissu se présente sous trois aspects, suivant la localisation de la subérine. Si la subérisation n'a lieu que sur la face externe des cellules, elle porte le nom de *cutinisation* et le tissu est *cutineux*; si elle se produit sur toute la surface de la membrane, le tissu est *subéreux proprement dit*; enfin si elle ne s'opère que sur des plissements de la membrane échelonnés sur les faces latérales et transverses, c'est le tissu *plissé*.

Tissu cutineux. — Les cellules périphériques de la tige et des feuilles des plantes aériennes sont le siège d'une cutinisation plus ou moins accentuée. Il se forme souvent une pellicule mince, hyaline, courant sans interruption d'une cellule à l'autre, qui est la *cuticule*. Quand la membrane est mince, la cuticule couvre directement la couche interne qui reste exclusivement cellulosique; quand la membrane est épaisse, les couches moyennes s'imprègnent de cutine (*couches cuticulaires*) et forment une lame limitée en dedans par la zone la plus interne restée à l'état de cellulose pure. La cuticule et les couches cuticulaires sont presque toujours imprégnées de cire. Quand celle-ci est abondante, elle se complique souvent, une partie de la cire recouvre la surface et vient former le dépôt cireux (Voy. p. 48).

Le tissu cutineux s'imprègne souvent de matières minérales : silice, oxalate et carbonate de calcium ;

aussi laisse-t-il un squelette après l'incinération.

Le rôle spécial de ce tissu est de protéger efficacement les membres aériens de la plante contre le milieu extérieur; le cytoplasma est dépourvu de chloroleucites et l'hyaloplasma est abondant.

Poils. — L'assise cutinisée développe quelques cellules perpendiculairement à sa surface, en formant un poil. La forme des poils varie infiniment. Si la cellule en s'allongeant ne se cloisonne pas (fig. 18), on a un poil *unicellulaire* (*Urtica dioica, Rubia tinctorum*). Si la cellule prend des cloisons transversales, le poil est composé d'une série de cellules superposées, il est *unisérié*. Si elle se cloisonne dans trois directions, formant un massif solide, le poil est *massif.*

Tissu subéreux proprement dit. — L'assise qui, dans la racine, subérifie ses membranes dans toute son étendue, fournit le type du tissu subéreux. La membrane des cellules subéreuses est tantôt mince et homogène, tantôt plus ou moins épaisse et marquée de ponctuations. Le tissu est ainsi tantôt mou, tantôt dur. Les cellules sont le plus fréquemment dépourvues de chlorophylle, de sorte que le tissu subéreux reste transparent.

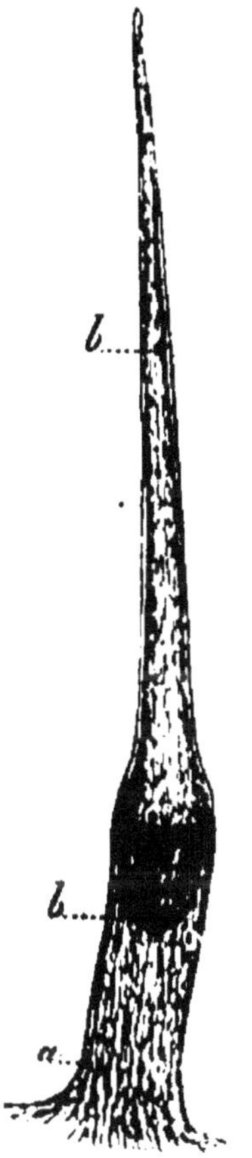

Fig. 18. — Poil unicellulaire.

Tissu plissé. — Les assises profondes qui enveloppent la région centrale de la tige et de la racine ont leurs cellules intimement unies entre elles par leurs faces latérales et transverses. Ces faces sont munies d'une série de plissements échelonnés plus ou moins largement, et formant autour des cellules un cadre dentelé qui les maintient fortement unies. Sur une section transversale, ces plissements paraissent comme autant de petits points noirs, ou de petites raies sombres sur chaque cloison radiale.

La membrane de ces cellules se subérifie rapidement. Tantôt la subérisation porte uniquement sur les plissements, tantôt elle s'étend à toute la membrane. Cette assise plissée est bien, à ce titre, une variété du tissu subéreux.

Tissu scléreux. — Ce tissu est surtout développé dans les productions du méristème secondaire des plantes supérieures, il contribue, avec le collenchyme et le sclérenchyme, à donner de la solidité aux organes.

Les cellules sont intimement unies entre elles en couches ou en faisceaux, sans laisser d'espaces vides. Elles ont généralement la forme de prismes allongés avec les faces transverses horizontales ou plus ou moins obliques. La membrane des cellules est épaisse et lignifiée, pourvue de ponctuations simples, elles renferment un noyau, un cytoplasma abondant et des réserves amylacées. Si une blessure vient intéresser le tissu scléreux, les cellules s'en modifient et passent à l'état de méristème secondaire, se cloisonnent et produisent un tissu secondaire de cicatrisation. Ce phénomène prouve bien que ces cellules sont vivantes. Cependant, dans certains cas, il est difficile de distinguer le tissu scléreux du sclérenchyme.

Tissu gélatineux. — Quand les membranes, en s'épaississant, gélifient leur couche externe, les cellules semblent plongées dans une gelée homogène de consistance plus ou moins ferme et le tissu devient gélatineux (*Algues, Champignons,* quelques *Phanérogames*).

Collenchyme. — Il forme, dans les tiges, les pétioles et les nervures des plantes, une couche continue, ou des faisceaux séparés qui s'étendent sous l'assise cutineuse ou au milieu du parenchyme ordinaire.

Les cellules du collenchyme sont allongées à des degrés très différents, faiblement si l'épaississement est tardif, fortement si l'épaississement est précoce et si le membre s'allonge encore. Il y a donc lieu de considérer deux sortes de collenchyme : l'un à éléments courts, l'autre à grands éléments.

Dans le premier, l'épaississement se localise sur les arêtes des cellules, et les ponctuations des

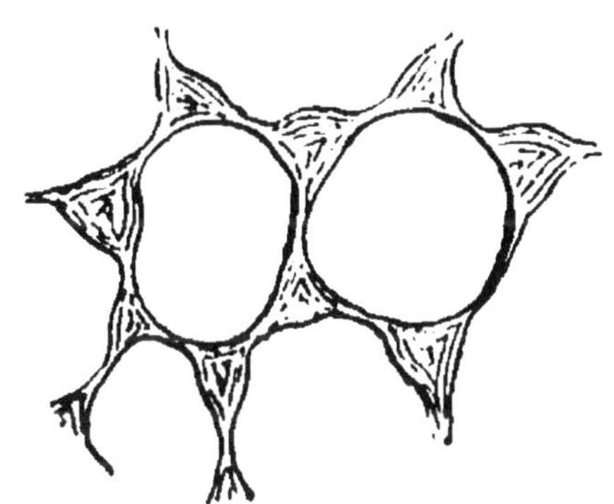

Fig. 19. — Collenchyme.

faces en contact s'arrondissent ou s'étirent transversalement (fig. 19).

Dans le second, l'épaississement est d'ordinaire uniforme sur tout le pourtour et les ponctuations allongées.

Quoique formées de cellulose pure, les membranes des cellules du collenchyme ont une grande solidité et sont peu élastiques. Cela explique que le collenchyme, quoique très épais, peut suivre sans se rompre l'allongement intercalaire des membres. Le rôle du tissu est de soutenir l'organe sans, toutefois, l'empêcher de croître.

Tissu chlorophyllien. — Lorsque le cytoplasma renferme un grand nombre de chloroleucites, le parenchyme est dit *chlorophyllien*. Les feuilles et la zone externe des tiges aériennes ou aquatiques sont formées en majeure partie de ce tissu.

Si les cellules en sont isodiamétriques ou allongées suivant l'axe du corps, et intimement unies, ou ne laissant entre elles que de petits espaces intercellulaires (*méats*), le tissu est dit *chlorophyllien proprement dit*.

Lorsque les cellules sont fortement allongées perpendiculairement à la surface du corps, et serrées les unes contre les autres en forme de palissade, le tissu est dit *en palissade*.

Enfin, si les cellules arrondissent leurs angles, prennent une forme irrégulière, sinueuse ou rameuse, et laissent entre elles de vastes méats aérifères, le tissu est dit *lacuneux*.

Ces trois sortes de tissu se trouvent dans les feuilles et les tiges des végétaux herbacés.

Tissu amylacé. — Les racines et les tiges tuberculeuses sont constituées par un parenchyme incolore, abondamment pourvu d'amyloleucites et plus tard de grains d'amidon; c'est le parenchyme amylacé. L'assise de cellules qui entoure la région centrale des membres est souvent aussi le lieu de formation et de dépôt des grains d'amidon.

Tissu oléagineux. — Dans certains végétaux, le cytoplasma de cellules situées comme les cellules amylacées, s'emplit de gouttelettes huileuses de manière à constituer un parenchyme oléagineux, qui n'est qu'une variété du tissu chlorophyllien.

Tissu aquifère. — D'autres cellules à parois minces ne renferment qu'une fine couche de cytoplasma dépourvue de granules solides et d'un liquide clair résultant de la fusion des hydroleucites. Ces cellules forment le tissu aquifère, abondant dans les feuilles dites *grasses*. On l'observe aussi dans les feuilles minces, où il constitue des amas globuleux au-dessus de l'extrémité des nervures. C'est le même tissu qui forme la grande masse des tubercules riches en sucre ou en inuline.

Tissu sécréteur. — Ce tissu se compose de cellules vivantes, dont la membrane reste mince, sans sculptures et sans transformations, dans lesquelles se forment de bonne heure et s'accumulent diverses substances, sans emploi direct, dites *produits de sécrétion*. La nature de ces produits est très diverse : acide oxalique, tannin, mucilage, gommes, résines, émulsions laiteuses nommées *latex*, etc. La forme et la disposition des cellules sécrétrices est très variée. Elles sont isolées, simples ou rameuses, ou bien associées en files, en réseaux, en assises, quelquefois enfin, le tissu est formé non de cellules, mais d'articles.

Cellules isolées. — L'assise périphérique de la tige et des feuilles offre souvent des cellules sécrétrices, isolées, pleines d'huile essentielle ou d'oléo-résine. Souvent on observe ces cellules à l'extrémité des poils.

On trouve aussi cette forme du tissu sécréteur à l'intérieur du corps, les cellules sont disséminées çà et là, et renferment des produits divers (cellules tannifères du *Sureau*, des *Polygonum*, cellules à latex des *Cinchona*).

Articles rameux. — Dans les *Euphorbiacées*, les *Urticées*, les *Asclépiadées* et les *Apocynées*, les éléments sécréteurs, solitaires, sont de longs tubes peu nombreux, indéfiniment rameux.

On les trouve déjà dans l'embryon, ils croissent avec les membres qui les contiennent, et s'étendent dans tout le corps de la plante depuis l'extrémité des racines jusqu'à celle des feuilles. On peut isoler ces tubes par la macération et l'on constate qu'ils sont dépourvus de cloisons internes et non anastomosés entre eux. Leur membrane est molle et brillante, formée d'une variété de cellulose qui résiste au *Bacillus amylobacter*. Elle est mince et non stratifiée dans les régions jeunes, épaisse et formée de couches concentriques et de stries dans les régions âgées. Elle est toujours dépourvue de sculptures. Il y a toujours des noyaux dans leur protoplasma, et ces noyaux se multiplient par bipartition ; ce ne sont pas des cellules, mais des *articles* (fig. 20).

Leur hyaloplasma contient de la pepsine, des peptones, du sucre, du tannin et autres substances dissoutes. En suspension, il renferme des globules incolores formant une émulsion ou *latex*. Ces globules, plus ou moins abondants suivant les plantes, sont mous et s'agglutinent en masses plus ou moins grandes dans le latex exposé à l'air. Ils sont composés de résine (*Euphorbes*), de caoutchouc (*Hevea, Siphonia, Ficus, Castilloa,* etc.), quelquefois de corps gras et de cire (*Brosimum utile*).

Avec ces globules, le latex des *Euphorbes* renferme des grains d'amidon fusiformes, ou cylindriques.

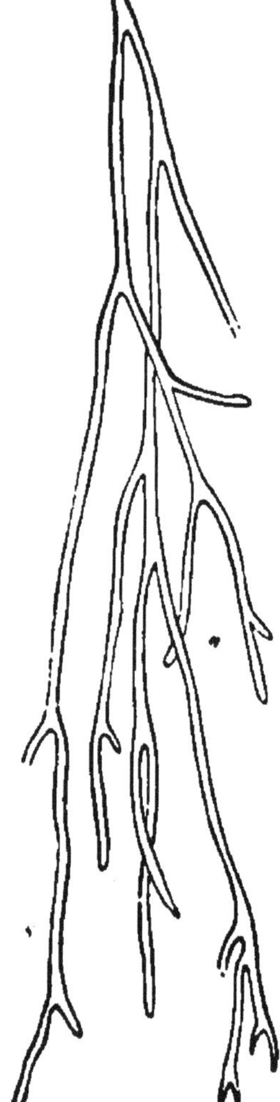

Fig. 20. — Fragment d'un article laticifère.

Files de cellules. — Les cellules sécrétrices se superposent parfois dans l'intérieur du corps en séries longitudinales qu'on peut suivre sur de grandes longueurs. La membrane des cellules est mince, non sculptée, quelquefois subérisée, les cloisons transverses sont persistantes.

Le contenu de ces cellules sécrétrices est très varié : c'est de l'oxalate de calcium, des gommes, des résines. Chez l'*Aloès*, c'est un liquide incolore ou non, tenant en suspension des gouttelettes résineuses. Chez les *Acérinées*, c'est un suc laiteux, homogène et transparent (*Acer saccharinum*). Chez les *Convolvulacées* et chez les *Sapotacées*, c'est un latex résineux, parfois tannifère. Dans les *Légumineuses*, chez certaines *Mimosées*, le latex est tannifère sans être laiteux. L'appareil producteur de *latex* est encore formé de files de cellules chez les *Papavéracées* (*Sanguinaria, Glaucium*). En particulier, dans la *Chélidoine*, les cloisons transversales sont de bonne heure percées de plusieurs orifices, mettant en communication le cytoplasma des cellules superposées. Le bord de ces cloisons persiste toujours sous forme d'un bourrelet annulaire. Lorsque deux files de cellules se touchent, les parois latérales se percent d'orifices de communication.

Réseau de cellules. — Quand les files de cellules sécrétrices sont unies latéralement, à travers le parenchyme, par des files transversales ou obliques de cellules sécrétrices, il en résulte un réseau à larges mailles. Les cloisons transversales persistent (*Rosa, Rubus*), ou disparaissent, et tous les cytoplasmas sont confondus, il se forme, en d'autres termes, un symplaste réticulé (*Composées Liguliflores, Campanulacées*, etc.). Le réseau sécréteur prend naissance, quelquefois, par poussée latérale et anastomose de files primitivement distinctes. Une fois fusionnées dans chaque file longitudinale, les cellules bourgeonnent latéralement et poussent des branches qui s'anastomosent en s'insinuant entre les cellules du parenchyme voisin. Quelques-unes de ces branches ont une extrémité aveugle, d'autres s'anastomosent au sommet, soit avec des branches issues de tubes voisins, soit directement avec ces tubes eux-mêmes. De là un réseau très complexe, hérissé de branches en cæcums, et qui s'étend dans toutes les parties du corps de la plante (certaines *Papavéracées* et *Aroïdées, Lobéliées*).

Le latex des réseaux possède toutes les propriétés générales de celui des cellules solitaires, des articles rameux ou des files cellulaires. Il contient quelquefois du caoutchouc (*Lobelia Caratschuk*), ou du tannin (*Composées Liguliflores, Aroïdées*), mais il est ordinairement résineux. Le latex des *Papaver*, desséché, constitue l'opium et renferme de la morphine, de la codéine et d'autres alcaloïdes ; celui des *Papayées* renferme une pepsine, la *papaïne*, et des peptones.

Assise de cellules. — L'assise périphérique de la tige et des feuilles est souvent constituée par des cellules semblables qui sécrètent un suc gommeux ou résineux, quelquefois sucré (*Rheum, Rumex, Alnus, Carpinus, Populus, Corylus*). La région sécrétante est parfois localisée à la face inférieure des feuilles (*Prunus, Lauro-cerasus*), sur des émergences (*Robinia*), à l'extrémité des nervures (*Salix, Viola*).

En ces cas, les cellules sécrétantes sont plus petites et plus molles que les autres, quelquefois chacune se divise en deux cellules superposées, dont l'inférieure est inactive (*Passiflora*). Quand la surface sécrétante n'est pas localisée, les cellules ne diffèrent pas des cellules voisines.

Ailleurs, certains poils, en forme d'écusson, sont formés de cellules sécrétrices (*Humulus*). Le produit est une oléorésine (*Thymus*), ou un suc digestif (*Pinguicula*).

Canaux et poches. — Un grand nombre de plantes

sont traversées par des espaces intercellulaires, bordées d'une assise de cellules sécrétrices, qui y déversent leur produit. Ces espaces parcourent quelquefois toute la longueur d'un organe et y forment un système continu, ce sont des *canaux sécréteurs*. Ailleurs ils sont courts et fermés de toutes parts, ce sont des *poches sécrétrices*.

Les cellules sécrétrices sont généralement plus petites que celles du parenchyme ambiant, leur surface libre est convexe, leur membrane mince, non sculptée, toujours subérisée, quand le produit sécrété est une résine ou une huile essentielle; d'autres fois simplement colorée en jaune ou en brun. La substance sécrétée est de composition chimique variable. C'est une gomme, chez le *Lycopodium inundatum*, et chez les *Cycadées*; une résine, dans les *Conifères*; une huile essentielle, chez les *Ombellifères* et les *Composées radiées*; une oléorésine, chez les *Polytrichum*, chez les *Butomées* et chez les *Alismacées*; un latex, chez les *Clusiacées*.

Les canaux et les poches coexistent chez certaines plantes (*Hypericum*); les premiers sont situés dans la profondeur, et les secondes sont superficielles. D'autres n'ont pas de canaux et possèdent des poches fermées (*Ruta, Citrus, Eucalyptus, Oxalis, Lysimachia, Gossypium*).

Tissu massif. — L'assise superficielle des organes porte quelquefois des poils massifs, dont toutes les cellules sont parfois sécrétrices. Le tissu sécréteur est alors externe et massif.

Les bourgeons d'un grand nombre de plantes ont leurs pièces agglutinées par un mucilage ou une gomme produits par des poils massifs, à court pédicelle, dilatés en haut en ruban (*Rumex*), ou portant des cellules disposées en éventail (*Coffea*), ou se renflant en tête (*Ribes sanguineum*). Ces poils sont portés tantôt par les écailles du bourgeon (*Æsculus*), tantôt par des stipules (*Prunus, Viola*), ou par les feuilles jeunes (*Ribes, Syringa*). Dans quelques bourgeons, les poils manquent tout à fait et l'assise superficielle seule sécrète la substance.

A l'intérieur du corps, le tissu massif se rencontre quelquefois et produit un latex; la région centrale du cordon se détruit plus tard, et il se forme une cavité tubuleuse laticifère, qu'il est facile de confondre avec un canal.

Tissu stomatique. — C'est une variété du tissu chlorophyllien, dans lequel les cellules sont groupées par deux autour d'un méat.

Stomates. — Un *stomate* est formé de cellules réniformes, appartenant à l'assise superficielle du corps, qui tournent l'une vers l'autre leur face concave, de manière à laisser entre elles une fente en forme de boutonnière, par laquelle un espace inférieur aérifère (*chambre sous-stomatique*) communique librement avec l'extérieur.

Forme. — Vu de face, un stomate présente la forme d'une ellipse étroite ou large, rarement d'un cercle. Les cellules qui bordent la fente (*cellules stomatiques*) sont intimement unies par leurs extrémités et soudées, par leur face convexe, aux cellules voisines. Le long de la fente, elles présentent le plus souvent chacune deux arêtes proéminentes, l'une en dehors, l'autre en dedans; aux extrémités de la fente, les deux arêtes se rapprochent et courent parallèlement sans s'unir. Il en est de même des deux arêtes internes. Ces arêtes, qui proviennent d'un épaississement local de la membrane, ont l'aspect de petites dents. Entre chaque arête et la fente, la cellule stomatique offre une rainure plus ou moins profonde. L'espace compris entre les arêtes externes et la fente forme l'*exostome*; entre la fente et les arêtes internes, l'espace porte le nom d'*endostome*. Vu de face, le stomate peut alors présenter quatre ellipses concentriques formées par le contour externe, celui de l'exostome, celui de la fente et celui de l'endostome (fig. 21).

Les stomates sont plus petits que les cellules de l'assise superficielle où ils sont enchâssés; leur hauteur est aussi inférieure à celle des cellules voisines.

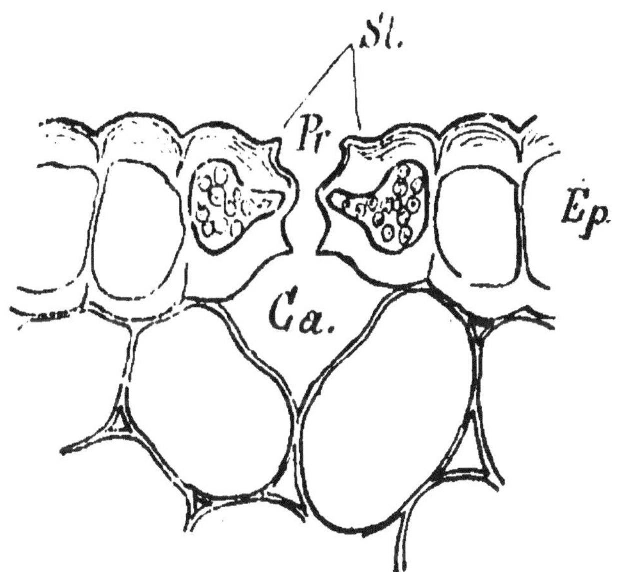

Fig. 21. — Stomate.

La situation des stomates en profondeur peut offrir trois variations.

1° Les cellules stomatiques affleurent à la surface externe du corps; la chambre sous-stomatique se prolonge alors dans l'épaisseur de l'assise périphérique (*Orchis*).

2° Les cellules stomatiques affleurent à la surface interne de l'assise périphérique; le stomate est situé alors au fond d'un puits formé par les cellules voisines qui surplombent de manière à rétrécir beaucoup l'orifice externe. Ce puits donne accès dans l'exostome (*Conifères*, *Cycadées*, *Aloès*, *Iris*, *Ficus*, *Dianthus*, *Allium*, *Agave*).

3° Les cellules stomatiques sont placées sensiblement dans le plan moyen de l'assise superficielle; le stomate a en même temps au-dessus de lui un puits, et au-dessous un prolongement de la chambre sous-stomatique (*Salvinia*).

Quelquefois, les cellules stomatiques, pressées par les voisines, sont soulevées au-dessus de la surface externe du corps sur laquelle le stomate semble posé (*Fougères*, *Labiées*, *Primula*).

Sur les organes qui s'accroissent en longueur, les stomates s'orientent de manière à placer leur fente parallèlement à l'axe. Plus rarement, les fentes se placent transversalement à cette direction (*Casuarina*, *Loranthacées*, *Santalacées*).

Cellules annexes. — Dans les stomates superficiels, la face de contact avec les cellules voisines est plane, oblique, ou perpendiculaire à la surface. Dans les stomates enfoncés, les faces de contact sont concaves du côté du stomate qui est alors plus ou moins complètement entouré par les cellules ambiantes.

Si l'on ne tient pas compte de ces faces de contact, les cellules voisines ne diffèrent pas souvent des autres cellules superficielles. Toutefois, quelques-unes prennent une forme intermédiaire entre les cellules superficielles et les cellules stomatiques. Ce sont les cellules *annexes* du stomate (*Graminées*, *Joncées*, *Cypéracées*).

Structure. — Les cellules stomatiques ont un cytoplasma plus volumineux que celui des autres cellules superficielles, et riche en amyloleucites et en chloroleucites. Leur membrane est toujours plus mince ou inégalement épaissie, elle forme les arêtes dont il a été parlé précédemment. La cuticule s'étend sur les cellules stomatiques, à travers la fente, jusque dans la chambre sous-stomatique ; là elle se continue en s'amincissant, jusqu'à la limite inférieure des cellules superficielles. Chez les *Cactées*, elle revêt toute la surface de la chambre. Quand la membrane des cellules stomatiques se cutinise dans toute son étendue, il y a toujours, dans la face convexe en contact avec les cellules voisines, un point où elle reste à l'état purement cellulosique ; cela a une importance considérable au point de vue des échanges osmotiques.

Formation. — Un stomate naît par bipartition d'une cellule-mère superficielle. La cloison développée transversalement se sépare en son milieu, en deux lamelles, qui s'écartent pour former la boutonnière. La fente part du haut et du bas de la cloison ; les arêtes d'épaississement correspondent aux points de départ de la fente. La chambre issue de l'écartement des cellules sous-jacentes précède l'achèvement du stomate.

La cellule-mère du stomate se forme de diverses manières. Au moment où elle paraît à l'état de méristème, l'assise périphérique a toutes ses cellules polyédriques et disposées sans ordre, ou en séries longitudinales. Ces cellules, ou quelques-unes seulement, se divisent en deux cellules-filles inégales. L'une est une cellule ordinaire, l'autre une cellule initiale de stomate. La cloison de séparation est, dans la généralité des cas, plane, rarement en forme de verre de montre ou d'U (*Fougères, Silene, Œnothera*).

L'initiale, une fois constituée, se modifie de trois manières : 1° elle devient immédiatement la cellule-mère du stomate et la cellule voisine ne se divise pas (*Iris, Endymion, Orchis, Ruta, Sambucus, Asplenium, Salvinia*) ; 2° l'initiale devient directement la cellule-mère du stomate, mais dès qu'elle est séparée, les cellules voisines découpent des segments qui deviennent autant de cellules annexes (*Tradescantia*, *Commelina*, *Conifères*, *Cycas*, *Musa*, *Aloès*); 3° l'initiale se divise en formant un méristème local, d'où sortent la cellule-mère et plusieurs cellules annexes (*Mercurialis*, *Equisetum*, *Asplenium*, *Pteris*, *Labiées*, *Solanées*, *Crucifères*, *Papilionacées*, *Borraginées*, *Cactées*).

Rôle. — Il y a deux sortes de stomates, les uns sont dits *aérifères*, les autres *aquifères*. On peut les rencontrer réunis ou séparés sur le même membre.

Stomates aérifères. — Ils ont leur fente pleine d'air, et mettent en rapport leur chambre sous-stomatique, également remplie d'air, avec l'atmosphère. Par l'intermédiaire de la chambre sous-stomatique, tous les méats du corps sont mis en rapport avec l'air extérieur. Les racines sont dépourvues de stomates; les tiges et les feuilles aériennes en sont abondamment pourvues; les tiges et les feuilles flottantes n'en portent que sur leur face supérieure; les tiges et les feuilles souterraines n'en portent jamais.

Ouverture et fermeture. — Quand les cellules stomatiques sont peu ou nullement turgescentes, elles se touchent, et le stomate est fermé. A mesure que la turgescence augmente, la membrane se distend par la pression interne, et le volume s'accroît. La face interne résiste à l'extension, grâce à ses arêtes d'épaississement, tandis que la face externe, qui est mince, y obéit et s'allonge. Il résulte de cela une courbure plus forte dans chaque cellule stomatique et entre elles une ouverture de plus en plus large.

La lumière semble avoir une action prépondérante sur ce phénomène. Au soleil, les stomates sont ouverts, ils se ferment à l'obscurité. En diminuant brusquement l'intensité lumineuse, on obtient la fermeture rapide des stomates.

Quand la membrane du stomate s'est épaissie avec l'âge, comme dans les feuilles persistantes, le stomate devenu rigide reste indéfiniment ouvert ou fermé.

Stomates aquifères. — Ils diffèrent des stomates aérifères, en ce que la fente et la chambre sous-stomatiques sont remplies d'un liquide à expulser, ils demeurent toujours ouverts, les cellules stomatiques y sont incapables de turgescence.

Position. — Ils occupent toujours les extrémités des nervures des feuilles.

Forme. — Leur forme se rattache à deux types assez peu variés. Tantôt leur fente petite et courte est comprise entre deux cellules semi-circulaires (*Ficus, Saxifraga, Crassula*) ; tantôt, ils ont une fente longue, largement béante, et souvent perdent leurs cellules stomatiques (*Tropœolum, Papaver*). Enfin leur chambre sous-stomatique est remplie de tissu aquifère spongieux.

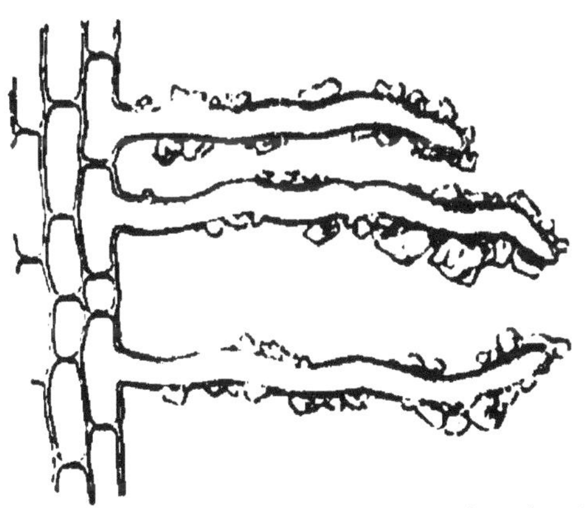

Fig. 22. — Tissu radicellaire absorbant.

Tissu absorbant.

— L'assise périphérique des racines jeunes est formée de cellules à minces parois, cellulosiques et dont le contenu est doué de puissantes propriétés osmotiques. Ces cellules, qui absorbent énergiquement l'eau et les matières dissoutes, constituent le *tissu absorbant* (fig. 22). L'absorption est encore facilitée par ce fait qu'un grand nombre de cellules, sinon toutes, développent des poils uni-cellulaires, qui sont autant d'organes supplémentaires d'absorption.

Sclérenchyme. — Les éléments constitutifs du sclérenchyme sont des cellules mortes. Ces cellules ont épaissi et lignifié de bonne heure leur membrane, puis le cytoplasma et le noyau ont disparu, laissant comme traces de leur activité un liquide clair, avec des granules fins, des masses brunâtres et des grains d'amidon, ou des cristaux d'oxalate de calcium. Ce liquide est toujours partiellement remplacé par de l'air. Le sclérenchyme a un rôle essentiellement mécanique, il soutient les parties molles. Il est surtout développé chez les végétaux de grande taille.

Les cellules du sclérenchyme se rattachent toujours à deux types, les unes sont courtes et les autres longues (*fibres*).

Cellules courtes. — Ce sont des éléments de même diamètre, qui s'allongent peu, et ne se terminent pas en pointe. Tels sont les amas de consistance dure, que l'on rencontre dans la chair des poires.

La membrane de ces cellules est épaisse, fortement lignifiée et très dure, divisée en couches concentriques traversées par de fins canalicules. La cavité, très étroite, renferme un liquide clair, quelquefois une masse rougeâtre amorphe.

A cette forme des éléments scléreux, on doit rattacher les lames qui recouvrent la face externe des faisceaux de fibres des *Fougères*, des *Orchidées* et des *Palmiers*. Les cellules en sont petites, aplaties en prismes rectangulaires tabulaires; leur membrane est surtout lignifiée sur sa face interne, qui porte souvent une proéminence englobant une masse de silice (*Palmiers, Orchidées*).

Fibres. — Les fibres sont des cellules de sclérenchyme allongées et terminées en pointe à leurs deux extrémités. Ce sont les éléments de soutien des *Phanérogames*.

On les trouve isolées ou superposées en files, au milieu d'un tissu différent, mais plus fréquemment elles s'unissent latéralement, en plus ou moins grand nombre, sous forme de cordons, qu'on nomme *faisceaux fibreux* ou *couches fibreuses*. Leur section est alors polygonale ou arrondie, surtout quand elles sont isolées dans un tissu lacuneux mou. Dans le *liber* des *Pervenches*, par exemple, elles présentent une succession d'étranglements et de renflements.

Si le parenchyme dans lequel elles s'allongent est simplement lacuneux, ce qui est le cas des feuilles coriaces, les fibres se ramifient, prennent la forme d'étoiles, et les rameaux s'insinuent dans les méats, de manière à soutenir le parenchyme (*Olea, Statice, Camellia, Conifères, Gnetum*).

Les fibres rameuses sont courtes et larges tandis que les fibres simples atteignent une longueur notable. La membrane en est fortement épaissie et oblitère quelquefois toute la cavité. L'épaississement centripète est homogène, et souvent aussi muni de ponctuations étroites, étirées en fentes, ou en spirales. Les couches concentriques y forment trois zones, dont la moyenne est plus épaisse et plus molle que les deux autres. La membrane est généralement lignifiée.

Dans le *Lin* et le *Chanvre*, la lignification est très faible, mais presque partout ailleurs on trouve les réactions de la lignine.

La cavité de la cellule se continue d'une pointe à l'autre, mais il n'est pas rare de la rencontrer subdivisée en compartiments par des cloisons minces.

Tissu vasculaire. — Il se compose de cellules

membrane lignifiée, munie des sculptures énumérées plus haut (Voy. p. 111 à 113). Le cytoplasma et le noyau disparaissent de bonne heure pour faire place à un liquide clair contenant des bulles d'air : c'est un tissu de cellules mortes. Il existe chez presque toutes les plantes à racines, qu'il caractérise comme plantes *vasculaires* ; il y constitue l'élément fondamental du *bois*.

Les cellules vasculaires sont allongées en forme de prisme ou de cylindre, elles se superposent en files qui courent dans toute la longueur du corps. Chacune de ces files est un vaisseau. Çà et là, sur l'extrémité d'une cellule, s'en ajustent d'autres qui divergent, et le vaisseau se ramifie.

Les vaisseaux sont tantôt isolés au sein d'un tissu différent, tantôt accolés en assises, en couches, en faisceaux. On les distingue suivant la forme des sculptures. De là les noms de vaisseaux *annelés, réticulés, spiralés, ponctués* (fig. 23), *scalariformes*.

La membrane, qui, dans la sculpture en relief, réunit les bandes d'épaississements, et celle qui, dans la sculpture en creux, tapisse le fond des ponctuations, est toujours persistante sur les faces latérales, persiste ou ne persiste pas sur les faces terminales. De là, deux sortes de vaisseaux : les uns *fermés*, les autres *ouverts*.

Vaisseaux fermés. — La membrane persiste sur les faces terminales, comme sur les faces latérales, de façon que les cellules demeurent closes, le vaisseau est discontinu. Les cellules qui composent les vaisseaux fermés sont isodiamétriques, ordinairement elles sont longues, pointues aux deux bouts, avec une section circulaire ou polygonale.

Ces vaisseaux sont très répandus. Tout ce qui constitue le *bois* des plantes vasculaires, est formé de vaisseaux fermés, sauf pourtant pour le *bois secondaire*, dans lequel on trouve des vaisseaux ouverts.

Vaisseaux ouverts. — Quand la membrane se résorbe sur les faces terminales, toutes les cavités cellulaires du vaisseau sont mises en communication, et celui-ci devient un tube continu. Ces vais-

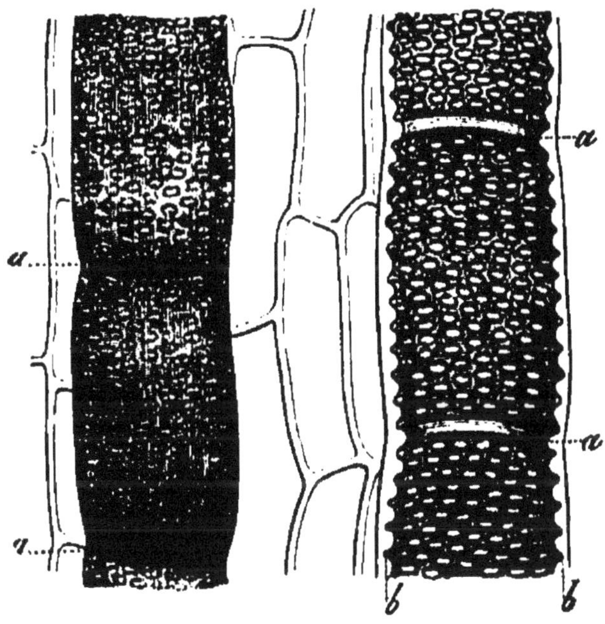

Fig. 23. — Vaisseaux ponctués.

seaux ne diffèrent des vaisseaux fermés que par l'absence des cloisons transversales, mais ils peuvent offrir, sur leurs faces latérales, tous les genres de sculpture.

Pour former un vaisseau ouvert, une file de cellules vasculaires primitivement closes perforent et résorbent leurs cloisons transverses. Cette résorption n'est que partielle, et il reste toujours une trace visible de la cloison, son bord persiste en forme de bourrelet plus ou moins saillant.

La forme des cellules est ordinairement cylindrique ou prismatique, rarement renflée au milieu en forme de tonneau. Elles sont souvent plus longues que larges, et d'autant plus longues qu'elles appartiennent à des régions où la croissance intercalaire s'exerce plus longtemps après la formation du vaisseau.

Avant de se perforer, la cloison transverse s'épaissit à la manière ordinaire, de façon à laisser une ou plusieurs places minces qui sont des ponctuations. Puis la membrane se résorbe dans toute l'étendue des ponctuations, laissant subsister toute la partie épaissie. Quelquefois, il ne se fait qu'une large ponctuation centrale et, plus tard, c'est par une seule large ouverture circulaire, ou elliptique que les cellules communiquent. Le reste forme un diaphragme, ou un petit bourrelet annulaire.

Quand la cloison est fortement oblique, il s'y forme plusieurs larges ponctuations échelonnées en série suivant le grand axe de l'ellipse, elles deviennent autant d'ouvertures séparées par des rubans épaissis. Ces ouvertures sont rarement circulaires. Le plus souvent, elles sont allongées perpendiculairement au grand axe de la cloison oblique, qui prend l'aspect scalariforme. La cloison porte quelquefois plusieurs rangées de trous, ou de nombreuses ouvertures disposées en réseau. Dans ce cas, elle ressemble à la cloison transverse d'un tube criblé.

Rôle. — Le rôle des vaisseaux, quelle que soit l'espèce à laquelle ils appartiennent, est de transporter, à travers le corps de la plante, l'eau et les matières dissoutes depuis le lieu d'absorption jusqu'au point de consommation, qui est la surface des feuilles. Le tissu vasculaire est, en somme, un tissu conducteur.

Ajoutons qu'il y a souvent communication entre le tissu sécréteur interne et le tissu vasculaire. Ce qui le prouve, c'est qu'on trouve souvent certains vaisseaux contenant des colonnes plus ou moins longues de substance sécrétée. On ignore comment s'effectue l'introduction de ces matières, mais souvent on constate que des branches aveugles du tissu sécréteur viennent s'appliquer sur les faces latérales, ou ramper sur un vaisseau ; il est alors possible qu'une partie du produit de sécrétion traverse les membranes aux places amincies, et se rende dans la cavité vasculaire.

Thylles. — Dans les organes âgés, on voit souvent de larges vaisseaux remplis par des cellules de parenchyme. On donne le nom de *thylles* à ces productions.

Une cellule du parenchyme qui borde le vaisseau pousse dans la cavité de celui-ci, en développant la membrane mitoyenne, un prolongement qui s'arrondit en sphère et se sépare à la base, par une cloison, de la cellule qui lui a donné naissance. Le phénomène se répétant un grand nombre de fois en des points voisins, le vaisseau se trouve peu à peu rempli de cellules qui deviennent polyédriques en se comprimant.

La production des thylles peut durer très longtemps. Parmi les *Monocotylédones*, on les rencontre dans les genres *Musa*, *Canna*, *Arundo*, et chez les Palmiers. Elles sont fréquentes dans le bois de beaucoup de *Dicotylédones* annuelles ou vivaces ; elles sont très rares dans les racines des arbres et très communes dans celles des herbes (*Cucurbita*, *Urtica*, *Rubia*). Elles se développent surtout dans les vaisseaux ouverts.

Chez la *Robinia pseudacacia*, la formation des thylles commence régulièrement chaque automne

dans tous les vaisseaux nés au printemps. Ailleurs,
elle semble avoir lieu quand les organes ont été
coupés pour être exposés à l'air libre (*Canna*).

Tissu criblé. — Le tissu criblé est ainsi nommé
parce que les cellules qui le composent sont munies,
au moins sur leurs faces transversales, de ponctuations composées et perforées comme des cribles

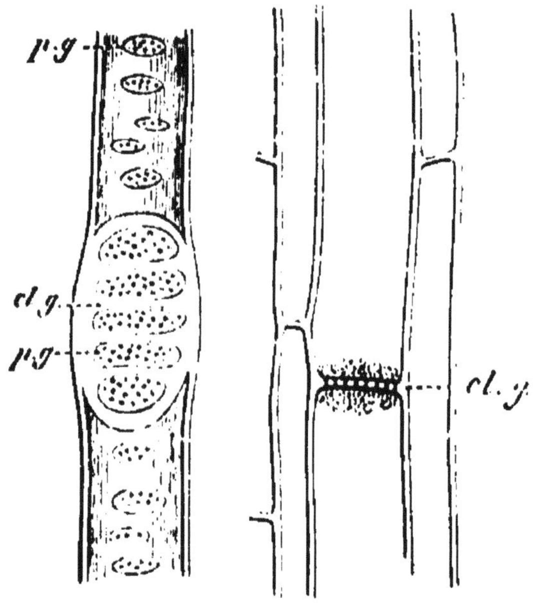

Fig. 24. — Tubes criblés.

Voy. p. 114). Ce tissu est commun dans toutes les
plantes vasculaires; il forme le *liber* des **Angiospermes**.

Les cellules criblées, toujours cylindriques ou
prismatiques, sont superposées en files longitudinales isolées au sein d'un tissu différent; leurs faces
latérales sont alors dépourvues de sculptures, ou
ne portent que des ponctuations simples (fig. 24).
Elles forment autant de tubes criblés indépendants

qui parcourent toute la longueur des membres. Les tubes sont parfois reliés par des rangées transverses ou obliques de cellules criblées qui s'ajustent sur leurs faces latérales par un crible. Il en résulte un réseau criblé.

La membrane des cellules criblées est molle, incolore et purement cellulosique, sauf dans les cribles. Tantôt les cloisons transverses sont horizontales, planes ou légèrement concaves vers le bas ; tantôt plus ou moins obliques. Dans le premier cas, elles sont occupées tout entières par un seul crible large ; dans le second, elles portent plusieurs cribles disposés en série le long de l'axe de l'ellipse, et séparés par d'étroites bandes de membrane ordinaire.

Les cribles ont tous la même structure, qu'ils appartiennent aux faces terminales, ou aux faces latérales. Les bandelettes du réseau ont une épaisseur moins forte que celle du fond de la membrane ; les pores sont en général très étroits, et quelquefois à peine visibles. Par l'effet de l'âge, les bandelettes s'épaississent vers l'intérieur de la cellule en prenant une hauteur plus grande, et latéralement, en circonscrivant, de plus en plus, les pores.

Ils demeurent quelquefois, en cet état, toute l'année (*Rosa*, *Tilia*, *Fagus*) ; d'autres fois, le gonflement continue et, à l'automne, les pores sont complètement fermés. Au printemps suivant, les bandelettes se contractent, et les pores se rouvrent.

La portion épaissie du crible, ou *cal*, n'est pas de la cellulose pure, mais une substance qui ressemble à la cellulose gélifiée, elle fixe le bleu d'aniline et se colore par l'acide rosolique additionné d'un peu d'ammoniaque, elle est insoluble dans le liquide cupro-ammoniacal, et l'iode ne la colore pas.

La durée de l'activité des cellules criblées est indé-

finie chez les *Monocotylédones*; chez les Dicotylédones, elle persiste plusieurs années, ou quelques mois.

A l'intérieur de la membrane on trouve un cytoplasma sans noyau, qui entoure un liquide clair, alcalin, occupant la région centrale de la cavité. A l'une des extrémités, la couche pariétale renferme une gelée de nature azotée que l'iode colore en jaune. Elle est étroitement appliquée contre le crible, sous forme de lamelle mince ou de bouchon saillant. La couche pariétale renferme de petits grains d'amidon, et l'on n'en trouve jamais dans la couche terminale.

A travers les pores, la substance pariétale entraînant avec elle la gelée, mais non l'amidon, s'étend sans discontinuité d'une cellule à l'autre.

Tubes criblés des Gymnospermes. — Chez les Gymnospermes, les tubes criblés ont la forme de prismes quadrangulaires portant sur leurs faces longitudinales et sur leurs cloisons transverses des ponctuations criblées échelonnées en séries. Les faces tangentielles en sont dépourvues.

Les cribles sont calleux dans le jeune âge, mais à l'ouverture des pores, le cal disparaît sans laisser de traces. Le contenu est un liquide clair sans couche cytoplasmique pariétale, sans gelée, et sans grains d'amidon.

Tubes criblés des Cryptogames vasculaires. — A tout âge les pores sont fermés, et les ponctuations sont grillagées. Les tubes renferment un liquide clair et une mince couche pariétale, que l'iode colore en jaune. Celle-ci contient, vers les extrémités, un grand nombre de globules brillants, qui ne sont pas amylacés.

Rôle. — Le tissu criblé est un tissu conducteur transportant dans toutes les régions du corps des matières plastiques et des substances insolubles.

Méats intercellulaires. — Les divers tissus laissent, entre les cellules qui les composent, des interstices ou *méats intercellulaires*. Ces interstices peuvent être remplis par des produits de sécrétion, mais souvent ils sont occupés par de l'air, et forment un ensemble aérifère que les stomates mettent en rapport avec l'extérieur.

Ce tissu aérifère, qui est parfois aquifère, au voisinage des stomates (Voy. p. 134 à 139), peut se produire de deux manières : 1° par dissociation des cellules permanentes; 2° par destruction de cellules transitoires.

Dissociation de cellules. — La dimension des espaces intercellulaires est variable. S'ils sont d'un petit diamètre, comparable à celui des cellules, on les nomme *méats*, ce sont des *lacunes*; s'ils dépassent la dimension des cellules, des *chambres*, quand leur volume est très grand; des *canaux*, s'ils s'étendent en longueur. Ils acquièrent un très grand développement dans les plantes aquatiques (*Isoetes*, *Marsilia*, *Lemna*, *Potamées*, *Hydrocharidées*, *Trapa*, *Hippuris*, *Utricularia*). Les canaux s'étendent en longueur sans discontinuité, ou entrecoupés par des diaphragmes. Dans la tige, ils sont interrompus aux nœuds par un disque épais de parenchyme, traversé par les tissus qui se rendent aux feuilles.

Les canaux aérifères sont souvent coupés par des diaphragmes, qui s'étendent régulièrement de distance en distance, ils sont formés d'une seule assise de cellules pourvues de chlorophylle.

Les cellules qui bordent les espaces aérifères produisent quelquefois des *poils internes* à membrane lisse fortement épaissie (*Aroïdées*). Cette membrane s'incruste d'oxalate de calcium (*Nymphéacées*), et quelquefois les poils internes se développent jusqu'à jouer le rôle de diaphragme.

Destruction de cellules. — En ce cas, le tissu aériforme est toujours constitué par des chambres ou des canaux. Leur contour est irrégulier, ce qui permet de les distinguer des espaces formés par dissociation (Tige creuse des *Équisetum*, des *Graminées*, des *Labiées*, des *Ombellifères*, des *Composées*). Dans la tige, ces cavités s'interrompent aux nœuds, et d'un nœud à l'autre elles sont continues. Parfois, elles sont coupées de diaphragmes de même nature que le tissu détruit.

III. — APPAREILS.

Définition. — Un ensemble de tissus juxtaposés concourant à un même but est un *appareil*. Le but auquel concourent tous ces tissus est la *fonction* de l'appareil.

On distingue deux grandes classes d'appareils : 1° les uns remplissent une fonction mécanique (protection, soutien, etc.); 2° les autres jouent un rôle chimique (assimilation, absorption, sécrétion, etc.).

Appareils mécaniques. — Ils sont au nombre de quatre : 1° appareil *protecteur;* 2° appareil *conducteur;* 3° appareil *de soutien ;* 4° appareil *conjonctif.*

APPAREIL PROTECTEUR. — Il prend son plus grand développement dans les parties du corps exposées à l'air et à la lumière ; il est très réduit chez les plantes immergées, ou souterraines.

Chez les *Thallophytes*, il est constitué par une simple zone de parenchyme homogène. Les cellules en sont petites et serrées, leurs membranes épaissies se colorent, et quelquefois se développent en poils.

Chez les *Sphagnacées*, il est plus compliqué et formé de couches différenciées dans le parenchyme général. Dans les feuilles et dans les tiges des autres plantes vasculaires, il est formé par un tissu cutineux renforcé par des cellules différenciées du parenchyme sous-jacent, qui constituent du collenchyme, du tissu scléreux, ou du sclérenchyme.

Le collenchyme protecteur forme, sous l'assise cutineuse, une couche continue de cellules courtes, ou des séries de faisceaux interrompues par des bandes de parenchyme ordinaire au niveau desquelles se disposent les stomates.

Le parenchyme scléreux forme seulement une couche continue qui s'interrompt sous les stomates.

Les fibres du sclérenchyme protecteur sont tantôt isolées, tantôt groupées en faisceaux parallèles, tantôt réunies en une couche continue. Si une forte résistance est nécessaire, en certains points, les fibres s'allongent en prismes serrés perpendiculaires à la surface.

Le tissu plissé interne, surtout s'il épaissit ses membranes, peut être considéré comme partie intégrante de l'appareil tégumentaire plus profondément située que celles dont il a été question auparavant.

APPAREIL CONDUCTEUR. — Il n'est nettement différencié du parenchyme que chez les plantes à racines. Il se compose de deux tissus, le tissu criblé qui transporte les matières insolubles, et le tissu vasculaire qui conduit l'eau et les substances dissoutes.

Le tissu criblé forme des faisceaux qui courent, sous forme de cordons, dans toute l'étendue du corps de la plante. On les nomme *faisceaux libériens* et leur ensemble est le liber de la plante.

Le tissu vasculaire est ordinairement accompagné de tissus accessoires ; il constitue des faisceaux parallèles aux faisceaux libériens, cheminant comme eux dans toute la longueur de la plante. On les appelle *faisceaux ligneux*, leur ensemble constitue le *bois* de la plante.

Dans la tige et dans la feuille, les faisceaux

ligneux et les faisceaux libériens sont unis en un faisceau double, nommé faisceau *libéroligneux*.

Si les deux moitiés du faisceau libéroligneux ne sont accolées l'une à l'autre que par une partie de leur surface, le reste étant en contact avec les tissus ambiants, le faisceau est dit *collatéral*.

Quelquefois, l'une des parties se répète au bord opposé de l'autre, le liber étant compris entre deux bois ou le bois entre deux libers, et le faisceau est *bicollatéral*.

Ailleurs, l'une des parties est centrale et l'autre l'enveloppe complètement; c'est tantôt le *liber*, tantôt le bois qui est central. Un tel faisceau est dit *concentrique*.

Dans la tige, les faisceaux libéroligneux sont orientés de telle manière que le bois est en dedans, et le liber en dehors. Dans la feuille, le bois est tourné vers le haut et le liber vers le bas.

Aux faisceaux libéroligneux sont adjoints souvent des faisceaux de sclérenchyme qui recouvrent en forme d'arc la face libérienne du faisceau libéroligneux; d'autres fois, ils couvrent la face ligneuse, et d'autres fois encore les deux faces; ailleurs ils s'étendent latéralement et entourent le faisceau d'une gaine continue. Plusieurs faisceaux conducteurs voisins peuvent se trouver réunis par leur gaine de slérenchyme; en ce cas, ils peuvent se trouver logés dans une couche scléreuse continue.

Le liber complètement développé contient, outre ses tubes criblés, du parenchyme à parois minces interposé, qu'on nomme *parenchyme libérien*; il renferme aussi des fibres de sclérenchyme qu'on nomme *sclérenchyme libérien* ou *fibres libériennes*.

De même le bois a ses vaisseaux entremêlés de *parenchyme ligneux* et de fibres qui composent le *sclérenchyme ligneux* ou *fibres ligneuses*.

APPAREIL DE SOUTIEN. — L'appareil de soutien ou *stéréome* se montre presque exclusivement dans les plantes inférieures. Chez les autres, le seul fait du cloisonnement, joint à la turgescence des cellules, donne au corps une solidité suffisante sans qu'il ait besoin pour se supporter d'un appareil spécial.

Il en est de même dans les plantes vasculaires submergées.

Les plantes qui vivent dans l'air, s'y ramifient et acquièrent de grandes dimensions, possèdent un stéréome plus ou moins compliqué, que l'on peut comparer au squelette des animaux supérieurs.

Il comprend : 1° les cellules isolées, la couche de collenchyme, de parenchyme scléreux ou de sclérenchyme qui s'étendent sous l'assise périphérique ; 2° les faisceaux, les gaines de collenchyme, de sclérenchyme ou de tissu scléreux, annexés à l'appareil conducteur ; 3° les cellules scléreuses, qui font partie intégrante du bois et du liber.

En outre, il renferme des parties qui lui appartiennent en propre. On rencontre, en effet, entre l'appareil tégumentaire et l'appareil conducteur, ainsi que dans l'espace circonscrit par ce dernier, une colonne centrale, des couches ou des faisceaux, quelquefois des cellules isolées de collenchyme, de sclérenchyme, ou de tissu scléreux.

Dans un membre donné, le stéréome est disposé de manière à fournir la plus grande solidité. Cette condition étant satisfaite de beaucoup de manières, le stéréome affecte les dispositions les plus variées.

APPAREIL CONJONCTIF. — Tout ce qui est compris entre les trois appareils précédents, et sert à les réunir pour former le membre, constitue l'*appareil conjonctif*. Il est d'autant plus développé que les autres le sont moins. Son rôle mécanique est médiocre, mais son rôle chimique est important. C'est au sein du tissu conjonctif que s'accomplissent les actes chimiques d'assimilation, de mise en réserve et de sécrétion ; c'est à ses dépens que se constitue l'appareil absorbant.

Appareils chimiques. — APPAREIL ASSIMILATEUR. — L'assimilation du carbone s'opère par la région périphérique de l'appareil conjonctif située au-dessous de l'appareil tégumentaire, surtout dans les tiges et dans les feuilles, là où la lumière et l'anhydride carbonique ont un facile accès. Cette assimilation peut s'effectuer, d'ailleurs, sur toutes les parties de l'appareil tégumentaire comme le collenchyme et le tissu cutineux ; elle peut avoir lieu aussi dans l'appareil conducteur, à l'intérieur du parenchyme libérien ou ligneux, et partout, en général, où les cellules sont pourvues de chloroleucites.

APPAREIL DE RÉSERVE. — La mise en réserve a lieu surtout au sein de l'appareil conjonctif, mais elle peut avoir lieu dans l'appareil conducteur. Les cellules des parenchymes libérien et ligneux contiennent souvent, au printemps, de l'amidon.

APPAREIL SÉCRÉTEUR. — La sécrétion s'opère souvent aux dépens de cellules appartenant aux assises périphériques qui constituent, dans la plus grande partie de leur étendue, l'appareil tégumentaire. On rencontre fréquemment l'appareil sécréteur dans le liber, plus rarement dans le bois.

APPAREIL ABSORBANT. — L'appareil absorbant est essentiellement constitué par l'assise périphérique de la racine dont les cellules s'allongent en poils. Il faut y ajouter, dans les plantes aquatiques submergées, l'assise superficielle à membranes minces de la tige et des feuilles.

APPAREIL AÉRIFÈRE. — Il comprend toutes les cavités aérifères du corps, quelle que soit leur origine. Il envahit parfois l'appareil conducteur. On voit, en effet, dans beaucoup de plantes aquatiques, des vaisseaux ligneux disparaître pour être remplacés par des espaces aérifères. Dans les végétaux terrestres, les mêmes vaisseaux sont souvent occupés en partie par de l'air. Mais c'est surtout dans le système conjonctif que s'étendent les méats aérifères.

Les canaux aérifères des plantes aquatiques sont disposés régulièrement et parallèlement aux faisceaux conducteurs.

CHAPITRE III

RACINE.

Morphologie. — La racine n'existe que chez les plantes vasculaires (*Cryptogames vasculaires* et *Phanérogames*). Elle a la forme d'un cylindre étroit rattaché par sa base (*A*, fig. 25) à une tige ou à une feuille et terminé en cône, au sommet. Cette forme est symétrique par rapport à l'axe. Elle se développe dans le sol, dans l'eau, ou dans l'air (*Orchidées* et *Aroidées épidendres*). Elle se dirige toujours verticalement vers le bas.

Coiffe. — La coiffe de la racine (*C*, fig. 25) est une sorte de bonnet ou de doigt de gant qui recouvre la pointe. Si l'on suit la surface de la racine à partir de son sommet inférieur, on voit à une faible distance de celui-ci le contour superficiel cesser brusquement, comme si tout le reste de la racine avait été dénudé, sauf à l'extrémité.

La plus grande épaisseur de la coiffe est à l'extrémité même du membre, à partir de laquelle elle diminue d'épaisseur vers le haut. En même temps qu'elle s'amincit, elle se sépare du reste du membre en s'en écartant. La longueur de la coiffe est de quelques millimètres, ou de un à deux centimètres (*Pandanus*).

Rôle. — La coiffe est de consistance plus solide que les tissus sous-jacents et même que la surface dénudée. Son rôle est de protéger la pointe délicate de la racine terrestre, d'empêcher la sortie des principes solubles dans les racines aquatiques, et de défendre contre la transpiration, la racine aérienne.

Poils. — La surface dénudée de la racine offre, non loin du bord de la coiffe, une région *pilifère*, dont les cellules s'allongent en longs poils perpendiculaires à la surface; cette région est très limitée. Au-dessus, on trouve une zone *B* où les poils sont flétris, et au-dessous une autre région *D*, où les poils sont en voie de croissance. C'est la région moyenne qui renferme les poils en activité (fig. 25).

Ces poils sont unicellulaires, rarement rameux (*Opuntia*, *Ficus indica*). Quand la racine se développe dans l'air ou dans l'eau, ils sont cylindriques et réguliers. Dans le sol, où leur croissance est gênée à chaque instant, ils sont contournés et irréguliers.

Fig. 25. — Racine.

Voile. — La jeune racine est souvent incolore; il n'est pas rare cependant de la rencontrer colorée en brun plus ou moins foncé. Certaines racines aériennes, qui sont dépourvues de poils, ont une surface lisse luisante, d'un blanc argenté, due à ce que les cellules périphériques, mortes de bonne heure, se remplissent d'air. Cette couche opaque et nacrée est le *voile* (*Orchidées épidendres*).

Il est rare de rencontrer des chloroleucites dans

la racine. La couche externe brune masque toujours la couleur verte, sauf cependant dans quelques plantes aquatiques (*Lemna, Azolla*).

En vieillissant, la racine, dont la surface a subi une dénudation précoce, se dénude davantage. Après la chute des poils, l'assise pilifère s'exfolie, les cellules sous-jacentes meurent à leur tour, et la racine se trouve revêtue d'une couche brune ayant la consistance du liège. Cette couche, souvent fendillée à sa surface, protège le reste du membre et constitue l'*écorce crevassée*.

Croissance. — ALLONGEMENT. — La région de croissance de la racine est très voisine de sa pointe. Pour le prouver, on trace à partir du sommet, sur une racine jeune, cinq traits équidistants, séparés par un intervalle de 1 centimètre, on divise en outre le premier centimètre ou dix millimètres. On constate alors que le premier centimètre seul s'allonge, les autres conservant leur longueur.

Dans ce premier centimètre, on constate que les 7, 8, 9 et 10° divisions s'allongent peu ; 5 et 6 s'allongent sensiblement ; 4, 2 et 1 s'allongent davantage, mais c'est la division 3 qui a la croissance la plus forte.

On remarque encore que les poils radicaux ne se forment qu'à partir du point où la croissance longitudinale a pris fin, et que toutes les cellules externes peuvent se prolonger ainsi.

Pourvu que les conditions extérieures demeurent favorables, l'allongement de la racine est indéfini, et elle atteint une longueur considérable. Ainsi, le *Blé* peut, en quelques mois, enfoncer ses racines à 4 mètres de profondeur, la *Vigne* à 13 mètres.

La région pilifère gagne vers le sommet à mesure que la racine s'allonge et se maintient à égale distance du sommet. Toute la partie terminale jeune se conserve semblable à elle-même, portée au bout d'une partie âgée nue, et de plus en plus longue.

Dans un certain nombre de cas, l'allongement de la racine dure peu, et le membre demeure très court. Dès que l'allongement a cessé, la région des poils atteint la pointe, et si la coiffe est caduque, le sommet se couvre d'une touffe de poils. Ceux-ci tombant, la racine devenue totalement dénudée se détruit, ou bien se détache de la base et tombe (*Lemna*, *Hydrocharis*, *Azolla*).

ÉPAISSISSEMENT. — L'épaississement n'a jamais lieu chez les *Cryptogames vasculaires* ; il est rare et faible chez les *Monocotylédones*, ainsi que chez les *Nymphéacées*, et chez certaines *Renonculacées*. Dans les arbres *Gymnospermes* et *Dicotylédones*, la racine s'épaissit à partir d'un certain âge, c'est-à-dire à partir d'une certaine distance de la pointe. Il se fait, dans la profondeur du corps, de nouvelles parties entre les anciennes. Si ces *productions secondaires* se forment dans toute l'étendue de l'organe, elles n'en altèrent pas la forme cylindrique. Si elles prédominent à la base en diminuant vers le sommet, la racine devient conique (*Daucus carota*), ou même prend la forme d'une toupie (*Brassica napus*). Si à partir de la base elles augmentent pour diminuer ensuite jusqu'à la pointe, la racine se renfle en fuseau (*Dahlia*).

CONCRESCENCE. — Quand plusieurs racines naissent côte à côte, il n'est pas rare que leur croissance se fasse en commun, et elles ne forment qu'une seule masse, sont alors *concrescentes*. Ces sortes de racines ne sont pas rares; on les rencontre chez les *Orchidées*, chez les *Légumineuses*, chez les *Cycadées*, etc.

CIRCUMNUTATION. — L'intensité de l'allongement de la racine n'est pas identique suivant toutes les lignes longitudinales qu'on peut tracer à sa surface. Il y a une ligne de plus fort allongement qui se déplace toujours dans le même sens autour de l'axe de croissance. Il en résulte une *circumnutation* dont l'amplitude est faible. En décrivant sa courbe, circulaire ou elliptique, la pointe s'allonge, et c'est sur une hélice que le sommet se déplace.

Ramification. — Ayant acquis une certaine longueur, la racine se ramifie suivant le mode latéral ou suivant le mode terminal.

RAMIFICATION LATÉRALE. — Les premiers indices de ramification apparaissent vers le point d'attache avec la tige ou avec la feuille. Il apparait une petite proéminence hémisphérique, de la surface de laquelle s'échappe bientôt un petit cordon blanc qui s'allonge perpendiculairement à la racine, c'est-à-dire horizontalement. Ce cordon porte une coiffe, des poils, et se comporte, de tous points, comme une racine. Toutes les *racines secondaires* qui naissent ainsi sont semblables, et de plus en plus âgées à mesure qu'on s'approche de la base.

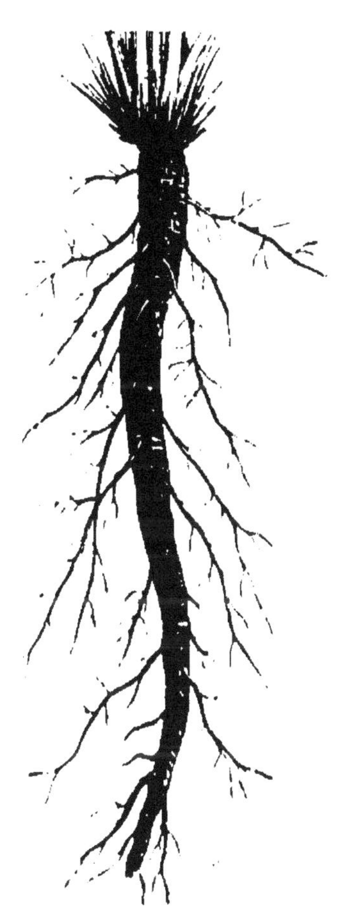

Fig. 26.
Système pivotant.

Elles peuvent elles-mêmes se ramifier et ainsi de suite. L'ensemble de la racine primaire et de ses ramifications est ce qu'on appelle en langage vulgaire la *racine*. Cet ensemble a généralement l'aspect d'un cône, et on dit que le système est *pivotant* (fig. 26).

Si l'angle du cône est très aigu, ce qui implique un faible développement de la ramification, le système est dit *pivotant exagéré*. Si la racine primaire cesse de croître, et ne porte qu'un petit nombre de racines secondaires très développées, le cône est à angle obtus et le système est dit *fasciculé*.

D'une façon générale, on donne le nom de *radicelles* aux ramifications, et celui de *pivot* à l'axe commun qui les porte.

Les radicelles naissent toujours les unes au-dessous des autres. Elles sont insérées le long de certaines lignes longitudinales. Le nombre de ces lignes est au moins de deux, diamétralement opposées (*Cryptogames vasculaires*). Chez les Phanérogames, il est au moins de trois, espacées à 120°. Sur le pivot, il dépend du diamètre, et l'on ne peut rien préciser à son égard.

Sur les racines secondaires, tertiaires, etc., le nombre des rangées va en décroissant, comme le diamètre. Chez les Cryptogames vasculaires, une fois réduit à deux, il ne change plus. Chez les Phanérogames, une fois réduit à trois, il peut remonter à quatre et se maintenir à ce nombre, seulement les quatre rangées peuvent être rapprochées deux à deux Si donc le pivot d'une *Fougère*, par exemple, ne porte que deux rangées de radicelles, toute l'étendue du système ramifié restera binaire ; si celui d'une *Phanérogame* en porte quatre, le système ramifié restera quaternaire. La ramification s'opère de telle façon qu'à chaque degré inférieur, le plan des axes des deux séries de radicelles coupe rectangulairement celui du degré immédiatement supérieur, de sorte qu'au bout de trois ramifications, on trouve un plan parallèle au premier.

Dans chaque série longitudinale, la distance de deux radicelles consécutives est généralement indéterminée. Cependant, elles apparaissent, dans certains cas, soit alternes, soit diamétralement opposées, ou verticillées par quatre.

Ramification terminale. — Dans les *Lycopodinées*, la racine ne produit pas de radicelles latérales, et se ramifie en dichotomie (Voy. p. 21, fig. 1). La pointe se divise en deux moitiés égales, qui prennent une coiffe spéciale sous la coiffe commune. Celle-ci s'exfolie, et les deux branches dichotomiques s'écartent l'une de l'autre à peu près à angle droit, puis se divisent plus tard en deux, et ainsi de suite. A chaque bifurcation nouvelle, le plan des axes des branches est perpendiculaire à celui de la bifurcation précédente.

Il existe, entre un système dichotomique et un système latéral, une différence fondamentale. Le premier tout entier n'est qu'une seule racine partagée, chaque rameau est une fraction de la racine totale; dans le second, on a un ensemble de racines complètes de générations différentes, mais une partie quelconque jouit des propriétés du tout, et peut être choisie pour le représenter, ce qui n'a pas lieu dans le premier cas.

Chez certaines *Légumineuses*, et chez les *Cycadées*, la racine primaire produit des radicelles latérales, puis celles-ci se dichotomisent un certain nombre de fois, en des points rapprochés; en même temps, leurs rameaux successifs demeurent concrescents en petits tubercules de formes diverses. C'est un exemple de ramification à la fois latérale et terminale.

Origine. — L'origine de la racine est normalement une tige. Dès la première période de la vie de la plante, une racine apparaît toujours sous l'extrémité inférieure de la tige, occupant la largeur de cette extrémité, et prolongeant la tige. C'est la racine *terminale*.

Plus tard, les plans de la tige, qui jouissent de la même propriété que l'extrémité inférieure, produisent progressivement de la base au sommet des racines pareilles à la première, et qui n'en diffèrent que par leur âge plus jeune, et leur diamètre d'autant plus grand que leur lieu de naissance est une région de la plante plus âgée et que la tige est plus vigoureuse. Ces racines sont dites *latérales*; la tige peut en produire jusqu'au voisinage de son extrémité libre, comme dans la *Pteris aquilina*.

Il y a trois sortes de racines latérales : 1° les unes naissent sur la tige en des points déterminés à l'avance, en relations déterminées avec les feuilles, ce sont les racines *régulières* ; 2° les autres se forment çà et là sous le nom d'entre-nœuds de la tige à des places indéterminées ; ce sont les racines *adventives* ; 3° la troisième sorte naît de très bonne heure sur les bourgeons de la tige, une ou plusieurs racines naissant à chaque bourgeon ; ce sont les racines *gemmaires*.

Chez les arbres des climats tempérés, il n'existe qu'une racine terminale, qui dure autant que la plante. Chez d'autres, la racine terminale est accompagnée de beaucoup de racines latérales qui concourent à nourrir le végétal. Puis la racine terminale disparaît, les racines latérales se détruisent, mais il s'en fait constamment de nouvelles. Ces racines sont éphémères et caduques, la fonction du membre passe de l'une et l'autre.

C'est le cas de beaucoup de végétaux rampant à la surface du sol. Une tige dressée peut aussi produire de bonne heure des racines latérales. Dans les Fougères arborescentes et dans les Palmiers, elles descendent le long de la tige qu'elles couvrent d'un revêtement impénétrable pouvant atteindre plusieurs décimètres d'épaisseur. Si elles naissent des branches, elles pendent d'abord dans l'air, puis parviennent au sol, s'y enfoncent, s'y ramifient, et forment des colonnes sur lesquelles s'appuient les rameaux de la tige tout en en tirant leurs éléments.

Dans les *Orchidées*, il n'y a pas de racine terminale et toute la nutrition est basée sur la formation précoce de racines adventives. Les racines latérales, adventives ou régulières, se produisent d'ordinaire à une profondeur plus ou moins grande au-dessous de la surface. Pour s'échapper, elles ont à percer une couche de cellules plus ou moins épaisse, qui forme comme une boutonnière autour de leur base. Elles sont *endogènes*. Les racines gemmaires au contraire se constituent à la surface de la tige et n'ont rien à percer pour se développer. Elles sont *exogènes*. Il n'est pas rare, enfin, de voir des racines endogènes demeurer enfermées dans la tige pendant un temps très long avant de paraître au dehors. Leur croissance ne reprend que lorsque des conditions favorables sont réalisées. Elles traversent l'épaisseur de cellules qui les recouvrent et s'allongent dans le milieu extérieur. On peut citer le *Saule* comme un des végétaux chez lesquels ces racines *latentes* sont plus fréquemment développées.

Différenciations. — Il existe un grand nombre de plantes dans lesquelles les racines se différencient en vue d'une adaptation spéciale. Ainsi le *Lierre* produit le long de sa tige de nombreuses racines adventives qui demeurent courtes, inactives, au point de vue alimentaire, et servent à fixer la plante aux murs, aux écorces, le long desquels elle grimpe. On les nomme des *crampons*.

Ailleurs, les branches âgées produisent beaucoup de racines adventives qui cessent bientôt de croître, s'effilent en pointe, et deviennent des *épines*.

La *Vanille* enroule ses racines adventives autour

des supports minces et s'y fixe solidement. De telles racines sont nommées des *vrilles*.

Quelques plantes aquatiques produisent des racines adventives qui demeurent courtes, s'arrondissent en une sphère creuse, qui s'emplit d'air et devient un *flotteur*.

Les racines *tubercules* sont plus fréquentes. Ce sont des racines qui cessent de s'allonger, perdent leur coiffe et constituent une masse renflée. Lorsque ces tubercules sont formés, la tige, les feuilles et les racines se détruisent, il ne reste de la plante que les tubercules, qui portent, chacun, le petit bourgeon d'où elle est née. Au printemps, le bourgeon émet quelques racines adventives qui se développent normalement, puis, utilisant les matériaux emmagasinés dans le tubercule, développe une tige feuillée identique à la première. Ce mode de formation des tubercules radicaux, qui est celui de la *Ficaire*, se retrouve chez les *Orchidées*, à ce détail près que, dans celles-ci, les racines sont concrescentes et le tubercule est plus compliqué que dans le cas précédent.

Dans d'autres cas (*Carotte*, *Radis*, *Betterave*), le pivot ou système de racines terminales présente, au début, les caractères ordinaires, ce n'est que plus tard, par la formation des productions secondaires internes, qu'il s'épaissit et prend ses caractères de réservoir nutritif, tandis que les radicelles des divers ordres insérées sur lui conservent leur forme et leur fonction primitive.

Dans les plantes parasites, les racines produisent au point de contact avec les racines de l'hôte, des organes qui pénètrent plus ou moins profondément dans les tissus, et qu'on nomme des *suçoirs*. La racine terminale d'un de ces végétaux (*Rhinanthées*, *Orobanchées*, *Santalacées*), se développe dans le sol, en produisant ses radicelles. Lorsque l'une d'elles arrive au contact de racines d'une autre plante, il se produit à leur surface des excroissances qui s'enfoncent dans la racine de la plante hospitalière et y allongent leurs cellules superficielles en poils absorbants. Ces suçoirs, d'origine exogène, ne sont pas des radicelles, ils sont dépourvus de coiffe et disposés sans ordre sur les racines. Ce sont des *émergences* (Voy. p. 46). Le *Gui* développe à la fois ses racines et ses suçoirs dans la plante mère.

Structure. — A peu de distance du sommet, au point où le méristème primitif achève sa différenciation, la structure de la racine est simple, elle possède, à cet endroit, sa *structure primaire*; plus près de la base, les progrès de l'âge transforment cette structure en une autre toute différente, qui est la *structure secondaire*. Enfin, au milieu des tissus se distinguent nettement les régions d'origine des radicelles. La structure de la racine présente donc trois régions à étudier.

Structure primaire. — La jeune racine se montre composée d'un manchon épais et mou, l'*écorce*, enveloppant un manchon mince et résistant, le *cylindre central*.

Écorce. — Elle est constituée par un parenchyme à parois minces composé d'assises et de couches concentriques diversement conformées. L'assise la plus externe porte des prolongements en doigt de gant, c'est l'*assise pilifère*.

La seconde est formée de cellules polyédriques à parois minces, de dimensions supérieures à celles des éléments pilifères, allongées radialement. A mesure que l'assise pilifère se flétrit, les cellules de l'assise sous-jacente subérisent leurs membranes. Cette assise est l'*assise subéreuse*.

Au-dessous, vient une couche plus ou moins épaisse

de cellules polyédriques disposées en assises concentriques et non en séries radiales, elles sont intimement unies, leurs dimensions croissent de dehors en dedans, leur développement est centrifuge. C'est la *zone corticale externe*.

Ensuite vient une couche épaisse de cellules disposées régulièrement en séries radiales et concentriques, décroissant de grandeur de dehors en dedans, à développement centripète; sur la coupe transversale, ces cellules sont arrondies ou quadrangulaires. C'est la *zone corticale interne*.

Enfin l'assise la plus interne et la plus jeune de cette zone est formée de cellules offrant tous les caractères du tissu plissé (Voy. p. 124). Elles sont fortement subérisées et unies les unes aux autres par une cadre de plissements échelonnés le long des faces latérales. C'est l'*endoderme* (s, fig. 27).

Cylindre central. — Le cylindre central commence par une assise de cellules à parois minces, sans plissements ni subérisations, alternant avec les cellules endodermiques auxquelles elles sont intimement unies. C'est le *péricycle* (ph, fig. 27). Cette alternance succédant à la superposition radiale des cellules dans la zone corticale interne, s'ajoute aux caractères particuliers de l'endoderme pour rendre très nette la ligne de séparation de l'écorce et du cylindre (fig. 27).

Contre le péricycle, en des points équidistants, s'appuient un certain nombre de *faisceaux ligneux*, et dans les intervalles qui les séparent autant de *faisceaux libériens* (Voy. p. 146). Ils s'étendent parallèlement, en ligne droite, dans toute la longueur de la racine.

Les faisceaux ligneux sont formés de vaisseaux accolés dont le calibre est étroit vers l'extérieur et large vers le centre; leur différenciation est centripète. Le plus étroit, appuyé contre le péricycle, se forme le premier; le plus large et le plus interne g, est le dernier.

Les faisceaux libériens sont élargis dans le sens de la circonférence, ils approchent moins du centre

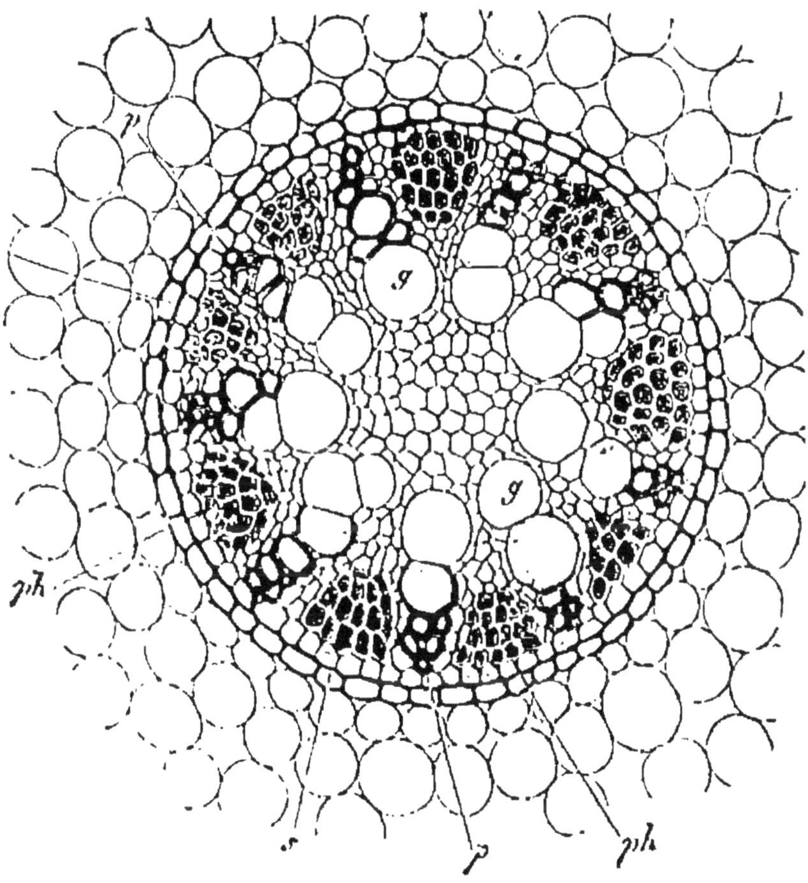

Fig. 27. — Cylindre central.

que les faisceaux ligneux. Ils sont formés de tubes criblés accolés, dont le calibre est plus étroit en dehors, plus large en dedans, et dont la différenciation est centripète.

Entre les faisceaux ligneux et libériens s'étend

un parenchyme à parois minces dont les cellules étroites sont intimement unies. Ce sont les *rayons médullaires*. Au centre, le parenchyme de ces rayons est plus large et les cellules y laissent entre elles des méats. C'est la *moelle*. Le péricycle n'est que l'assise la plus externe de ce parenchyme, il forme avec les rayons et la moelle un massif cellulaire unique, auquel on peut donner le nom de *conjonctif*.

Dans cette structure, on distingue facilement l'appareil conducteur (faisceaux ligneux et libériens), l'appareil conjonctif (moelle, péricycle, rayons médullaires), l'appareil tégumentaire (assises subéreuses, endoderme), l'appareil absorbant (assise pilifère).

Suivant la nature des plantes, les différentes régions de la racine présentent des modifications.

Modifications de l'écorce. — Les poils absorbants manquent dans quelques racines aquatiques (*Lemna*, *Elodea*), terrestres (*Ophioglossum*) ou aériennes (*Epidendrum*). Ils sont plus ou moins longs, situés près de la coiffe (*Azolla*), quelquefois rameux (*Saxifraga*, *Brassica*). L'assise pilifère persiste chez les *Orchidées* et diverses *Aroïdées*; et forme le voile (Voy. p. 156). Les membranes des cellules se subérisent alors fortement, il peut même arriver qu'elles se cloisonnent et que l'assise ne demeure pas simple. Les membranes des cellules se munissent souvent d'épaississements spiralés ou réticulés, et même, entre les tours de spire, la membrane se perce de trous qui font communiquer les cavités cellulaires avec l'extérieur.

Chez un grand nombre de Dicotylédones, l'assise subéreuse prend le caractère du tissu plissé. Chez les *Géraniées* (*Erodium*, *Geranium*, *Pelargonium*), et chez d'autres plantes, les *Sapindacées*, l'*Ailantus*, la membrane s'épaissit, sur les faces latérales et transver-

sales, en une bande qui entoure chaque cellule d'un
cadre rectangulaire, ce qui forme un solide réseau
de soutien. L'assise subéreuse, dans les grosses
racines, se cloisonne souvent pour former une
couche subéreuse (*Asparagus*, *Phalangium*, *Dracæna*,
Phœnix).

La zone corticale externe fait quelquefois défaut
(*Lemna*, *Elodea*, *Hordeum*), et c'est la zone interne à
développement centripète qui s'applique contre l'assise subéreuse. Ailleurs (*Cycas*, *Marattia*), elle acquiert
une épaisseur très grande, aux dépens de la zone
interne, et elle forme la presque totalité de l'écorce.
Elle laisse alors des méats intercellulaires, dans
lesquels peuvent se développer des poils scléreux.
Quand ce développement est excessif, la racine devient un tubercule (*Ficaria*). La zone corticale
externe est pourvue de chlorophylle dans les racines
aériennes et aquatiques. Les membranes des cellules
s'épaississent souvent de diverses manières. Les
plus externes deviennent scléreuses et forment une
couche dure au-dessous de l'assise subéreuse.

La zone corticale interne ne manque jamais, elle
est plus ou moins développée, mais elle existe toujours. Dans les plantes aquatiques, elle est très
épaisse, et les méats aérifères prennent une grande
dimension, ils forment même des canaux aérifères
avec ou sans diaphragmes. Certaines cellules de la
zone interne forment du collenchyme, ou même du
parenchyme scléreux. Il peut arriver que plusieurs assises concentriques forment, autour de l'endoderme,
un manchon scléreux (*Carex*, *Agave*, *Polypodium*). Chez
quelques Conifères (*Taxus*, *Cupressus*), chez quelques
Rosacées (*Prunus*, *Rosa*, *Pirus*), dans les *Viburnum* et
les *Lonicera*, la lignification se localise sur l'avant-
dernière assise, celle qui est en contact avec l'endoderme. Les faces latérales et transverses portent des

bandes d'épaississement qui forment des cadres rectangulaires juxtaposés, d'une cellule à l'autre, en un réseau à mailles très résistantes. Quelquefois, toutes les assises de l'écorce interne sont ainsi disposées (*Araucaria, Juniperus, Sequoia*, beaucoup de *Crucifères*).

L'endoderme est simple partout. Il se cloisonne, chez les *Equisetum*, en deux assises dont une seule est plissée. Les cellules endodermiques n'ont pas toujours leurs parois minces. Elles se sclérifient quelquefois, par places, de manière que l'assise se trouve partagée en une alternance régulière d'arcs à parois épaisses, et d'arcs à parois minces, les uns vis-à-vis des faisceaux libériens, les autres vis-à-vis des faisceaux ligneux. Chez les Conifères, les cellules endodermiques se colorent en rouge, sauf en face des faisceaux ligneux.

Modifications du cylindre central. — Le péricycle fait défaut chez les *Equisetum*, les faisceaux du bois et du liber s'appliquent directement contre l'endoderme. Il est interrompu en face des faisceaux ligneux, chez beaucoup de *Graminées*, de *Cypéracées*, de *Joncées* et de quelques autres *Monocotylédones*. Il est interrompu en face des faisceaux libériens chez les *Potamogeton* et les *Zostera*. Ailleurs, il constitue une couche plus ou moins épaisse (*Juglans, Smilax, Cycas, Adianthum*). Cette couche n'est quelquefois épaisse qu'en face des faisceaux ligneux, ou en face des faisceaux libériens, et mince ailleurs (*Phaseolus, Pisum, Orchidées*). Il reste mince, quelquefois, même quand l'endoderme devient scléreux (*Iris, Lilium*); quand il se sclérifie, c'est postérieurement à la sclérose de l'endoderme (*Vanilla, Smilax*).

Le nombre des faisceaux alternant dans le cylindre central varie dans la même plante, suivant le dia-

mètre du cylindre et la grosseur de la racine. Quand
celle-ci est très mince, il s'abaisse à deux faisceaux
ligneux et deux faisceaux libériens (*Cyathea medul-
laris, Allium cepa*). Il s'élève à cent, chez les *Palmiers*
et les *Pandanées*. Il ne manifeste de fixité que dans
la racine terminale. Il est alors souvent de deux
(*Crucifères, Caryophyllées, Papavéracées, Chénopodiacées, Ombellifères, Légumineuses, Composées, Solanées,
Labiées*, etc.). Il est de quatre chez les *Euphorbiacées,*
les *Convolvulacées*, les *Malvacées*, les *Cucurbitacées*, diverses *Légumineuses* et *Composées*. Plus rarement, il
est de cinq (*Faba*), de six (*Quercus*) ou de huit (*Fagus*).
Chez les Conifères, il varie de trois à quatorze (*Picea,
Abies, Pinus*). Les genres *Æsculus* et *Castanea* en ont
de six à quatorze. Chez les *Monocotylédones*, ce nombre
devient très grand.

Le faisceau ligneux peut se réduire à un seul vaisseau étroit (*Hydrocharis*) appliqué contre le péricycle
ou contre l'endoderme. Dans quelques *Potamogeton*,
l'axe du cylindre central est occupé par un seul
vaisseau axile accolé aux vaisseaux externes et séparé d'eux par une assise de cellules conjonctives.
Ordinairement, il contient un plus grand nombre de
vaisseaux disposés, soit en une série radiale (*Ombellifères*), soit en plusieurs séries accolées en une
lame à section cunéiforme. Les vaisseaux étroits
s'étalent contre le péricycle en une rangée tangentielle, et la forme de la section transversale est celle
d'un T (*Asparagus*). Le faisceau reste continu tant
qu'il est éloigné du centre, mais si le nombre de
vaisseaux augmente il se disjoint. Les larges vaisseaux internes sont séparés les uns des autres par du
tissu conjonctif (*Dracæna, Pandanus*). Dans quelques
plantes aquatiques, les vaisseaux résorbent leur
membrane et sont remplacés par autant de lacunes
(*Alisma, Limnocharis, Elodea*). Dans d'autres, leur

membrane ne s'épaissit pas (*Lemna*, *Vallisneria*). Après la formation des vaisseaux centripètes, il s'en forme quelquefois d'autres qui se superposent au liber. Ces vaisseaux sont de même sorte que les vaisseaux centripètes. S'il s'en fait plusieurs rangs, leur développement est centrifuge. Ce bois surajouté au liber forme le *métaxylème* par opposition au bois primitif qu'on nomme le *protoxylème*. Le métaxylème est quelquefois réuni latéralement au protoxylème. Si celui-ci est abondant, il suffit d'un ou deux vaisseaux de métaxylème pour les relier au protoxylème et la forme de la section transversale est celle d'un V (beaucoup de *Monocotylédones*).

Les faisceaux libériens offrent des modifications parallèles. Ils se réduisent à un seul tube criblé, chez l'*Elodea*, les *Potamogeton*; à deux ou trois, chez le *Triticum*. Ordinairement, il y en a un assez grand nombre étalés suivant la circonférence. Si les vaisseaux sont peu nombreux, ils se disposent suivant le rayon. Dans ce cas, les tubes internes sont les plus larges. Le faisceau libérien peut, dans certains cas, se montrer disjoint, si le nombre des tubes augmente beaucoup. Chez beaucoup de *Légumineuses*, et chez plusieurs *Cycadées*, on trouve, en dedans des tubes criblés les plus internes, une couche de fibres de sclérenchyme ayant à son bord interne de nouveaux tubes criblés. Le faisceau est alors divisé en deux parties, la plus externe est le *protophloème*, la plus interne le *métaphloème*.

Le volume du tissu conjonctif varie beaucoup avec le diamètre du cylindre central. Dans les racines grêles, les faisceaux ligneux prenant toute la longueur du rayon se touchent au centre, ou forment une bande diamétrale. Il n'y a plus de moelle et le conjonctif est réduit au péricycle, et à une ou deux assises qui bordent chaque faisceau libérien.

Dans les grosses racines, les faisceaux ligneux ne couvrent qu'une petite partie du rayon, et le conjonctif remplit l'espace laissé libre au centre, ainsi que les intervalles entre les vaisseaux s'ils sont disjoints. La moelle est alors très large. Souvent, les membranes des éléments conjonctifs s'épaississent et se lignifient; cette sclérose est d'abord centripète. Elle débute du côté de la région moyenne des faisceaux ligneux, en laissant toutefois au bord même de ceux-ci une assise de cellules à parois minces. Puis elle progresse vers l'intérieur, et forme bientôt un anneau continu en passant sur le bord interne des faisceaux libériens. Après quoi, elle s'avance vers le centre. Ce n'est que plus tard que les cellules qui bordent les faisceaux ligneux s'épaississent, et que la sclérose gagne le péricycle. Dans cette période, elle est centrifuge.

STÉRÉOME. — Le stéréome se constitue par des poils scléreux, par du parenchyme et par du collenchyme, auxquels s'ajoute aussi du sclérenchyme qui se développe partout.

Il forme dans l'écorce une couche continue au-dessous de l'assise subéreuse, soit des faisceaux épars dans la zone interne ou dans la zone externe.

Dans le cylindre central, il forme des faisceaux fibreux disséminés dans le parenchyme conjonctif.

APPAREIL SÉCRÉTEUR. — Certaines cellules de l'écorce ayant la forme ordinaire renferment des produits sécrétés : tannin, oxalate de calcium, huiles essentielles, résines. Ces cellules se groupent parfois en une ou deux assises (*Valeriana*, *Acorus*). Les tubes laticifères des *Euphorbes* se rencontrent dans la racine aussi bien sous la zone corticale externe que dans le cylindre central. Les canaux sécréteurs se localisent tantôt dans l'écorce, tantôt dans le cylindre central, quelquefois dans les deux régions.

Dans les *Composées radiées* et *tubuliflores*, les canaux sécréteurs sont entaillés dans l'endoderme même, en dehors des faisceaux libériens. A cet effet, un certain nombre de cellules endodermiques formant un arc se dédoublent, puis arrondissant leurs angles forment des méats où se déverse une huile. Dans les *Ombellifères*, les canaux oléifères sont, de même, contenus dans le péricycle. Il y a toujours un canal unique en face de chaque faisceau libérien. Les genres *Pinus* et *Larix* possèdent aussi un canal résineux en face de chaque faisceau ligneux, mais ce canal, sous-péricyclique, appartient en propre au faisceau, qui se bifurque même parfois pour l'entourer. Certaines *Clusiacées* possèdent de nombreux canaux oléo-résineux dans l'écorce, et un canal d'apparition assez tardive, au centre de chaque faisceau libérien.

Structure secondaire. — Quand la racine vit assez longtemps, la structure primaire s'efface, et de nouveaux tissus se substituent aux anciens. A cet effet, des cellules conjonctives deviennent génératrices, c'est-à-dire produisent un méristème secondaire disposé en un anneau dont la différenciation produit des tissus secondaires. Ces tissus s'adjoignant aux tissus primaires, épaississent la racine et lui donnent la structure secondaire.

Beaucoup de *Cryptogames vasculaires*, de *Monocotylédones*, certaines *Dicotylédones*, ne prennent pas cette structure qui se rencontre surtout chez les *Gymnospermes* et chez presque toutes les *Dicotylédones*.

Formation du méristème. — Il se fait dans la racine deux assises génératrices concentriques, une externe et une interne. Elles produisent chacune un anneau de méristème secondaire de la manière suivante.

Chaque cellule de l'assise génératrice s'accroît radialement, divise son noyau, et se partage en deux par une cloison tangentielle. Puis l'une des deux moitiés s'accroît suivant le rayon et se dédouble par une cloison parallèle à la première. Des trois cellules ainsi formées la médiane seule demeure génératrice. Comme la cellule primitive, elle grandit suivant le rayon et découpe deux segments, l'un interne, l'autre externe en demeurant génératrice entre les deux, et ainsi de suite indéfiniment.

Il se constitue donc un anneau de méristème formé de cellules disposées à la fois radialement et concentriquement.

L'assise génératrice divise l'anneau du méristème en deux feuillets, l'un externe, l'autre interne. Dans le feuillet externe, les cellules sont plus jeunes vers l'intérieur, dans le feuillet interne elles sont vers l'extérieur. Le premier est centripète, l'autre est centrifuge. L'anneau de méristème, en s'épaississant, refoule de plus en plus les tissus primaires situés en dehors, et accroît progressivement le diamètre de la racine. En même temps, l'assise génératrice est repoussée vers l'extérieur par les segments internes; aussi, pour suivre ce mouvement sans se rompre, elle dédouble, de temps en temps, quelqu'une de ses cellules, forme cloison radiale, augmentant ainsi, peu à peu, le nombre des files radiales de l'anneau de méristème.

Les deux anneaux de méristème formé de cette sorte différencient leurs éléments en tissus définitifs. Mais les tissus engendrés diffèrent complètement.

Méristème externe. — 1° Feuillet externe. — Dans le méristème formé par l'assise génératrice externe, le feuillet externe subérise les membranes cellulaires et se différencie en un parenchyme subéreux secondaire qui est le *liège.*

2° *Feuillet interne. —* Les cellules conservent leurs membranes cellulosiques, multiplient leurs leucites, prennent de la chlorophylle et de l'amidon. Il se forme ainsi des parenchymes secondaires chlorophylliens et amylacés, auxquels on donne le nom de *phelloderme*.

L'ensemble des tissus subéro-phellodermiques, avec le méristème et l'assise génératrice intercalées, portent le nom de *périderme*.

Liège. — Les cellules du liège restent concentriques et **radiales**, sans laisser de méats entre elles; elles sont aussi larges que longues. Leur membrane, plus ou moins épaisse, est marquée de ponctuations. Quand elle reste peu épaisse, le liège est mou (*Quercus, Acer*); quand elle est très épaisse, le liège est dur (*Fagus, Salix, Viburnum*). Quand il est tout entier dur ou tout entier mou, il est *homogène*. On le dit *hétérogène*, quand il est formé alternativement de couches dures et molles (*Quercus, Acer, Philadelphus*).

D'abord vivantes, les cellules sont transparentes. Au bout d'une année elles meurent, se vident, puis se remplissent d'eau : le liège devient opaque.

Phelloderme. — Les cellules du phelloderme demeurent aussi disposées en séries concentriques et radiales, celles-ci prolongeant celles du liège à travers le méristème et l'assise génératrice. Elles épaississent assez souvent leur membrane pour produire du collenchyme, ou bien la lignifient pour former du sclérenchyme. Elles ont une durée plus longue que celle des cellules subéreuses, elles servent aux fonctions d'assimilation de réserve et de sécrétion.

Souvent, l'un des deux feuillets se cloisonne plus activement que l'autre; tantôt c'est le liège qui devient plus épais que le phelloderme (*Fagus, Quercus*); Quelquefois même il ne se forme, tout d'abord, que du liège, et le phelloderme ne se forme que beaucoup plus tard (*Platanus, Acer*); le périderme peut même être réduit au liège (*Nerion*). La prédominance du phelloderme se produit quelquefois aussi dans le même sens.

Lenticelles. — Le périderme se montre, en tous cas, interrompu à certaines places par de petits corps arrondis, proéminant à la fois au dehors et au dedans, sous forme de lentilles biconvexes, ce sont les *lenticelles*. A la place d'une lenticelle, l'assise génératrice se cloisonne activement sur ses deux faces et produit un méristème plus épais, d'où résulte une double saillie. Les cellules phellodermiques et subéreuses produites sont isodiamétriques et disposées suivant le rayon, seulement elles s'arrondissent et laissent entre elles des méats aérifères. Le liège s'y subérise moins fortement qu'ailleurs. Il résulte de là que les lenticelles établissent une communication directe entre les méats des tissus primaires sous-jacents et l'air extérieur ; les lenticelles jouent donc un peu le rôle des stomates (Voy. p. 135, fig. 21).

Position de l'assise génératrice du périderme. — Toutes les assises cellulaires, depuis l'assise pilifère jusqu'au bord externe des faisceaux du bois et du liber, peuvent devenir génératrices. Le plus souvent c'est dans le péricycle qu'elle s'établit. Alors toute l'écorce primaire meurt et s'exfolie, y compris l'endoderme. C'est le rôle de cette écorce que jouera, dès lors, l'assise phellodermique, tandis que le liège sera l'appareil tégumentaire. Assez souvent aussi, l'assise génératrice se forme dans l'écorce même. Quand elle naît d'une assise périphérique, elle développe surtout le liège et beaucoup moins le phelloderme, et l'écorce primaire est conservée en grande partie.

Méristème interne. — L'assise génératrice interne est toujours formée de deux séries d'arcs placés bout à bout. La première série est empruntée au conjonctif externe, les arcs sont concaves en dehors, et occupent le bord interne du faisceau libérien. La seconde série est empruntée à l'assise interne du péricycle dédoublé, les arcs tournent leur concavité en dedans, et occupent le bord externe de chaque faisceau ligneux. L'assise génératrice affecte la forme d'une ligne sinueuse passant derrière le liber et en avant du bois (fig. 28).

Chaque arc intra-libérien produit un faisceau de méristème double, entre les moitiés duquel il reste

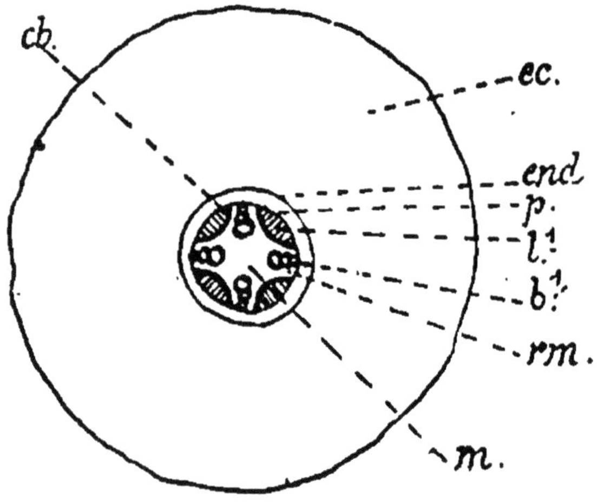

Fig. 28. — Méristème générateur.

intercalé. Le méristème externe centripète se différencie de dehors en dedans en un *liber secondaire* contenant des tubes criblés, du parenchyme et parfois du sclérenchyme. Les premiers se trouvent accolés aux éléments libériens primaires, de sorte que le liber secondaire continue le liber primaire en dedans. Le méristème interne centrifuge produit, de dedans en dehors, du bois, dont les premiers éléments reposent contre la conjonctif interne. Les faisceaux ligneux secondaires alternent ainsi avec les faisceaux primaires, et sont centrifuges, tandis que ceux-ci sont centripètes.

Il s'est donc formé de la sorte un faisceau libéro-ligneux secondaire.

En se développant, chacun de ces faisceaux refoule vers l'extérieur le faisceau libérien primaire, et l'arc générateur, de concave, devient plan, puis convexe: il arrive ainsi à faire partie de la circonférence, qui passe devant le faisceau ligneux et l'assise génératrice est devenue circulaire.

C'est à ce moment que les arcs extra-ligneux se cloisonnent et forment des arcs de méristème, qui joignent, en un anneau continu, le méristème produit par l'arc générateur intra-libérien. Mais celui-ci continue indéfiniment son action, tandis que l'arc extra-ligneux se différencie de deux façons.

1° D'abord il peut former du bois à l'intérieur, du liber à l'extérieur, comme l'arc intra-libérien. Il en résulte un anneau libéroligneux continu (*Taraxacum, Rubia, Cupressus, Taxus*).

2° Il donne un parenchyme secondaire à parois minces, et les faisceaux libéroligneux secondaires demeurent indéfiniment séparés par de larges rayons de parenchyme (*Phaseolus, Convolvulus, Tropæolum, Cucurbita, Ribes*).

Le liber et le bois secondaires de la racine s'épaississent et s'élargissent, se partagent en compartiments par des rayons de parenchyme plus ou moins larges, et plus ou moins hauts. Ces rayons se prolongent dans le bois jusqu'à la profondeur du liber. On les nomme *rayons internes*, pour les distinguer des *rayons externes*, superposés aux faisceaux ligneux primaires.

STRUCTURE A LA FIN DE LA PREMIÈRE ANNÉE. — Du jeu des deux assises génératrices résulte un épaississement considérable de la racine, parce que l'assise libéroligneuse fonctionnant activement ajoute ses produits au périderme. Chez les *Cryptogames vascu-*

laires, et chez les *Monocotylédones,* l'assise péridermique se développe seule et son apparition est assez rare ; aussi la racine s'épaissit-elle assez peu.

Dans les racines vivaces des *Dicotylédones* et des *Gymnospermes,* les assises génératrices cessent de se cloisonner à la fin de l'automne, et rentrent en activité au printemps suivant.

Dans le cas ordinaire, l'écorce primaire est exfoliée, l'assise externe recommence à produire du périderme, l'assise interne continue de même à produire du liber en dehors et du bois en dedans, le liber de seconde année double celui de la première année et le bois de la seconde année se superpose au bois de la première.

Dans l'épaississement qui en résulte, la part du liège est faible, parce qu'il perd à mesure, en dehors, ce qu'il produit en dedans ; celle du liber aussi, parce que ses couches molles, refoulées vers l'extérieur, sont réduites en feuillets minces par écrasement contre le phelloderme. La part des formations centripètes est médiocre.

Celle des régions centrifuges est plus considérable, leurs éléments ne se perdent, ni ne s'écrasent. Le phelloderme ancien suit en se dilatant l'expansion du cylindre central. Mais c'est surtout le bois qui joue le principal rôle ; chaque année une couche nouvelle s'ajoutant à l'extérieur des couches anciennes, qui, elles, ne changent pas.

Sur la section transversale, ces couches annuelles se distinguent nettement. Cette distinction provient de ce que chacune d'elles est constituée d'une manière différente à son bord interne formé au printemps et à son bord externe formé à l'automne. Au printemps, les tubes conducteurs d'eau sont nombreux, larges et peu entremêlés de sclérenchyme, le bois est lâche et mou. A l'automne, la consommation d'eau est moindre, les vaisseaux sont étroits, à parois épaisses, le sclérenchyme est abondant, le bois serré et dur, c'est le brusque contraste entre le bois de l'automne et celui du printemps suivant, qui rend la distinction facile. Il suit de là qu'on estime aisément l'âge d'une racine en comptant les couches de bois.

Tissus tertiaires. — Une assise appartenant aux divers tissus secondaires peut, après avoir fonctionné comme parenchyme, redevenir génératrice et donner un méristème tertiaire, qui, en se différenciant, produira des *tissus tertiaires*. En s'intercalant aux tissus secondaires, ces tissus compliquent encore la structure de la racine.

Le méristème tertiaire peut provenir soit du phelloderme, soit du liber ou du bois secondaire.

Quand elle est péricyclique, l'assise génératrice péridermique, après avoir fonctionné quelque temps, cesse de se cloisonner, les cellules passent à l'état de liège ou de parenchyme. Il se fait alors dans le phelloderme une assise génératrice, qui produit un méristème double, d'où résulte du liège tertiaire en dehors et du phelloderme tertiaire en dedans. Le liège profond tue le liège périphérique, ainsi que la zone phellodermique comprise entre les deux. Plus tard, cette seconde assise génératrice cessant de fonctionner, il s'en fait une troisième et le troisième liège tue de même le second et la zone phellodermique. Au bout d'un certain temps, on arrive à la limite interne du phelloderme qui est entièrement détruit. C'est alors, aux dépens du liber ancien, que la nouvelle assise péridermique se constitue, elle recule ainsi en tuant tout ce qui est en dehors d'elle. Elle arrive bientôt à n'être plus séparée de l'assise génératrice libéroligneuse que par le liber secondaire le plus jeune, et ses progrès subséquents se règlent sur l'épaississement du liber. Toute la série de couches mortes qui existe entre la périphérie et le périderme tertiaire constitue le *rhytidome*. C'est une masse hétérogène de liège, de phelloderme, de liber mort, et de sclérenchyme.

Le rhytidome persiste longtemps et forme à la surface de la racine une couche épaisse, sans cesse dilatée par l'accroissement diamétral ; il se crevasse de plus en plus (*Dycotylédones* et *Gymnospermes*). Dans quelques cas, il est caduc et se détache par plaques ou par anneaux, laissant à découvert la couche de liège vivant produite par l'assise péridermique dans sa position actuelle (*Vitis*, *Platanus*).

Dans les *Chénopodiacées*, l'assise génératrice du liber et du bois secondaires cesse bientôt de fonctionner. Le phelloderme, en revanche, est très épais. Puis une assise de ce phelloderme redevient génératrice et forme un double anneau de méristème tertiaire qui, en certains points, produit du liber tertiaire en dehors et du bois tertiaire en dedans et dans les intervalles du parenchyme tertiaire. Cette assise génératrice cesse alors de fonctionner, mais il s'en forme une seconde en dehors, dans le phelloderme, qui se comporte de même et ainsi de suite. Dans la *Betterave*, on reconnaît ainsi l'existence de six ou sept cercles de faisceaux tertiaires en dehors des faisceaux secondaires. Ces faisceaux tertiaires sont séparés, radialement, par du phelloderme, et tangentiellement par du parenchyme tertiaire, dans lesquels s'accumule du saccharose.

De même que le parenchyme libérien secondaire peut devenir générateur, et former des parenchymes tertiaires, de même le parenchyme ligneux peut engendrer un méristème tertiaire qui se différencie ultérieurement en bois et en liber (certaines *Convolvulacées* et *Ombellifères*, *Rumex*, *Bryonia*, *Sedum telephium*).

Origine de la structure. — Les tissus de la racine dérivent d'un méristème issu lui-même du cloisonnement d'une seule cellule, ou de plusieurs cellules mères, qui entourent les segments qu'elles découpent.

CAS D'UNE CELLULE MÈRE UNIQUE. — C'est celui des *Cryptogames vasculaires*, sauf des *Lycopodes* et des *Isoetes*.

La cellule-mère a la forme d'un tétraèdre à base convexe, tournée vers le sommet de la racine. Elle se cloisonne parallèlement à ses quatre faces. Dans l'intervalle de deux cloisonnements successifs, elle s'accroît, et reprend sa grandeur première avant la formation de la nouvelle cloison. Après trois cloisonnements successifs, parallèles aux faces planes, et qui détachent trois segments triangulaires, il s'en fait un quatrième, qui est parallèle à la face convexe et qui découpe un segment en forme de calotte destinée à la coiffe.

Les segments parallèles aux faces planes sont d'abord obliques; en grandissant, ils deviennent transversaux. Puis ils subissent deux cloisonnements, un radial et un tangentiel, les cellules les plus internes produisent une cloison tangentielle de plus que les autres.

Les cellules externes résultant de ce dernier cloisonnement se segmentent en trois directions, et se séparent en deux groupes, dont chacun produit le méristème des zones corticales interne et externe.

Les cellules internes donnent le méristème du cylindre central. Vers l'intérieur, par cloisonnement tangentiel, les cellules externes différencient l'endoderme. Le péricycle est engendré de la même manière par cloisonnement tangentiel vers l'extérieur des cellules internes.

Chaque segment parallèle à la **base convexe** se

cloisonne parallèlement au rayon, puis à la tangente.

Dans les cellules médianes, une cloison transversale se produit ensuite. De la sorte, se constitue une calotte de parenchyme, composée de plusieurs calottes emboîtées les unes dans les autres. L'ensemble constitue un épiderme. Mais les couches de cellules s'exfolient au dehors, à mesure que de nouvelles se produisent en dedans. L'épiderme ne subsiste ainsi qu'autour de la pointe, et constitue la coiffe.

CAS D'UN GROUPE DE CELLULES MÈRES. — Chez toutes les *Phanérogames*, la racine résulte de la multiplication d'un groupe de cellules-mères. Celui-ci se compose de trois sortes de cellules superposées, engendrant chacune une portion déterminée de la racine. Ce sont les *cellules initiales* de telle ou telle région. Une région peut n'avoir qu'une seule initiale.

Dans le groupe des cellules-mères, celles qui sont tournées vers la base de la racine engendrent le cylindre central, celles qui sont tournées vers la pointe engendrent l'épiderme, et les cellules intermédiaires donnent naissance aux zones corticales.

Dans le cas le plus simple, le groupe des cellules-mères est réduit à trois, mais les phénomènes se passent de la même façon que s'il était plus nombreux.

L'initiale ou les initiales du cylindre central se cloisonnent parallèlement à la base et aux côtés. Les segments découpés se divisent dans les trois directions, et l'un des premiers cloisonnements tangentiels des segments latéraux différencie le péricycle. Celui-ci se cloisonne, ou ne se cloisonne pas. Les cellules qu'il recouvre se divisent en tous sens, et, dans le massif cellulaire [illegible] se différencie en direction centripète, e[t] le [illegible] en direction centrifuge.

Les initiales de l'é[piderme] ne [se] cloisonnent que parallèlement aux faces latérales. Les segments se divisent ensuite dans les trois directions, les cloisons tangentielles se forment en ordre centripète, et c'est par le dernier cloisonnement que se sépare l'endoderme, à l'inverse de ce qui se passe chez les *Cryptogames vasculaires*.

Chez les *Gymnospermes* et chez les *Dicotylédones*, l'assise corticale la plus externe produit la zone corticale externe par cloisonnement tangentiel centrifuge. L'assise la plus externe de la zone corticale devient la couche subéreuse, et tout le reste forme la zone corticale interne.

Chez les *Monocotylédones*, l'assise corticale externe devient, sans se diviser, l'assise pilifère.

Le deuxième rang de cellules produit la zone externe par cloisonnement tangentiel centrifuge, l'assise la plus extérieure de cette zone devient l'assise subéreuse. Dans quelques cas, l'assise corticale externe se divise et produit une couche pilifère ou le voile. Les assises issues des initiales de l'épiderme résultent de cloisonnements parallèles à toutes les faces de la cellule, elles s'exfolient en dehors à mesure qu'il s'en produit de nouvelles en dedans.

Chez les *Dicotylédones*, les *Gymnospermes*, les *Lycopodes* et les *Isoetes*, l'assise épidermique la plus interne reste adhérente à l'écorce de la racine, après l'exfoliation des autres ; la coiffe est donc formée par l'épiderme, moins son assise interne.

Dans les *Monocotylédones* et dans les *Nymphéacées*, l'épiderme s'exfolie en entier, il prend part, dans sa totalité, à la formation de la coiffe, et c'est l'assise corticale externe qui devient l'assise pilifère, dont l'origine est corticale, tandis que chez les *Dicotylédones*, cette assise dérive de l'initiale de l'épiderme.

Radicelles. — Formation. — Il y a dans l'origine des radicelles deux cas à distinguer, celui des

Cryptogames vasculaires et celui des *Phanérogames.*

Cryptogames vasculaires. — Chaque radicelle dérive d'une cellule endodermique de la racine primaire.

La cellule *rhizogène* ou cellule initiale de la radicelle est souvent située en face d'un faisceau ligneux et les radicelles sont rangées sur autant de lignes longitudinales qu'il y a de ces faisceaux. Par trois cloisons obliques, convergeant au centre de la paroi interne, la cellule rhizogène se divise en trois cellules basilaires, enveloppant une cellule interne tétraédrique, qui est la cellule mère de la radicelle. Cette cellule mère se cloisonne comme une cellule mère de racine. Les faisceaux ligneux de la radicelle s'attachent directement aux faisceaux ligneux de la racine tandis que les faisceaux libériens, déviant à droite et à gauche, et vont s'insérer sur les faisceaux libériens voisins.

Phanérogames. — C'est le péricycle qui engendre les radicelles. Quelques cellules contiguës prennent simultanément part à la formation de la radicelle ; elles constituent la *plage rhizogène* qui, sur une section transversale, est un *arc rhizogène*, et sur la section longitudinale une *file rhizogène.*

Le centre de la plage rhizogène est généralement une cellule qui va s'allongeant suivant le rayon et s'élargissant vers l'extérieur en éventail. Le développement se continue, de moins en moins accusé à mesure qu'on s'écarte du centre. Il résulte de cela un massif cellulaire convexe vers le dehors, plan ou à peu près, en dedans. Une cloison tangentielle médiane apparaît dans la cellule centrale ; les autres cellules se partagent de la même façon. Les lames cellulosiques se correspondent, et le massif se montre formé de deux assises qu'une seule cloison convexe sépare.

La cellule médiane de l'assise interne sera l'initiale du cylindre central de la radicelle. La cellule correspondante de l'assise externe se divise aussi en deux par une cloison tangentielle, et ses voisines font de même, seulement ce cloisonnement ne s'étend pas à tout le massif. Les nouvelles assises ainsi constituées formeront l'écorce et l'épiderme de la radicelle. La plus interne offrira, dans sa cellule médiane, l'initiale de l'écorce ; la cellule centrale de l'assise externe deviendra l'initiale de l'épiderme. Les cellules qui n'ont pas subi le dernier cloisonnement forment une zone commune à l'écorce et à l'épiderme, l'*épistèle*.

S'il y a plusieurs cellules médianes au centre de la plage rhizogène, il peut se produire deux cas.

1° Les cloisonnements s'opèrent simultanément dans les cellules centrales, et il se fait plusieurs initiales pour chaque région de la radicelle.

2° Une des cellules centrales s'accroît plus que les autres, et les repousse de chaque côté, et il n'y a qu'une seule initiale pour chacune des trois régions.

Sortie. — Pour parvenir au dehors, les radicelles ont à traverser l'écorce, moins l'endoderme, ou toute l'écorce. A cet effet, elles attaquent, à l'aide d'un *liquide diastasique*, toutes les cellules corticales, leur contenu et leur membrane de cellulose, elles absorbent cette substance, et en même temps grandissent. C'est donc par suite de la nutrition et de la croissance qu'une radicelle s'achemine vers l'extérieur (fig. 29).

En grandissant, la radicelle repousse la couche d'écorce qui l'environne, couche qui est vivante et en voie de cloisonnement. Grâce à celui-ci, elle peut s'étendre et continuer à couvrir la pointe de la radicelle tout en restant soudée à la surface de celle-ci par une surface de contact. Cette couche sécrète le liquide diastasique qui attaque la partie d'écorce immédiatement superposée, en absorbe en partie les produits assimilables, et en transmet l'autre partie à la radicelle. On donne à l'ensemble le nom de *poche digestive*.

La paroi de cette poche est formée tantôt par l'endoderme dédoublé au sommet (*Phanérogames*),

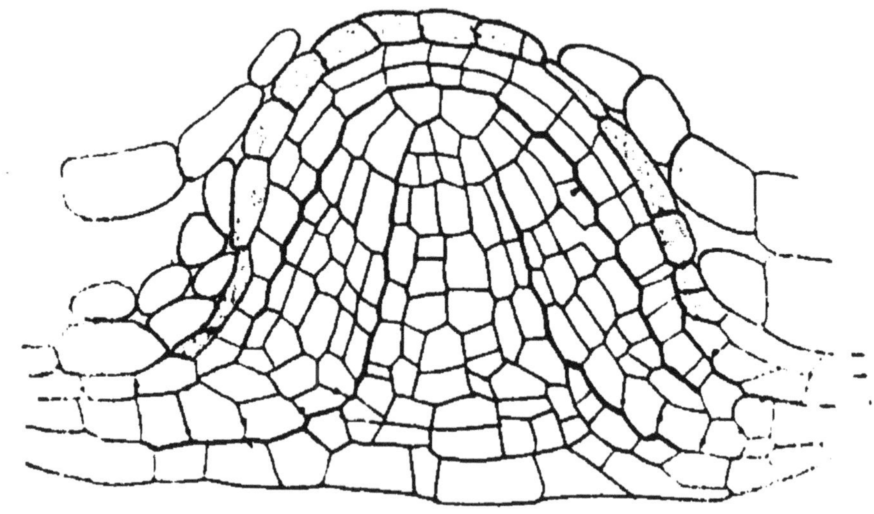

Fig. 20. — Radicelle.

tantôt par l'assise superposée à l'endoderme à laquelle s'adjoignent une ou plusieurs assises corticales (*Cryptogames vasculaires*).

D'autres fois, c'est l'épiderme même de la radicelle qui sécrète le liquide diastasique : toute l'écorce située en dehors est attaquée, et sa substance absorbée, y compris l'endoderme et ses plissements. La radicelle est, à sa sortie, pourvue uniquement de sa coiffe épidermique.

Les radicelles à poche digestive sont munies, outre la coiffe épidermique, des assises formant la paroi de la poche, celles-ci s'exfolient plus tard et la radicelle a la constitution d'une racine.

Position. — Chez les Phanérogames, lorsqu'il y a plus de deux faisceaux ligneux, le centre de l'arc est placé en face d'un faisceau ligneux et il y a autant de radicelles que de faisceaux. C'est la disposition *isostique*. Lorsqu'il n'y a que deux faisceaux ligneux, le centre de l'arc rhizogène se trouve placé entre un faisceau ligneux et un faisceau libérien, il y a deux fois autant de séries de radicelles que de faisceaux de chaque espèce, c'est-à-dire quatre. La disposition est *diplostique*.

Quand le péricycle contient des canaux sécréteurs en face des faisceaux ligneux, la disposition diplostique se retrouve.

Si le péricycle manque, ou est très réduit, les radicelles ne se forment que là où il existe, et où ses cellules ont la plus grande dimension. La disposition est isostique (*Graminées*).

CHAPITRE IV

TIGE.

Morphologie. — La tige jeune a la forme d'un cylindre grêle dressé verticalement, son sommet est un cône obtus, et sa base est reliée à la base de la racine terminale. La ligne circulaire, suivant laquelle la tige et la racine s'unissent, est le *collet*. Sur les flancs de la tige sont insérés des membres aplatis qu'on nomme les *feuilles*. Le disque transversal suivant lequel s'attache une feuille est un *nœud n*, et l'intervalle qui sépare deux feuilles consécutives est un *entre-nœud*, *e*. A mesure qu'on s'approche du sommet, les entre-nœuds deviennent de plus en plus courts et les feuilles étalées se rapprochent de plus en plus. Au voisinage du sommet, les feuilles sont serrées les unes contre les autres, et recourbées autour du sommet de la tige qu'elles enveloppent en se recouvrant. Cet ensemble est le *bourgeon terminal b* (fig. 30). A mesure que la tige s'allonge, les feuilles externes du bourgeon s'accroissent, se séparent les unes des autres, s'épanouissent. En même temps, il

s'en forme de nouvelles à l'intérieur et plus près du sommet, de sorte que le bourgeon conserve sa constitution première. Il n'y a donc rien sur la tige qui rappelle la coiffe de la racine, la protection de la pointe est effectuée par le bourgeon des feuilles.

La surface même de la tige est tantôt velue, tantôt glabre, elle est perforée de stomates que la racine ne présente jamais. Elle produit parfois des émergences aplaties et pointues qu'on nomme *aiguillons (Rosa, Rubus)*, on y distingue quelquefois des arêtes longitudinales qui lui donnent la forme d'un prisme trian-

Fig. 30. — Sommet d'une tige.

gulaire (*Carex*), ou quadrangulaire (*Labiées*). Si les arêtes sont très prononcées, elles deviennent des ailes (*Lathyrus*); s'il n'y a que deux ailes opposées, la tige est rubanée (*Epiphyllum*).

Croissance. — Comme dans la racine, il faut distinguer l'accroissement en longueur ou allongement, et l'accroissement en épaisseur.

Allongement. — L'allongement de la tige s'effectue de deux façons, il est terminal ou intercalaire.

Allongement terminal. — Le cône terminal s'accroît lentement, et il se forme sur ses flancs de petites feuilles nouvelles au-dessus des anciennes. En même temps, les feuilles externes s'épanouissent et les entre-nœuds qui les séparent sortent peu à peu du bourgeon. Cette formation nouvelle de nœuds et d'entre-nœuds au sommet du bourgeon, et cette sortie de nœuds et d'entre-nœuds à la base constitue l'allongement terminal de la tige.

Allongement intercalaire. — A leur sortie du bourgeon, les nœuds et les entre-nœuds très courts les uns et les autres se comportent de diverses manières.

Tantôt ils ne s'allongent pas, et les feuilles épanouies sont aussi serrées sur la tige que dans le bourgeon, elles masquent complètement la surface. Si elles sont nombreuses et petites, la tige est longue et grêle (*Thuidium*). Si elles sont grandes et peu nombreuses, l'axe aérien de la plante a d'abord l'aspect d'une rosette étalée à la surface du sol (*Plantago, Taraxacum, Aloes*), mais plus tard, la tige vivace forme une colonne cylindrique terminée par une rosette de feuilles, et sa surface latérale porte les cicatrices laissées par les feuilles disparues, ou est couverte par les bases persistantes de ses feuilles (*Cycadées, Fougères arborescentes, Palmiers, Pandanus*).

Plus souvent, les entre-nœuds s'allongent après leur sortie du bourgeon, et les feuilles sont de plus en plus écartées, et la surface de la tige est mise à nu entre elles. La tige est alors douée d'un accroissement intercalaire.

Une même tige peut présenter, aux diverses phases de son développement, l'accroissement intercalaire et l'accroissement terminal. Les premiers entre-nœuds restent courts, tandis que les suivants s'allongent beaucoup.

Quand l'allongement terminal agit seul, la tige s'allonge lentement.

Lorsqu'il y a croissance intercalaire, la tige s'allonge vite. Et l'on peut mesurer soit la croissance intercalaire seule, soit la somme des deux allongements.

La marche des allongements journaliers d'un même entre-nœud est partout la même. Lente, au début, elle s'accroît jusqu'à un maximum, puis décroît jusqu'à devenir nulle.

Quand la région de croissance intercalaire comprend plusieurs entre-nœuds, chacun se trouve à un moment donné dans une phase différente de sa croissance propre et, si l'on considère à un moment donné toute la série, du sommet à la base, on trouve, en passant de l'un à l'autre, le long de la tige, la même succession de phases que l'on a constatée en passant d'un jour à l'autre dans l'un quelconque d'entre eux.

Le long d'un même entre-nœud, on trouve qu'une branche s'accroît plus que les autres, et que la croissance y atteint à un moment donné un maximum. Si l'on a divisé l'entre-nœud en un certain nombre de tranches, on constate que le maximum de croissance a lieu loin de la base (croissance basifuge), ou près de la base (croissance basipète). Des plantes très voisines peuvent différer sous ce rapport. Ainsi dans l'*Allium atropurpureum*, la croissance est basifuge, tandis qu'elle est basipète dans l'*Allium cepa* et dans l'*Allium porrum*.

Si l'on mesure ensuite l'allongement de la tige entière, on voit que la somme de la croissance terminale et de la croissance intercalaire atteint un maximum, à une certaine époque de l'année. La croissance totale suit la même marche que celle des entre-nœuds ; elle atteint son maximum à un certain âge, puis décroît jusqu'à s'annuler.

Quand les nouveaux nœuds et entre-nœuds, formés par croissance terminale, ont la même longueur que les anciens, la tige, en s'allongeant, conserve sa forme. C'est ce qui arrive ordinairement, mais souvent aussi les premiers entre-nœuds sont grêles, les suivants plus larges jusqu'à un certain diamètre, puis ils redeviennent de plus en plus grêles. La tige prend alors la forme d'un fuseau. Sous le rapport de la grosseur, le diamètre des entre-nœuds varie avec l'âge le long de la tige, comme leur longueur. Ils vont en augmentant d'abord pour diminuer vers le sommet. Parfois, le renflement de la tige s'accuse brusquement, et forme un *tubercule*, au-dessus duquel elle reprend un diamètre normal. C'est le cas de la *Pomme de terre*, du *Topinambour*, des *Cyclamen*, des *Crocus*. Chez quelques *Cactées*, la tige n'est, de la base au sommet, qu'un seul tubercule (*Echinocactus, Opuntia*).

Épaississement. — L'épaississement de la tige est nul chez presque toutes les *Cryptogames vasculaires ;* il est assez rare chez les *Monocotylédones*, très fréquent chez les *Gymnospermes* et chez les *Dicotylédones*. Il est dû à des productions nouvelles formées à l'intérieur de la tige, et s'intercalant aux parties déjà existantes. L'épaississement est une conséquence de la *structure secondaire* que prend la tige en vieillissant.

Ces productions amènent quelques modifications dans la morphologie externe de la tige. Ainsi, lorsqu'elles prédominent en certains points de la circonférence, ou si elles se forment exclusivement en ces points, la tige prend des ailes ou des côtes saillantes.

Il arrive aussi que la couche superficielle, pour suivre l'épaississement interne, se distend sans se déchirer (*Viscum, Ilex, Cactées, Euphorbiacées*). Mais, plus généralement, cette couche se fend et éclate surtout à la place des stomates et la couche sous-jacente fait hernie. Ces taches proéminentes sont les *lenticelles*. Plus tard, le fendillement se continue, et la couche superficielle se détachant par plaques, tombe en mettant à nu la couche sous-jacente. Celle-ci est brunâtre, dure, résistante, imperméable, quelquefois élastique (*Quercus suber, Ulmus campestris*), elle est blanche, quand elle contient de l'air (*Betula alba, Populus tremula*). Elle forme à la tige un tégument protecteur.

Celui-ci, sous l'action de l'accroissement diamétral interne, éclate à son tour et se fend, tout en se régénérant à l'intérieur. Tantôt les couches externes tombent par lambeaux (*Platanus, Vitis*), par minces feuillets (*Betula*), par bandes annulaires (*Cerasus*); tantôt elles restent adhérentes à la surface et s'accumulent en bandes que séparent de profonds sillons (*Quercus, Ulmus, Pinus, Epicea*); elles forment alors l'écorce crevassée. D'autres fois, les couches mortes ne se crevassent pas et la surface demeure indéfiniment lisse (*Fagus, Carpinus*), ou bien elles se crevassent quand le végétal est très âgé (*Tilia, Abies*).

CIRCUMNUTATION. — Sur la surface de la tige, la ligne de plus fort allongement se déplace progressivement autour de l'axe, et communique au sommet un mouvement circulaire ou elliptique le long d'une hélice ascendante.

TORSION. — Quand la tige est douée d'une forte croissance intercalaire, elle se tord souvent autour de son axe. Les lignes superficielles s'enroulent autour de lui au lieu de lui rester parallèles. Cette torsion ne pouvant être que le résultat d'une inégalité de croissance, il faut que l'allongement soit plus fort ou qu'il dure plus longtemps dans la couche externe des entre-nœuds que dans la couche interne. C'est cette dernière hypothèse qui semble la plus vraisemblable. Le sens de la torsion dans une espèce donnée est toujours le même, et il est le même que sur le mouvement révolutif de la tige.

Ramification. — La tige se ramifie toujours, sauf dans quelques Cryptogames vasculaires, et la ramification est toujours latérale.

C'est généralement au-dessus du milieu de l'insertion d'une feuille que le phénomène se produit. Le corps de la tige forme, en ce point, une protubérance arrondie dont la surface est continue avec la sienne (*b'*, fig. 30). Cette protubérance s'allonge par son sommet et forme, de bas en haut, sur ses flancs, de petites excroissances qui s'appliquent contre elle en se recouvrant les unes les autres. Le tout forme un bourgeon analogue au bourgeon terminal de la tige et qu'on nomme *bourgeon axillaire* à cause de sa position. Pour chaque bourgeon axillaire, tout se passe ensuite comme dans le bourgeon terminal, il s'y forme de nouveaux nœuds et entre-nœuds, dont les premiers épanouissent progressivement leurs feuilles, tandis que les seconds subissent la croissance intercalaire. De là résulte une tige nouvelle, ou tige de *second ordre* terminée par le bourgeon qui lui a donné naissance, et qui continue à l'accroître. De la base au sommet, naît de la sorte, à l'aisselle des feuilles, une génération de tiges secondaires d'autant plus courtes qu'on se rapproche de l'extrémité de l'axe primaire. Cette extrémité dépasse plus ou moins longuement les dernières ramifications, et l'ensemble a une forme conique.

Si l'accroissement en longueur est indéfini, qu'il se forme constamment de nouvelles tiges au-dessus des anciennes, et que la tige primaire conserve indéfiniment sa prééminence originelle, le cône conserve en grandissant une ouverture moyenne. C'est une ramification en grappe (*Abies, Epicca*). Si, au contraire, les tiges secondaires arrêtent rapidement leur croissance, le cône est très aigu (*Juniperus, Populus pyramidalis*), c'est une ramification en épi. En troisième lieu, les tiges secondaires croissant beaucoup, et la tige primaire grandissant peu, le cône devient de plus en plus obtus, la ramification est en ombelle (*Arbustes* et *Buissons*). La forme générale du système aérien, qu'on appelle le *port* du végétal, est donc sous la dépendance du développement relatif de la tige primaire et des tiges secondaires.

Les tiges secondaires, à leur tour, produisent à l'aisselle de leurs feuilles, de bas en haut, des tiges tertiaires, celles-ci des tiges quaternaires et ainsi de suite indéfiniment. Ces tiges d'ordre divers sont les *branches*, et les dernières branches portent le nom de *rameaux*.

Le bourgeon terminal peut avorter, quand la tige a atteint une certaine longueur. C'est alors la branche formée à l'aisselle de la dernière feuille, qui vient se placer dans la direction de la tige pour la continuer ; celle-ci perd, à son tour, son bourgeon terminal, et c'est la branche la plus jeune qui la remplace et ainsi de suite, il se forme un sympode de rameaux (Voy. p. 24 et 25). Ce mode de ramification est présenté par un grand nombre d'arbres (*Tilia, Ulmus, Carpinus, Corylus, Salix, Prunus, Betula*).

Si l'atrophie du bourgeon terminal se produit avec des feuilles opposées deux à deux, les branches supérieures en se développant forment une fausse dichotomie (*Viscum, Syringa.*)

Les bourgeons latéraux ne sont pas toujours exactement situés à l'aisselle des feuilles. Ils peuvent être à droite et à gauche de la feuille (*Aroïdées*), ailleurs ils naissent au-dessous de la feuille (*Fontinalis, Hépatiques*) ; au-dessous d'une feuille et de côté (*Sphagnum*) ; d'autres fois les bourgeons alternent avec les feuilles verticillées (*Equisetum*). Enfin, les bourgeons peuvent se développer avec régularité, quoique sans rapport avec les feuilles (*Lycopodinées*). Une telle ramification est dite *extra-axillaire*.

Origine. — La tige tire son origine des premiers développements de l'œuf. Au milieu du massif de cellules que celui-ci produit en se segmentant, la tige se différencie avec son bourgeon terminal. Certaines plantes n'ont jamais de pareille tige normale, soit parce qu'elle s'atrophie, soit parce que l'œuf n'en produit pas. La tige tire alors son origine autrement.

Elle peut naître sur un thalle (1), et elle y commence toujours par un bourgeon qu'on nomme *bourgeon adventif*; la tige ainsi née est dite *tige adventive*. Chez les *Mousses*, par exemple, la tige est toujours adventive. Dans les *Fougères*, les tiges adventives naissent sur les feuilles. Tantôt le bourgeon apparaît à l'insertion du pétiole (*Asplenium decussatum*), tantôt sur le limbe (*A. furcatum*). Il en est de même chez les *Phanérogames* (*Bryophyllum, Cardamine pratensis*). Dans des circonstances particulières d'humidité et d'obscurité, on voit naître des bourgeons adventifs sur des feuilles détachées de la tige (*Begonia*). D'autres produisent des bourgeons sur leurs racines jeunes. On nomme *drageons* les tiges ainsi formées. Ils apparaissent encore à l'extrémité de la racine. Attachée à la tige ancienne, la racine semble se continuer en une tige

____

(1) Voy. H. Girard, *Aide-mémoire de Botanique Cryptogamique.*

nouvelle (*Neottia, Ophioglossum*). Plus souvent, les bourgeons naissent comme des radicelles sur les côtés de la racine (*Asturtium, Alliaria, Anemone, Convolvulus, Geranium, Epilobium, Rumex*). Les bourgeons sont quelquefois exogènes (*Linaria*). Sur les racines âgées, il s'en fait de même et ils se disposent encore comme les radicelles (*Populus, Alnus, Corylus, Ulmus, Morus, Prunus, Pirus, Malus, Ailantus*, etc.). Enfin, il se produit encore des tiges adventives sur des fragments de racines âgées, détachées de la plante-mère (*Aralia, Paulownia.*)

La tige peut, elle aussi, produire des tiges adventives, dans tous les végétaux cités précédemment. Elles sont endogènes, excepté chez les *Linaria*.

Les bourgeons normaux sont exogènes; quant aux bourgeons adventifs, ils sont tantôt endogènes, tantôt exogènes.

Différenciations. — Une première source de caractères différentiels consiste en la croissance des rameaux dans des milieux différents. Les branches souterraines, par exemple, diffèrent des branches aériennes (durée, absence de stomates, etc.). C'est cet ensemble de caractères propres qu'on traduit en les nommant des *rhizomes*. Le maximum de différence est atteint quand, la racine manquant, le rhizome doit jouer son rôle pour lui et pour la tige aérienne (*Psilotum, Epipogon*). Les branches submergées, également privées de stomates, ont des caractères particuliers de structure qu'on ne retrouve pas dans les régions aériennes de la tige (*Utricularia*).

Les rameaux qui s'étendent dans un même milieu peuvent différer entre eux par suite des fonctions qu'ils doivent remplir. Ainsi, quand les branches se développent de manière à n'avoir qu'un seul plan de symétrie, elles deviennent bilatérales ou dorsiventrales (*Hedera*). Sur ces branches bilatérales on observe souvent une inégalité de croissance entre les deux faces différentes, d'où résulte une courbure. Si c'est la face supérieure qui s'accroît le plus, la branche est épinastique (*Tilia*, *Pirus*, *Fragaria*). Tantôt la croissance prédomine sur la face inférieure, la flexion s'opère vers le haut, la branche est hyponastique (*Prunus*, *Ulmus*, *Corylus*).

C'est encore une différenciation quand certaines branches, continuant de croître chaque année, n'allongent pas leurs entre-nœuds et ne se ramifient pas, pendant que la branche ordinaire qui les porte allonge beaucoup les siens et se ramifie abondamment. La différence est encore plus accentuée, si les branches à longs entre-nœuds rampent sur le sol, laissant les rameaux courts porter les feuilles. Les rameaux longs sont dits *stolons*.

Dans les *Asparagus*, toutes les feuilles portées par de longues branches sont encore imparfaites, mais les rameaux courts n'en portent pas du tout; ils ne forment que leur premier entre-nœud, et cessent de s'allonger en prenant la forme d'aiguilles. A l'aisselle de chaque feuille rudimentaire, il naît un bouquet de ces rameaux sans feuilles. Riches en chlorophylle et pourvus de stomates, ils jouent le rôle des feuilles absentes, aussi leur donne-t-on le nom de *rameaux foliacés*.

Quand la tige, trop frêle pour se soutenir seule, s'attache à des corps étrangers, elle est dite *grimpante*. Elle s'accroche généralement aux supports par des filaments simples, ou rameux enroulés en spirale qu'on nomme des *vrilles*.

Dans certains végétaux (*Prunus spinosa*, *Cratægus oxyacantha*), certaines branches feuillées cessent brusquement de s'allonger, et se terminent par une pointe dure ou ligneuse qu'on appelle une *épine*.

Sur les parties souterraines et même sur les

parties aériennes ou submergées de la tige, on voit souvent des rameaux se renfler en *tubercules*. Tantôt un rameau souterrain grêle, à un moment donné, renfle son extrémité sur l'espace de plusieurs entre-nœuds (*Morella tuberosa, Helianthus tuberosus*); tantôt, c'est un simple entre-nœud qui renfle sa portion supérieure et chaque tubercule ne porte qu'un bourgeon à son sommet.

Dans la *Carotte*, le *Navet*, le *Radis*, la *Betterave*, l'entre-nœud inférieur de la tige se tuberculise entièrement, et continue directement le tubercule formé par l'extrémité supérieure de la racine terminale, l'origine du tubercule est double. Dans les *Cyclamen*, l'entre-nœud inférieur de la tige se renfle seul et produit un tubercule aplati en disque. Ailleurs, c'est la base de chaque branche qui se renfle sur un certain nombre d'entre-nœuds (*Orchidées épidendres, Colchicum, Crocus, Gladiolus*), ou bien une branche du rhizome se tuberculise (*Arum, Nymphæa*).

Enfin, les rameaux qui portent directement ou non les organes reproducteurs, prennent des caractères spéciaux (Voy. chap. VI, p. 250).

Modes de végétation. — Il arrive souvent que la tige primaire demeure verticale ; elle est alors dite *dressée.* Ailleurs, elle est trop faible pour se soutenir; alors, ou elle s'élève en s'accrochant à des corps étrangers par des racines-crampons, par des aiguillons crochus, ou à l'aide de vrilles; ou elle s'enroule tout entière, et elle est *volubile.* Quelquefois, étant volubile, elle est parasite. D'autres fois, elle rampe à la surface du sol en y enfonçant des racines adventives; elle est dite *rampante.*

Structure. — Il y a lieu de considérer dans la tige, une structure primaire et une structure secondaire.

Structure primaire. — On distingue trois régions : 1° une assise externe de cellules spéciales, l'*épiderme* ; 2° un manchon peu épais et mou, l'*écorce* ; 3° un *cylindre central*, large et résistant, entouré par l'écorce.

1° *Épiderme*. — Une seule assise de cellules fortement unies entre elles et faiblement adhérentes aux assises corticales. L'épiderme est cutineux dans les tiges souterraines et aériennes. Ses éléments se prolongent çà et là en poils. Les stomates y sont tantôt rares (*Acer, Sambucus*), tantôt très nombreux (*Ombellifères, Graminées, Casuarinées, Equisétacées*.)

2° *Écorce*. — C'est un parenchyme formé de grandes cellules à membrane mince ; elles contiennent des chloroleucites, de l'amidon, et laissent entre elles de petits méats ; on y distingue ni zone interne, ni zone externe, l'ensemble des tissus corticaux de la tige est assez homogène. La dernière assise formée de tissu plissé et contenant souvent des grains d'amidon est l'*endoderme*.

3° *Cylindre central*. — Il débute par une assise de cellules alternant avec celles de l'endoderme, leur membrane mince n'est pas plissée, c'est le *péricycle*. Contre lui, sont adossés en cercle des *faisceaux libéroligneux collatéraux fc*, à liber externe et à développement centripète *p* ; le développement des vaisseaux ligneux *x* est centrifuge. Les faisceaux libéroligneux sont séparés par des *rayons médullaires R* à cellules larges se réunissant au centre en une moelle *M* ; l'ensemble, y compris le péricycle, forme le *conjonctif* du cylindre central (fig. 31).

Trajet des faisceaux libéroligneux. — Les faisceaux libéroligneux se dirigent de bas en haut, tantôt obliquement, tantôt parallèlement à l'axe. Aux nœuds, ces vaisseaux s'unissent ensemble par de petites branches horizontales. En outre, quand on

suit les faisceaux de bas en haut, on voit quelques-
uns d'eux émettre une branche latérale, puis passer
après dans une feuille. Plus haut, la branche latérale
en émet une autre, entre à son tour dans une
feuille, et ainsi de suite. Il en résulte la formation
de sympodes, sur les côtés desquels les terminaisons
des branches successives semblent autant de rameaux latéraux. Quelquefois, l'extrémité du faisceau se courbe en dehors, traverse horizontalement
l'écorce et pénètre dans la feuille
au nœud même où elle a produit
sa branche latérale. Le plus souvent, elle poursuit son trajet,
et reste dans le cylindre central à côté de la branche qu'elle
a produite, et ce n'est qu'après
avoir parcouru la longueur de
plusieurs entre-nœuds, qu'elle
se recourbe en dehors pour pénétrer dans une feuille. Le
nombre des entre-nœuds ainsi

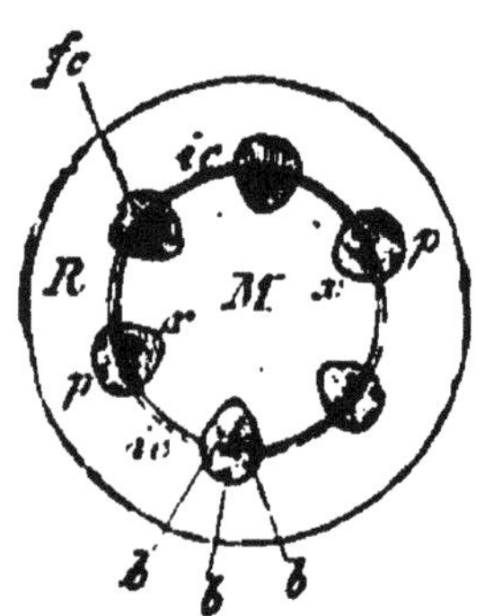

Fig. 31. —Structure pri-
maire d'une tige.

traversés varie d'une plante à l'autre, et, dans une
même tige, suivant la région considérée. Dans un
cas, la tige renferme dans son cylindre central une
seule sorte de faisceaux sympodiques qui lui appartiennent, ils sont *caulinaires*; dans l'autre, elle contient, intercalés aux faisceaux caulinaires, un certain nombre de faisceaux qui sont destinés aux
feuilles et qui s'y rendent plus ou moins tard sans
se ramifier dans le cylindre central ; on les nomme
faisceaux *foliaires*. On donne le nom de faisceaux
réparateurs aux faisceaux caulinaires qui, en se ramifiant sympodiquement, remplacent les faisceaux
foliaires à mesure qu'ils sortent du cylindre central.

Au sommet de la tige, les faisceaux envoient
leurs extrémités dans les dernières feuilles.

Si on suit la marche du faisceau libéroligneux en sens inverse, de haut en bas, on le voit traverser l'écorce, entrer dans le cylindre central, longer sa périphérie, sous le péricycle, et, après un certain nombre d'entre-nœuds, s'unir latéralement à un faisceau provenant d'une feuille plus vieille. Si ce dernier lui-même, avant cette union, a parcouru dans le cylindre central un ou plusieurs entre-nœuds, on y distinguera deux parties. L'une, située au-dessous du point d'attache, est un article du sympode caulinaire, l'autre, située au-dessus de ce point, n'est autre chose que le faisceau foliaire. Si la réunion a lieu au point où le faisceau de la feuille âgée pénètre dans le cylindre central, ce dernier forme dans toute sa longueur un article du sympode caulinaire, et il n'y a pas de faisceau foliaire. Chaque feuille reçoit un ou plusieurs faisceaux, le nombre varie d'une plante à l'autre, et dans une même plante avec la région considérée, mais dans cette région, il demeure constant. Quand les faisceaux foliaires restent quelque temps dans le cylindre central, l'ensemble de ceux qui sont destinés à la même feuille constitue à l'intérieur du cylindre ce qu'on peut appeler la *trace* de la feuille. Cette trace peut être simple, unifasciculée, ou complexe et plurifasciculée. Quand les faisceaux foliaires s'échappent immédiatement du cylindre central, les feuilles n'ont pas de traces dans la tige. Il doit donc y avoir une relation entre le nombre et la disposition des faisceaux foliaires dans le cylindre, et l'arrangement des feuilles à la surface. Quand les traces des feuilles sont verticales, distinctes et contiguës, la disposition des faisceaux en coupe transversale n'est que la projection horizontale de la disposition des feuilles. Souvent, la relation est complexe, parce que le trajet des faisceaux est oblique, et que les traces, séparées par des sympodes, enchevêtrent leurs faisceaux l'un dans l'autre.

MODIFICATIONS DE LA STRUCTURE PRIMAIRE. — *Épiderme.* — L'épiderme, ordinairement simple, se cloisonne souvent de manière à compter deux ou trois couches de cellules (*Begonia, Ficus*). Dans les rhizomes, l'épiderme est à la fois dépourvu de chlorophylle et de stomates. Dans les tiges submergées, la chlorophylle et l'amidon se développent plus que dans l'écorce (*Elodea, Potamogeton*), mais les stomates manquent. Dans les plantes marines (*Zostera, Cymodoce*), la chlorophylle se produit exclusivement dans l'écorce. Enfin, dans les tiges des Dicotylédones aériennes, toutes les cellules de l'épiderme renferment des chloroleucites et des grains d'amidon.

Écorce. — L'écorce est tantôt réduite à deux ou trois rangs de cellules entre l'épiderme et l'endoderme (*Tropæolum*); tantôt très épaisse, soit par place (*Rosa*), soit sur tout le pourtour (tiges tuberculeuses des *Cactées* et de certaines *Euphorbiacées*). Les méats de l'écorce sont fusionnés, et deviennent des lacunes, ou des canaux aérifères, chez beaucoup de plantes aquatiques ou marécageuses. Les canaux peuvent être contenus dans la longueur d'un entre-nœud (*Hippuris, Zostera, Nelumbo*), tantôt entrecoupés d'assises transversales de cellules séparées entre elles par des méats (*Potamogeton, Butomus, Alisma.*)

Chez beaucoup de plantes aériennes, l'écorce acquiert une grande solidité en différenciant quelques-unes de ces cellules, soit en collenchyme, soit en sclérenchyme, soit en parenchyme scléreux. Ce stéréome peut être tantôt sous-épidermique et c'est du parenchyme scléreux ou du collenchyme, tantôt profond et c'est du sclérenchyme; quelquefois les deux formations se rencontrent. Enfin, on trouve souvent, dans l'écorce, des faisceaux libéroligneux qui, entourés d'une gaine de sclérenchyme, la parcourent sur une longueur plus ou moins grande. D'une façon générale, cela tient à ce que des faisceaux foliaires, échappés du cylindre central, aux nœuds, au lieu de traverser l'écorce horizontalement pour entrer dans la feuille, se relèvent verticalement durant l'espace d'un ou de deux entre-nœuds avant de se rendre définitivement dans les feuilles.

Endoderme. — L'endoderme épaissit quelquefois et lignifie ses membranes, et les plissements disparaissent sous cet épaississement (*Cyperacées, Potamogeton*). Quelquefois aussi, les plissements n'apparaissent pas, bien que la membrane reste mince, et l'endoderme se distingue seulement par la quantité d'amidon que contiennent ses cellules dont les membranes minces sont subérisées; quand ces caractères s'effacent, la régularité des cellules permet seule de discerner l'endoderme de l'écorce. Dans les tiges grêles, à cylindre central étroit, l'endoderme divise ses cellules par une cloison située en dedans des plissements ; cette nouvelle assise endodermique est facile à confondre avec le péricycle (*Cryptogames vasculaires, Azolla, Salvinia*).

Péricycle. — Le péricycle multiplie souvent ses cellules par des cloisons tangentielles, et interpose, entre l'endoderme et le liber, une couche plus ou moins épaisse qui se comporte de diverses manières. Si elle reste parenchymateuse, elle semble continuer l'écorce ; si elle se différencie en deux zones, l'une se sclérifie et reste adossée à l'endoderme, l'autre reste parenchymateuse et s'adosse aux faisceaux (*Cucurbitacées, Caryophyllées, Aristolochiacées, Berberidées*).

Souvent aussi, tout le péricycle, dédoublé ou non, se convertit en un anneau de sclérenchyme contre lequel s'adossent les faisceaux (*Silene*, *Papaver*, *Plantago*, *Monocotylédones*). Ailleurs, il se partage en petits faisceaux scléreux séparés par du parenchyme. D'autres fois, la différenciation se limite au dos des faisceaux libéroligneux, il semble alors que le péricycle manque en dehors des faisceaux. Quand les fibres péricycliques sont peu ou point lignifiées quoique très épaissies, elles sont très solides, très souples et fournissent de précieux textiles (*Linum*, *Cannabis*, *Urtica*). Ces fibres dites vulgairement *fibres corticales* et *fibres libériennes*, n'appartiennent ni à l'écorce ni au liber.

Enfin, dans quelques cas très rares, le péricycle manquant complètement (*Salvinia*, *Azolla*), les faisceaux s'adossent à l'endoderme, qui souvent alors se dédouble.

Conjonctif. — Dans les tiges tuberculeuses, la moelle forme toute la masse du tubercule. Dans certains rhizomes, et dans les plantes aquatiques, elle est au contraire très réduite. Souvent les rayons disparaissent, et les faisceaux sont contigus, le cylindre central offre alors l'aspect d'un anneau libéroligneux continu avec moelle au centre. La moelle communique avec l'écorce à chaque nœud (*Hippuris*, *Trapa*). Si la moelle vient à manquer en même temps, le cylindre central renferme sous le péricycle une colonne libéroligneuse pleine, ayant le bois au centre (*Cryptogames vasculaires*, *Utricularia*, *Elodea*).

Quand la moelle est normalement développée, il arrive souvent qu'elle se creuse de lacunes formées soit par dissociation (*Nymphéacées*), soit par destruction de cellules (*Ombellifères*, *Labiées*, *Composées*, *Graminées*, *Cypéracées*, *Equisétacées*).

Ailleurs, la moelle et les rayons se renforcent de fibres de sclérenchyme analogues à celles du péricycle (*Ranunculus, Canna, Nepenthes*). Dans la zone périphérique médullaire, il se forme parfois des faisceaux de tubes criblés disposés, soit en face du bois, soit vis-à-vis des rayons médullaires (*Solanées, Convolvulacées, Tragopogon, Campanula*).

Enfin, la moelle peut renfermer des faisceaux libéroligneux, dont l'apparition est postérieure à celle des faisceaux normaux; ils n'ont aucun rapport avec les feuilles, et s'anastomosent aux nœuds avec les faisceaux du cercle normal (*Bégonia*, diverses *Araliées, Ombellifères, Orobanchées*). Quelquefois, ils tournent leur bois en dehors et leur liber en dedans (*Aralia*).

Faisceaux. — Les modifications des faisceaux libéroligneux sont très nombreuses. On peut en distinguer de cinq sortes qui varient : 1° dans le nombre des faisceaux, 2° dans leur disposition, 3° dans leur structure, 4° dans la structure de leur bois, 5° dans la structure de leur liber.

I. *Nombre.* — Le nombre des faisceaux va généralement en augmentant avec l'âge de la plante, jusqu'à un certain maximum, puis il diminue. De là résulte que si l'on considère la tige dans sa totalité, on la trouve fusiforme, renflée au milieu, amincie aux extrémités. La plante peut ne posséder que deux faisceaux au voisinage de l'insertion de la racine, région qui correspond à la jeunesse de la tige, deux aussi dans le pédicelle floral, qui correspond à la vieillesse, et un grand nombre dans la région moyenne, qui répond à l'âge mûr. Le nombre des faisceaux de la tige est en rapport avec la disposition des feuilles. Plus elles prennent de faisceaux, et plus elles sont rapprochées, plus la tige contient de faisceaux à un niveau donné. C'est ce qui arrive aux *Monocotylédones*.

II. *Disposition.* — Quand le nombre des faisceaux

dépasse une limite qui dépend du diamètre du cylindre central, ils se disposent sur un ou plusieurs cercles concentriques autour de la moelle libre, qu'ils peuvent envahir complètement. Il résulte de cette disposition une modification dans le trajet parcouru longitudinalement.

Chez les *Monocotylédones*, cette disposition des faisceaux en plusieurs cercles concentriques est si fréquente qu'on l'a souvent donnée comme un caractère de classe. Cependant, la disposition en un seul cercle se retrouve, dès que les feuilles n'exigent plus un grand nombre de faisceaux.

III. *Structure.* — Les faisceaux libéroligneux normaux sont orientés le liber en dehors. Ils possèdent quelquefois un second liber doué des mêmes propriétés que le liber externe, et placé contre le bord interne du bois (*Cucurbitacées*). Dans quelques rhizomes de *Monocotylédones*, les extrémités inférieures des faisceaux libéroligneux, situées au voisinage de la périphérie du cylindre central, ont une structure concentrique, à bois externe enveloppant le liber, tandis que les parties supérieures ont la structure collatérale (*Acorus, Iris, Cyperus, Carex, Juncus*). Chez les Dicotylédones, cette structure, quoique plus rare, se rencontre quelquefois (*Rheum, Statice, Acanthus, Ricinus*). La structure inverse, à bois enveloppé par le liber, est plus rare encore (*Mélostomacées*).

IV. *Bois.* — Quelquefois, il n'existe qu'un très petit nombre de faisceaux ligneux, et même un seul. Les vaisseaux sont tantôt directement accolés, tantôt séparés par du parenchyme. Dans les vaisseaux collatéraux, le bord interne est occupé par quelques vaisseaux étroits, en général fermés, qui sont les premiers nés. La croissance intercalaire les étire et amincit leur membrane ; si les cellules voisines se gonflent, ils sont comprimés et disparaissent. Plus tard, quand la croissance intercalaire se ralentit, d'autres vaisseaux se forment extérieurement aux premiers, ils sont tantôt fermés, tantôt ouverts, plus larges que les premiers, et leur diamètre augmente vers l'extérieur.

Dans presque toutes les *Dicotylédones*, les vaisseaux sont disposés en séries radiales, séparées par des cellules de parenchyme. Chez les *Monocotylédones*, ils sont rangés en deux séries disposées en V, la pointe de celui-ci étant occupée par le premier vaisseau et les extrémités des branches par un vaisseau beaucoup plus large; l'espace compris entre les deux branches est rempli par du parenchyme ou par du liber (*Asparagus*). Cette disposition se trouve aussi chez les *Equisetum*, mais rarement chez les *Dicotylédones*.

L'arrangement du parenchyme est déterminé par celui des vaisseaux. Là où ceux-ci sont en séries radiales, le parenchyme forme des rayons interrompus dans la longueur. Là où ils sont disposés en V, le parenchyme ne forme que des séries longitudinales, ou des groupes de diverses formes. Quelquefois, le bois de faisceaux collatéraux renferme à son bord interne une lacune allongée en canal, laquelle peut provenir de deux origines différentes : 1° d'une dissociation de cellules mêlées aux premiers vaisseaux (*Cypéracées, Joncacées, Alismacées, Equisétacées, Nymphéacées*); 2° d'une destruction directe des vaisseaux (*Zostera, Potamogeton, Nelumbo, Élodea, Épipogon*).

V. *Liber*. — Il est formé de tubes criblés, mélangés de cellules de parenchyme. La disposition relative de ces éléments peut se faire de plusieurs manières.

1° — Le liber est formé de larges tubes criblés à section polygonale séparés par des cellules plus étroites et plus courtes à coupe triangulaire ou carrée. Le tube criblé touche souvent un tube semblable d'un côté et de l'autre des cellules annexes (presque toutes les *Monocotylédones*, *Equisétacées*, *Renonculacées*, *Ombellifères*, *Cucurbitacées*).

2° — La section transversale du faisceau libérien montre un grand nombre de larges cellules de parenchyme, au milieu desquelles se trouvent des groupes de petits tubes criblés très étroits. Il semble que chaque groupe de tubes s'est formé aux dépens des larges cellules (*Composées*, *Solanées*, *Crassulacées*, *Campanulacées*, *Cactées*).

3° — Le liber est formé de séries radiales de tubes criblés, contiguës ou séparées par des rayons de larges cellules (*Conifères*).

Quelle que soit la disposition du liber, les tubes les plus étroits sont extérieurs, et ont des membranes plus épaisses.

Le liber primaire renferme rarement des fibres. Quand il en contient, il peut arriver que ces fibres forment au milieu du faisceau libérien un rayon de sclérenchyme, qui, se rejoignant en dehors à la gaine scléreuse, en dedans au sclérenchyme ligneux, découpe le liber en deux parties symétriquement disposées à droite et à gauche (certains *Palmiers*). Il peut se former trois rayons fibreux, qui séparent le liber en quatre parties, ou bien encore une bande fibreuse tangentielle le sépare en deux groupes superposés.

Dans les plantes submergées où le bois subit diverses modifications, le liber reste intact.

Tiges périxyles. — D'ordinaire le bois est superposé au liber et ses éléments se développent dans une direction centrifuge. Dans quelques *Fougères*, le cylindre central, grêle, privé de moelle et de rayons médullaires, possède, sous son anneau libérien, un certain nombre de groupes de vaisseaux étroits, à partir desquels d'autres plus larges se développent vers le centre. Là, ils se rejoignent, en même temps que de nouveaux et larges vaisseaux se forment dans les intervalles, en direction centrifuge. Ici, en dehors de l'anneau libérien continu, il y a deux bois, un *protoxylème*, formé de vaisseaux centripètes, et un *métaxylème*, formé de vaisseaux centrifuges. Quelquefois, le bois centripète commence vers le milieu du rayon et possède en dehors un bois centrifuge ; d'autres fois, il confine au liber qui n'a, alors, en dehors de lui, que du bois centripète. Dans ce cas, si le liber est interrompu en dehors du bois centripète, dont les vaisseaux externes viennent toucher le péricycle, s'il se réduit à des arcs alternant avec les faisceaux vasculaires rayonnants, la structure de la tige devient pareille à celle de la racine (*Lycopodium*, *Psilotum*, quelques *Selaginella* ; tige hypocotylée des *Conifères*, des *Crucifères* et des *Ombellifères*).

On nomme *centroxyle* la structure où les vaisseaux ligneux se forment d'abord vers le centre pour gagner vers la périphérie, et *périxyle*, celle où ils débutent vers la périphérie, pour gagner ensuite le centre. La structure périxyle présente deux modifications, suivant que le liber se continue ou s'interrompt en dehors du protoxylème.

La structure périxyle à liber discontinu appartient à toutes les racines et au premier âge de la tige des plantes vasculaires ; elle persiste à tout âge, chez beaucoup de *Cryptogames vasculaires*. La structure centroxyle caractérise la tige épicotylée de toutes les *Phanérogames*, et d'un petit nombre de *Cryptogames vasculaires*.

ASTÉLIE. — Le cylindre central périxyle de la région inférieure et primitive de la tige passe vers le haut à la structure primaire normale. Pour cela il se dilate progressivement, et, quelquefois, se rompt en faisceaux libéroligneux distincts, entourés chacun d'un péricyle et d'un endoderme propres. Alors, on voit le parenchyme cortical s'étendre jusqu'au centre, et la tige renferme des faisceaux vasculaires collatéraux disposés en cercle ou épars. Beaucoup d'*Equisetum*, quelques *Dicotylédones* et quelques *Monocotylédones* offrent cette apparence.

Si l'on appelle *stèle* le cylindre central défini comme précédemment (page 166), on dira que de pareilles tiges sont *astéliques*, puisqu'il n'y a pas de cylindre central distinct.

POLYSTÉLIE. — Quelquefois, au lieu de se rompre en faisceaux distincts, le cylindre central de la région inférieure de la tige s'élargit en un ruban, qui bientôt se divise en deux par un étranglement ; chaque moitié se divise encore en deux et ainsi de suite. Le parenchyme cortical, qui s'étend jusqu'au centre, est parsemé d'un nombre de plus en plus grand de stèles étroites pareilles à la stèle unique inférieure. La tige *monostélique* à la base devient ainsi *polystélique*.

La polystélie, très rare chez les *Phanérogames*, est fréquente chez les *Cryptogames vasculaires*, où dans chaque stèle elle se complique de *périxylie* (la plupart des *Fougères*, *Selaginella*, *Marsilia*).

STÉRÉOME PRIMAIRE. — Les stéréides de la tige primaire sont le parenchyme scléreux, le collenchyme, le sclérenchyme et les poils internes. Ces tissus sont parfois isolés, plus souvent groupés en faisceaux distincts, ou en couches continues, associés ou non aux faisceaux vasculaires.

APPAREIL SÉCRÉTEUR. — Les cellules sécrétrices, quels que soient leurs produits, sont très fréquentes dans la structure primaire de la tige, on les rencontre, disposées sans ordre dans l'épiderme, l'écorce ou le conjonctif. Chez certaines familles, on trouve des tubes laticifères rameux (*Euphorbiacées, Urticacées, Asclépiadées, Apocynées*). Leurs troncs principaux sont placés dans la zone interne de l'écorce, en dehors de la zone scléreuse des faisceaux. Leurs branches pénètrent jusqu'à l'épiderme, en traversant l'écorce, elles s'y terminent en cæcums; d'autres arrivent, à travers l'endoderme et les rayons médullaires, jusqu'à la moelle.

Dans les *Lycopodiacées* et dans les *Conifères*, les canaux sécréteurs sont situés dans l'écorce, sauf pour le *Taxus*, qui est complètement dépourvu d'appareil sécréteur. Chez les *Composées*, les canaux oléifères sont disposés en cercle dans l'écorce contre l'endoderme, ils sont superposés par deux, trois ou cinq, aux faisceaux libéroligneux (*Achillea, Arnica, Bellis, Tanacetum*). En outre, il peut en exister à la périphérie de la moelle et disposés isolément à la pointe interne des faisceaux (*Dahlia*), ou par groupes (*Helianthus, Carduus*). Chez les *Ombellifères* et chez les *Araliées*, les canaux oléifères sont placés dans l'écorce, isolément, en face de chaque faisceau, entre celui-ci et la gaine de collenchyme qui lui est superposée. Outre ces canaux, il y en a un grand nombre dispersés dans l'écorce.

Quant aux poches sécrétrices, elles sont rarement disposées dans la moelle, et presque toujours dans l'écorce (*Myrtacées, Rutacées*).

STRUCTURE SECONDAIRE. — Chez beaucoup de *Muscinées*, de *Cryptogames vasculaires* et de *Monocotylédones*, la structure primaire persiste, avec sclérose et subérisation de plus en plus grande des cellules. Les différenciations secondaires sont surtout abondantes chez les *Gymnospermes* et chez les *Dicotylédones*.

Il se fait deux assises génératrices concentriques

qui produisent chacune un anneau de méristème secondaire par le même mécanisme que dans la racine (V. p. 174). Les deux méristèmes se différencient rapidement en tissus définitifs. L'anneau externe produit un périderme, composé de liège et de phelloderme; l'anneau interne produit du liber et du bois secondaires, avec ou sans rayon de parenchyme.

Périderme. — Il a même rôle et même constitution que dans la racine (Voy. p. 176); le liège est centripète, le phelloderme centrifuge, ils sont séparés par l'assise génératrice.

Toutes les assises cellulaires, depuis l'épiderme jusqu'au péricycle, peuvent devenir génératrices. C'est quelquefois l'épiderme lui-même (*Salix, Cornus, Solanum*), plus fréquemment c'est l'assise corticale la plus externe, et alors l'épiderme est exfolié (*Juglans, Populus, Ulmus, Platanus, Acer, Sambucus, Tilia, Fraxinus, Abies*). En ce cas, pour un grand nombre d'assises de liège, il n'y a qu'un petit nombre d'assises de phelloderme (*Fagus, Quercus suber*). D'autres fois, c'est une assise plus profonde de l'écorce qui devient génératrice, l'épiderme et les assises externes sont alors exfoliées (*Cytisus, Robinia*), ailleurs c'est l'endoderme (*Coffea, Trifolium*), ou même le péricycle (*Fragaria, Ribes, Hypericum, Lycium, Rhododendron*). Quand le péricycle forme une couche épaisse, il se sclérifie à l'intérieur et un ou plusieurs rangs de parenchyme externe peuvent former l'assise génératrice. C'est tantôt la couche externe (*Philadelphus, Vitis, Spiraea*), tantôt la couche interne (*Caryophyllées*). Dans le cas où l'assise génératrice est péricyclique, toute l'écorce et l'épiderme sont exfoliées.

Le périderme est interrompu, çà et là, par des lenticelles, comme celui de la racine (Voy. p. 177).

Bois et liber. — La situation de l'anneau générateur interne est constante. Toujours contenu dans le cylindre central, il affecte la forme d'arcs alternes ajustés bout à bout. Les uns, compris dans le faisceau vasculaire *fc* (fig. 32) s'édifient aux dépens de l'assise de parenchyme intercalée entre le bois et le liber (arcs *fasciculaires*) ; les autres, intercalés entre

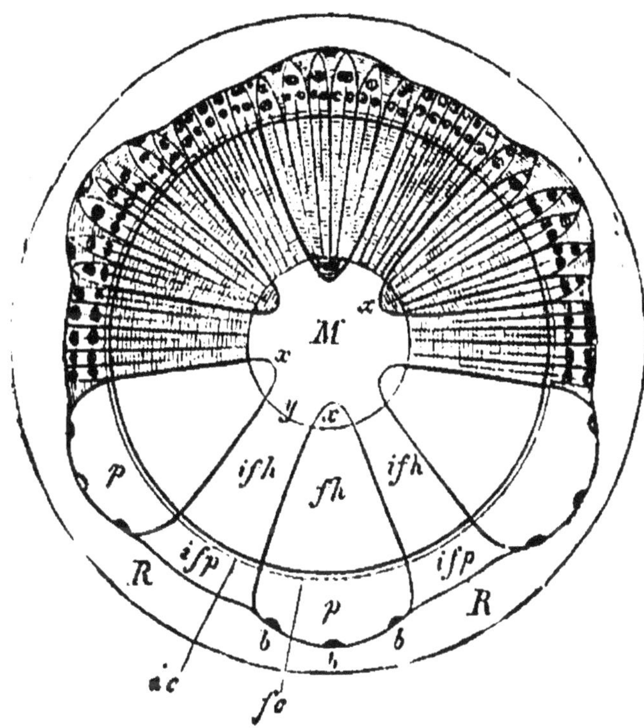

Fig. 32. — Formation secondaire. — R. écorce. — M, moelle, — *f h*, faisceau libéroligneux, — *p*, liber et *x*, bois primaires, — *b, b*, cellules libériennes ; *y*, étui médullaire.

les faisceaux, prennent naissance soit aux dépens du péricycle, soit d'une assise plus profonde des rayons médullaires (arcs *radiaux*, *ic*). La différenciation a lieu comme dans la racine (Voy. p. 177).

Les arcs fasciculaires différencient, de dehors en dedans leur feuillet externe centripète, en tubes criblés mêlés de cellules de parenchyme et de fibres de sclérenchyme ; et de dedans en dehors, leur feuillet interne centrifuge en vaisseaux ligneux.

Les arcs radiaux se différencient soit en un parenchyme identique à celui.des rayons (*Cucurbitacées, Begonia, Mahonia, Berberis*), soit en faisceaux libéroligneux *ifp*, *ifh* comme les arcs fasciculaires (Toutes les autres *Dicotylédones* et les *Gymnospermes*).

Tout ce qui est en dehors du périderme dépérit et meurt, c'est lui qui joue le rôle d'appareil tégumentaire. En outre, ce périderme est extensible et peut suivre aisément l'extension provoquée par l'activité de l'assise génératrice interne. Celle-ci fonctionne activement dès la première année, son apparition est même, quelquefois, très précoce et suit immédiatement l'apparition de la structure primaire. Le liber et le bois secondaires de première année s'ajoutent au liber et au bois primaires pour constituer la totalité du liber et du bois dans la tige d'un an.

Si celle-ci est vivace, les deux assises cessent de fonctionner à la fin de l'automne, et cette période dure tout l'hiver. Au printemps, la segmentation recommence. L'assise externe reforme du liége en dehors et du phelloderme en dedans, le liége nouveau double le liége ancien, et le repousse à mesure qu'il s'exfolie, le phelloderme nouveau s'ajoute de même à l'ancien. De même, dans le cylindre central, il se produit du liber en dehors et du bois en dedans, le liber de deuxième année double en dedans le liber secondaire de première année, tandis que le bois de seconde année se superpose en dehors au bois secondaire de la première année, et ainsi de suite d'année en année.

Les rayons internes, formés la première année, se continuent à travers le bois et le liber des années suivantes ; mais en outre il se fait entre les premiers de nouveaux rayons internes qui partagent la couche plus large en compartiments plus nombreux, de manière à maintenir un rapport constant entre la place qu'ils occupent et celle des compartiments.

Rhytidome. — Quand l'assise génératrice externe se forme aux dépens de l'épiderme ou d'une assise périphérique de l'écorce, elle demeure longtemps active au même endroit, et il ne se forme qu'un périderme (*Fagus, Carpinus, Ulmus, Quercus suber*). Mais souvent elle cesse de se cloisonner et c'est une assise corticale plus profonde qui lui succède; il se forme ainsi un deuxième périderme en dehors du premier, puis un troisième en dedans du second et ainsi de suite. Chaque fois, une partie d'écorce meurt avec le périderme précédent; finalement l'écorce entière et le péricycle avec elle meurent, comme si l'assise génératrice du périderme s'était établie dès le début dans l'assise interne du péricycle. L'ensemble de ces tissus morts est un *rhytidome* (Voy. p. 182). A partir du moment où le périderme est devenu profond, les péridermes suivants se constituent à travers le liber, de plus en plus profondément, aux dépens des cellules du parenchyme libérien.

Quand le premier périderme est superficiel, le second forme une série d'arcs concaves en dehors coupant le premier, et se raccordant entre eux par lui; il en est de même du troisième, dont les arcs coupent ceux du second. Il en résulte que les péridermes successifs détachent dans l'écorce une série d'écailles plus ou moins larges, et le rhytidome est dit *écailleux* (*Malus, Platanus*). Lorsque le premier périderme est profond, endodermique ou péricyclique, les autres sont concentriques, et le rhytidome est dit *annulaire* (*Clematis, Vitis*). Dans le plus grand nombre d'arbres, il est persistant et couvre la tige d'une couche plus ou moins épaisse qui se crevasse profondément pour suivre la dilatation du cylindre central; c'est ce qu'on nomme l'*écorce crevassée* (*Quercus*, *Ulmus*, etc.). Parfois il est caduc et se détache en plaques (*Platanus*, *Taxus*, *Arbutus*, *Malus*), ou en anneaux minces (*Vitis*, *Lonicera*), laissant à nu le liège vivant récemment produit.

Les arbres à périderme épidermique, ou sous-épidermique, qui le conservent toute leur vie en pleine activité, n'ont pas de rhytidome, c'est-à-dire que celui-ci est réduit à l'épiderme, et aux assises extérieures du liège. Souvent, ce liège couvre la périphérie de l'écorce d'une couche mince et lisse formée entièrement de cellules plates (*Salix alba*, *Fagus*, *Carpinus*). Quelquefois il se fait une alternance de cellules plates épaissies et de cellules larges à parois minces; celles-là s'exfolient, celles-ci se déchirent plus tard (*Betula*). Ailleurs, la couche de liège est épaisse et atteint plusieurs centimètres; elle est formée de cellules larges à parois minces et subdivisée en zones concentriques annuelles par des assises de cellules plates. Comme la production de liège est plus abondante selon certaines lignes longitudinales, la couche en est crevassée de bonne heure (*Ulmus suberosa*, *Quercus suber*, *Acer campestris*).

Quand les péridermes se succèdent de plus en plus profondément, les couches de liège sont souvent minces (*Platanus*, *Pinus*). Dans le chêne-liège (*Quercus suber*), les couches internes sont assez épaisses. A la faculté de produire une couche superficielle molle, cet arbre ajoute celle de la renouveler en profondeur. Pour activer cette propriété, on arrache, dès la quinzième année, la couche superficielle qui est peu élastique, et forme le *liège mâle*. A une faible profondeur, il se fait une deuxième couche de liège élastique ou *liège femelle*. Elle s'accroît vite, et on l'arrache au bout de dix ou douze ans, quand elle atteint 3 centimètres d'épaisseur ; il s'en fait une troisième et ainsi de suite. Quand on laisse adhérer le liège femelle, il peut atteindre une épaisseur de 15 à 17 centimètres.

Caractères du liber secondaire. — Il se compose toujours de parenchyme et de tubes criblés ; on y trouve souvent des fibres libériennes de sclérenchyme, et des éléments sécréteurs. La disposition du parenchyme et des tubes est irrégulière, chez les *Dicotylédones* ligneuses. Les fibres peuvent manquer. D'ordinaire, quand elles existent, elles forment des couches concentriques, interrompues par les rayons.

Le liber secondaire renferme, assez souvent, des cellules à cristaux localisées dans les rayons (*Vitis, Tilia, Ficus, Lonicera*). Elles manquent parfois complètement (*Fraxinus, Syringa, Cornus, Sorbus*). Dans les plantes à latex, les éléments laticifères s'associent aux tubes criblés, et en suivent le trajet. Le liber possède, souvent aussi, des canaux sécréteurs. Tel qu'il est constitué, le liber secondaire subit une pression due au fonctionnement de l'assise génératrice, il s'écrase, et se transforme en minces feuillets et en filets étroits. Aussi, au bout de quelques années, le liber ne forme-t-il qu'une couche mince très faible par rapport à celle du bois, et dont il n'est guère possible de distinguer les couches annuelles.

Caractères du bois secondaire. — L'épaisseur de la couche annuelle varie suivant les conditions de végétation, elle croît d'abord avec les années jusqu'à un maximum, puis diminue de nouveau.

Le bois renferme des vaisseaux, du parenchyme ligneux, du sclérenchyme, et quelquefois des éléments sécréteurs, ceux-ci beaucoup plus rares que dans le liber.

Quand le bois de printemps et le bois d'automne sont formés de tissus différents, il en résulte une démarcation nette entre les couches annuelles successives. Cette différence n'a pas toujours lieu et c'est dans un autre phénomène qu'on trouve la cause de la délimitation des couches ligneuses. On la trouve dans une diminution progressive du diamètre radial des éléments, c'est-à-dire dans un aplatissement tangentiel, à mesure qu'il s'avance vers la limite externe du bois d'automne. Le plus souvent, on constate un aplatissement et un épaississement de la membrane. La cause de l'aplatissement réside dans la pression croissante exercée sur le bois par l'écorce résistante. Le double phénomène est souvent assez intense, pour que les vaisseaux d'automne aient le quart du diamètre des vaisseaux de printemps, et une membrane deux fois plus épaisse. L'aplatissement peut n'avoir pas lieu (*Cytisus*), ou n'être pas accompagné d'épaississement (*Betula, Alnus, Populus, Salix, Sambucus*). La différence des deux bois est facile à saisir à l'œil nu, si au diamètre plus grand s'ajoute la différence entre les épaisseurs des membranes (*Quercus, Fagus, Castanea, Fraxinus*). Quand elles n'atteignent pas un haut degré, la distinction est difficile à saisir, même au microscope (*Olea*), et elle peut s'effacer tout à fait (*Araucaria, Opuntia, Pipéracées*).

Aubier et cœur. — A mesure que de nouvelles couches de bois secondaire se déposent à l'extérieur des anciennes, celles-ci acquièrent, en vieillissant, des propriétés nouvelles, et le bois se divise en deux parties d'aspect différent, qui sont l'*aubier* et le *cœur*.

L'*aubier* est le bois jeune provenant de la différenciation du méristème, sa couleur est blanchâtre ou jaunâtre. Chez quelques arbres (*Buxus, Betula,*

Acer), il conserve cette couleur et ce caractère primitif. Mais, plus souvent, des propriétés physiques différentes apparaissent, indiquant une altération qui peut aller jusqu'à la destruction. La couleur se fonce, la densité, la dureté augmentent, le bois perd de l'eau, il est devenu *cœur*. Sa structure n'est pas changée, mais le parenchyme est dépourvu d'amidon, et les membranes s'incrustent de substances hydro-carbonées, de matières colorantes, de silice (*Tectona*), ou se transforment en résines (*Pinus, Picea*).

Tissus tertiaires. — Une assise de cellules appartenant aux tissus secondaires peut redevenir génératrice, après avoir fonctionné pendant un certain temps, et donner un méristème tertiaire, dont la différenciation produira des *tissus tertiaires*.

Ainsi, quand le périderme, parvenu à la limite interne du liber primaire, a épuisé son activité, le périderme suivant se fait aux dépens du cloisonnement d'une assise de parenchyme de liber secondaire ; il est dès lors tertiaire, et tous les nouveaux péridermes le seront aussi.

Il peut se former, aux dépens du phelloderme appartenant au premier périderme, une assise génératrice produisant des faisceaux libéroligneux tertiaires.

Anomalies de la structure secondaire. — Quand, le long de certaines lignes longitudinales, le bois se développe plus que dans les intervalles de ces lignes, il en résulte des proéminences en forme de côtes de plus en plus saillantes. Alors, ou le liber conserve partout son activité faible et la tige prend la forme cannelée ou rubanée (*Cassia, Piper, Bauhinia, Ononis spinosa*), ou le liber devient plus actif dans les lignes où l'activité du bois se ralentit et la tige peut conserver sa forme cylindrique (*Bignoniacées*).

Chez les *Strychnos*, l'assise génératrice cesse de donner du bois, et forme une quantité plus grande de liber ; la forme est d'abord cannelée, mais bientôt le fonctionnement de l'assise génératrice cesse dans les cannelures, et les arcs générateurs voisins continuant à se segmenter, se rejoignent au-dessus des masses de liber, à travers le péricycle, en une assise de bois continue. Les faisceaux libériens sont donc inclus dans le bois. Ailleurs, la réunion a lieu, non plus à travers le péricycle, mais à travers la moelle (*Sapindacées*).

L'anomalie de structure consiste, plus fréquemment, dans la formation d'assises génératrices libéro-ligneuses surnuméraires, ajoutant leurs produits à ceux de la première. Cette assise surnuméraire peut se trouver dans l'écorce (*Ménispermées*) ; dans le péricycle (*Chénopodiacées, Amarantacées*) ; dans la moelle (*Rumex, Rheum, Acanthus, Campanula,* quelques *Bignoniacées*) ; dans le phelloderme (*Dracæna, Aloe, Yucca*) ; dans le bois ou le liber secondaire (*Bauhinia, Wistaria*).

Toutes ces anomalies sont fréquentes dans les lianes, mais on ne peut les attribuer au mode de végétation, puisqu'on les retrouve dans des espèces qui ne sont nullement grimpantes.

Origine de la structure. — A l'extrémité supérieure de la tige, les tissus se confondent en un méristème analogue à celui de la racine, mais les tissus différenciés sont produits vers le bas, à l'inverse de ce qui a lieu dans la racine.

Le méristème résulte du cloisonnement répété d'une seule cellule, ou d'un groupe de cellules qui demeurent toujours extérieures et supérieures aux segments qu'elles découpent. Leur face supérieure reste libre au sommet même de la tige.

Cas d'une cellule mère unique. — Ce cas est celui

des *Muscinées* et de la plupart des *Cryptogames vas-culaires*. La cellule mère a généralement la forme d'un cône, et donne deux séries rectilignes de cellules semi-circulaires. Quelquefois elle a la forme d'un tétraèdre à base bombée et tournée vers le haut. Elle donne naissance à trois séries de cellules trian-gulaires superposées. Ces cellules se découpent, à leur tour, en divers sens, et forment un méristème où l'on distingue l'épiderme, l'écorce et le cylindre central. Le mécanisme est le même que dans la ra-cine (Voy. p. 183). Vers la périphérie du cylindre cen-tral, certains amas de cellules d'abord homogènes se différencient en liber et en bois pour devenir des faisceaux libéroligneux.

CAS D'UN GROUPE DE CELLULES MÈRES. — Chez toutes les *Phanérogames* et quelques *Cryptogames vasculaires*, la tige dérive du cloisonnement d'un groupe de cellules mères superposées.

Dans le cas le plus général, ce groupe comprend trois rangs d'*initiales* (Voy. p. 184). Les plus infé-rieures (*plérôme*) produisent le cylindre central ; les moyennes (*périblème*), l'écorce ; les supérieures (*der-matogène*), l'épiderme. Les initiales du cylindre cen-tral se cloisonnent parallèlement à la base et aux côtés ; les initiales de l'écorce et de l'épiderme ne se cloisonnent que latéralement.

Chez beaucoup de Monocotylédones, le groupe des cellules mères ne comprend que deux rangs d'ini-tiales. Les cellules inférieures constituent le péri-blème et le plérôme, elles donnent l'écorce et le cylindre central.

Origine des branches. — Une branche naît au flanc de la tige comme celle-ci à son sommet, d'une seule cellule pour les *Muscinées* et pour les *Cryptogames vasculaires*, d'un groupe de cellules pour les *Phané-rogames*.

Cryptogames vasculaires. — La cellule unique se cloisonne trois fois obliquement; elle produit une cellule tétraédrique à base courbe, convexe en dehors; c'est la cellule mère de la branche. Ensuite, par trois séries de segments superposés, elle engendre les divers tissus de la branche, par le même procédé que dans la tige mère.

Phanérogames. — Le groupe des cellules mères compte autant d'initiales que le sommet de la tige. L'initiale de l'épiderme produit l'épiderme de la branche, c'est-à-dire que l'épiderme de la tige se continue sur la branche. La cellule corticale ne donne que l'écorce, et l'initiale du cylindre central ne produit que le cylindre central. Les régions constitutives sont donc issues de celles de la tige. Cependant, quand l'écorce, au niveau du bourgeon, comprend plusieurs assises, il peut arriver que la seconde assise corticale fournisse les initiales du cylindre central, et l'origine de celui-ci est indépendante du cylindre central de la tige.

Quand la tige ne compte, à son sommet, que deux sortes d'initiales, c'est l'écorce qui fournit l'initiale commune à l'écorce et au cylindre central, et l'épiderme de la tige fournit encore celui de la branche.

Insertion des branches. — Le raccordement des faisceaux de la tige et de ceux d'une branche a lieu, sur le cylindre central, au nœud même, ou à plusieurs entre-nœuds au-dessous, quelquefois aussi sur les faisceaux de la feuille après leur sortie du cylindre central.

Dans ce dernier cas, les faisceaux de la branche s'unissent à ceux de la feuille mère après la sortie du cylindre central et, pendant qu'ils traversent l'écorce, la jonction de la tige et de la branche se fait par l'intermédiaire de la base de la feuille.

Quand le raccordement doit se faire au nœud, les faisceaux de la branche se réunissent en petit nombre à sa base, traversent l'écorce de la tige, et s'unissent aux faisceaux que bordent les vides laissés par la sortie des faisceaux foliaires.

Si le raccordement se fait au-dessous du nœud, les faisceaux du rameau, parvenus dans le cylindre central descendent avec les faisceaux foliaires durant un ou deux entre-nœuds. Sur la coupe transversale, on voit, outre les faisceaux caulinaires et foliaires, des faisceaux destinés à des branches placées au-dessus.

Quand les faisceaux de la tige sont fusionnés en une colonne libéroligneuse axile, les faisceaux de la branche, unis en un étroit cordon central, s'appliquent sur la surface de la colonne, au-dessus du point de départ du faisceau de la feuille mère.

Origine des racines. — RACINE TERMINALE. — Elle naît dans la tige, aussitôt que celle-ci est constituée, au cours du développement de l'œuf en embryon (Voy. II° partie).

RACINES LATÉRALES. — Elles sont toujours endogènes et prennent naissance, comme les radicelles, dans la racine terminale (Voy. p. 186 et suiv.).

Chez les *Phanérogames*, elles se montrent plus ou moins près du sommet, et naissent d'un groupe de cellules du péricycle. Il se forme une plage rhizogène dont les cellules grandissent radialement, et se cloisonnent tangentiellement. Cette cloison sépare en dedans le cylindre central. Une seconde cloison tangentielle sépare en dehors l'épiderme par son assise externe.

L'accroissement a lieu ensuite par initiales comme dans les radicelles.

Chez les *Cryptogames vasculaires*, la racine naît d'une cellule rhizogène de l'assise la plus interne de l'écorce, elle forme par cloisonnement quatre cellules, dont une, tétraédrique, est l'initiale. Elle se segmente comme l'initiale d'une radicelle.

La sortie des racines latérales s'opère comme celle des radicelles. Il y a ou non formation d'une poche digestive d'origine sus-endodermique (*Cryptogames vasculaires*) ou endodermique (*Phanérogames*). Les remarques faites pour la coiffe des radicelles s'appliquent ici encore.

RACINES GEMMAIRES. — Elles sont exogènes. Chez tous les végétaux, l'épiderme du bourgeon donne celui de la racine, l'assise corticale externe fournit l'initiale de l'écorce de la racine, et l'assise corticale interne produit l'initiale du cylindre central.

Les *Equisetum* n'ont de racines latérales que les racines gemmaires, et la cellule périphérique du bourgeon est l'initiale de la racine.

Insertion des racines. — RACINE TERMINALE. — Dans le premier âge, les surfaces basilaires de la racine et de la tige se continuent. La racine terminale est exogène. Si l'on suit l'épiderme de la tige, sa surface est dure, lisse et blanche, celle de la racine est molle et grisâtre. Le plan qui sépare ces deux surfaces est le *collet*. Mais l'écorce de la racine est prolongée par celle de la tige, ainsi que l'endoderme et le conjonctif. Les faisceaux distincts de la racine deviennent des faisceaux libéroligneux de trois manières.

I. — Les faisceaux libériens de la racine se continuent avec ceux de la tige. Au voisinage du collet, les faisceaux ligneux multiplient leurs vaisseaux, et se dédoublent radialement, une moitié s'incline à droite, l'autre à gauche, elles vont s'unir, deux par deux, en dedans des faisceaux libériens, et forment le bois du faisceau libéroligneux. En même temps, chaque demi-faisceau ligneux se tord de 180°, ce qui amène en dedans la pointe d'abord tournée en dehors. Les rayons médullaires s'élargissent, et chacun d'eux correspond à deux rayons de la racine. Il y a ainsi dans la tige autant de faisceaux libéroligneux qu'il y avait de faisceaux libériens dans la racine.

II. — Les faisceaux libériens se dédoublent et leurs moitiés vont au devant des deux moitiés ligneuses. Il y a alors dans la tige deux fois autant de faisceaux collatéraux que de faisceaux libériens dans la racine.

III. — Les faisceaux ligneux se tordent de 180° sur place, et les faisceaux libériens seuls dédoublés s'unissent à eux en dehors.

S'il n'y a pas de croissance intercalaire, le plan de raccordement est au collet, et il y a un collet interne. Si la croissance intercalaire a lieu dans la tige, le raccordement s'étire vers le haut, et vers le bas si la croissance a lieu dans la racine. Si les croissances sont simultanées, le déplacement commence au-dessous de la limite, et n'est actif que dans le premier, entre-nœud. Au milieu de ces variations internes, le collet ne change pas, puisqu'il passe toujours par un point où, à une cellule simple, dernier élément de l'épiderme de la tige, succède une cellule dédoublée par cloisonnement tangentiel, élément épidermique de la racine. En outre, quand la croissance de la racine est commencée, la première cellule épidermique externe s'exfolie avec la coiffe, d'où résulte qu'il faut descendre d'un degré si l'on passe de la surface de la tige à celle de la racine.

Racines latérales. — Trois modes d'insertion comme pour la racine terminale.

I. — La plage rhizogène est en rapport avec un rayon médullaire. La racine s'y superpose, aux faisceaux libéroligneux voisins, et s'insère directement sur eux.

II. — Si le rayon médullaire est très large, la plage

rhizogène est voisine d'un faisceau sur lequel la racine s'insère obliquement. Deux racines peuvent être en rapport avec le même rayon.

III. — Le groupe de cellules rhizogènes se superpose au liber d'un faisceau, la racine s'insère alors indirectement sur les faisceaux. Dans les péricycles, quelques minces vaisseaux se différencient. Ils constituent un réseau qui couvre la périphérie du cylindre central se reliant d'une part aux faisceaux libéroligneux de la tige, et de l'autre à ceux de la racine. Les rapports des faisceaux de la tige et de la racine s'établissent par son intermédiaire ; ce mode est plus fréquent chez les *Monocotylédones* que chez les *Dicotylédones.*

RACINES GEMMAIRES. — On a vu précédemment leur mode d'insertion (Voy. p. 226).

Tige des mousses. — Il n'y a ni bois ni liber. La structure différenciée montre une zone externe et un massif interne, sans limites nettes. Les cellules de la zone externe sont à membranes épaissies et colorées ; les assises de la zone externe, à cellules plus étroites, et souvent prolongées par des poils absorbants, constituent un épiderme rudimentaire. Le massif central est composé de cellules minces, incolores, ou peu colorées.

Parfois, il se forme, plus tard, au milieu de ce parenchyme, un cylindre axile à cellules étroites et à parois minces, qui est une stèle primitive (*Fumaria, Bryum, Mnium*). Dans les *Polytrichum*, les cellules de la stèle épaississent fortement leurs parois. Ailleurs, on voit des faisceaux de cellules grêles, analogues à celles de la stèle, descendre de la base des feuilles et, traversant le parenchyme externe, venir se confondre avec la stèle. Ce sont des rudiments de faisceaux foliaires.

Comparaison de la tige et de la racine. — Nous

résumons dans le tableau suivant les caractères morphologiques et anatomiques de la tige et de la racine :

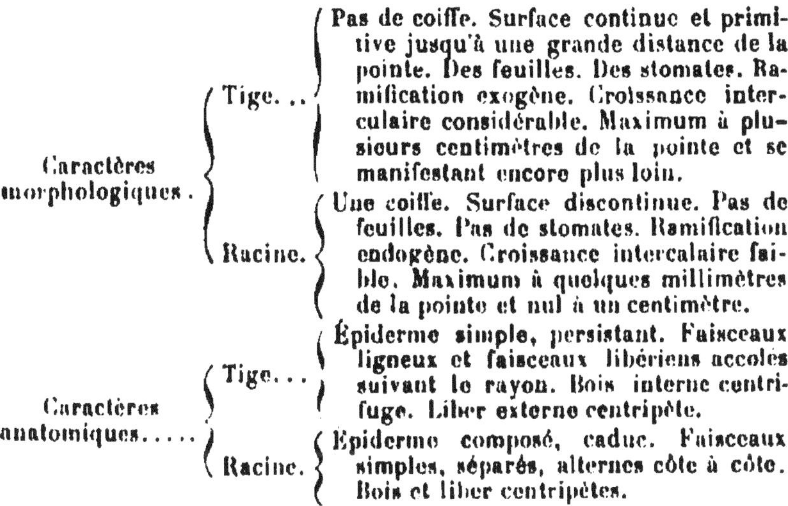

Caractères morphologiques.

Tige... — Pas de coiffe. Surface continue et primitive jusqu'à une grande distance de la pointe. Des feuilles. Des stomates. Ramification exogène. Croissance interculaire considérable. Maximum à plusieurs centimètres de la pointe et se manifestant encore plus loin.

Racine. — Une coiffe. Surface discontinue. Pas de feuilles. Pas de stomates. Ramification endogène. Croissance intercalaire faible. Maximum à quelques millimètres de la pointe et nul à un centimètre.

Caractères anatomiques.....

Tige... — Épiderme simple, persistant. Faisceaux ligneux et faisceaux libériens accolés suivant le rayon. Bois interne centrifuge. Liber externe centripète.

Racine. — Épiderme composé, caduc. Faisceaux simples, séparés, alternes côte à côte. Bois et liber centripètes.

CHAPITRE V

FEUILLE.

Morphologie. — La feuille est un membre porté par la tige au nœud. Elle est ordinairement aplatie perpendiculairement à l'axe de la tige. Elle n'est divisible en deux moitiés similaires que par un seul plan passant par l'axe de la tige, elle est donc *bilatérale*. Son côté inférieur, externe ou dorsal, diffère de son côté supérieur, interne ou ventral ; elle est donc aussi dorsiventrale.

Parties constitutives. — Dans une feuille complète on observe trois régions : 1° une base dilatée par laquelle elle s'attache au pourtour du nœud, c'est la *gaine g ;* 2° un prolongement grêle, le *pétiole, pt ;* 3° une lame verte, aplatie, le *limbe, l* (fig. 33).

Une feuille qui possède ces trois parties, est dite *pétiolée engainante* (*Arum dracunculus*) ; quand la gaine manque, **la** feuille est *pétiolée* (*Fagus*, *Quercus*, etc.); quand c'est le pétiole qui manque, la

Fig. 33. — Feuille complète.

feuille est *engainante* (*Graminées*). Quelquefois, le pétiole et la gaine manquent, la feuille est *sessile* (*Lilium*).

Gaine. — Elle est d'autant plus large et plus haute, que le limbe est plus grand. Quand ses deux bords se touchent, elle forme un tube complet, et elle est dite *entière*. Ce cas est assez rare et la gaine est *fendue*, c'est-à-dire que ses deux bords sont libres. Quand la circonférence de la tige est complètement entourée par une gaine bien développée, la feuille est *amplexicaule* ; lorsqu'une partie seulement de la circonférence est circonscrite, la feuille est *semi-amplexicaule*. Fréquemment, des organes annexes plus ou moins développés et d'apparence foliacée surmontent la gaine ou s'y substituent. Ce sont les *Stipules*. Chez les Graminées, au point où le limbe se sépare de la gaine, on observe une membrane mince, la *ligule*.

Pétiole. — Ses dimensions dépendent de celles du limbe qu'il doit soutenir. Sa face inférieure est généralement arrondie, et sa face supérieure plane ou creusée en gouttière.

Il peut s'aplatir dans le même plan que le limbe, ou perpendiculairement à ce plan. Dans quelques plantes aquatiques, il se renfle à la base en une masse ovoïde creuse, qui sert de flotteur.

L'insertion du pétiole sur la tige se fait par l'intermédiaire d'un renflement, le *coussinet*, qu'un tissu spécial sépare de la base pétiolaire. C'est ce tissu qui produit la chute de la feuille, en se détruisant. Lorsqu'il apparaît lentement ou pas du tout, la feuille est persistante ; quelques feuilles, tout en se desséchant, restent fixées sur le support, elles se détruisent lentement et ne tombent que lorsque la plante est âgée ; ce sont les feuilles *marcescentes*.

D'ordinaire, le pétiole est en continuation directe avec le limbe et ses divisions (*feuilles simples*). Ailleurs des coussinets pétiolaires, dans lesquels se développe un tissu intercalaire, séparent les divisions de la feuille et chacune d'elles se comporte comme une feuille caduque ; la feuille est dite *composée* et son pétiole principal est appelé *rachis*.

Le pétiole s'étale parfois en une lame, le *phyllode*, qui prend l'aspect d'une feuille. En général, la lame ainsi formée est disposée verticalement et ses faces sont latérales, ce qui le distingue de la feuille vraie.

A cette *phyllodination* du pétiole correspond une disparition totale ou non du limbe.

Limbe. — Le limbe, généralement aplati dans un plan perpendiculaire à l'axe de la tige, est souvent très mince, mais, dans certains végétaux, il s'épaissit jusqu'à devenir cylindrique. Quelle que soit sa forme, toujours très variable, il présente deux côtés, un sommet, et deux faces. On remarque dans le limbe des côtes faisant saillie sur la face inférieure, ce sont des ramifications du pétiole, on les nomme *nervures*. Elles forment, par leurs divisions et leurs anastomoses, un fin réseau, dont les mailles sont remplies par une couche molle et verte, le *parenchyme foliaire*.

La disposition des principales nervures du limbe est la *nervation* de la feuille.

Fig. 34. — Feuille uninerviée.

Le cas le plus simple est celui d'une nervure unique, médiane, non ramifiée ; c'est la nervation simple ou *uninerve* (*Pinus*, fig. 34, *Abies*, *Equisetum*, *Muscinées*).

Quand le nervure médiane, en se ramifiant, forme de chaque côté des nervures secondaires qui s'amincissent, la nervation est *pennée* et la feuille *penninerve* (*Fagus*, fig. 35, *Corylus*).

La nervation est *palmée* et la feuille *palminerve*,

quand le pétiole s'épanouit en nervures divergentes, dont la plus grande est médiane (*Acer platanoïdes*). Il arrive, quand les nervures sont très nombreuses, que les plus petites viennent en avant du pétiole et que le limbe forme deux oreillettes (*Hydrocotyle*, fig. 36), parfois ces oreillettes se réunissent et le pétiole s'in-

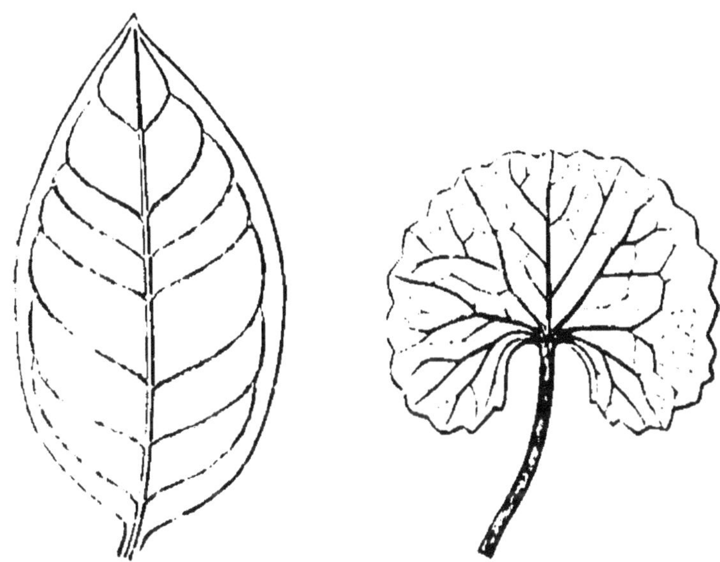

Fig. 35. — Feuille penninerve.   Fig. 36. — Feuille d'*Hydrocotyle*.

sère perpendiculairement, et excentriquement au limbe. Cette disposition est *peltée* et les feuilles sont *peltinerves* (*Tropæolum*).

Quand toutes les nervures sont, de la base au sommet, parallèles à la nervure médiane, elles restent droites (*rectinerves*, fig. 37), ou arquées (*curvinerves*), c'est le cas de beaucoup de *Monocotylédones*.

Dans les plantes herbacées, le parenchyme foliaire est identique sur les deux faces ; dans les arbres, la face inférieure est molle, terne, d'un vert pâle ou blanchâtre, la face supérieure est claire, luisante et d'un vert foncé. Dans les plantes à feuilles épaisses (*Sempervivum*), le parenchyme est très épais et masque les nervures, le limbe prend un aspect massif dénué de saillies. Il est le plus souvent continu. Parfois il se perfore, soit parce que le parenchyme ne se développe pas dans le réseau des nervures, soit parce qu'il s'y fait des déchirures qui vont s'agrandissant (*Chamærops, Phœnix*).

Ramification. — La feuille se ramifie soit dans son pétiole, soit dans son limbe.

PÉTIOLE. — Quand le pétiole produit de chaque côté une série de pétioles secondaires terminés chacun par un limbe, la feuille est *composée* et chaque pétiole, avec son limbe, constitue une *foliole*. Il peut se former des pétioles tertiaires, quaternaires et la feuille devient de plus en plus composée. Les limbes partiels sont d'autant plus petits que la feuille est plus composée. Quand la ramification est très abondante, les limbes se réduisent à un léger aplatissement du bout des derniers pétioles et la feuille n'est plus, en réalité, qu'un pétiole indéfiniment ramifié.

La ramification composée est *pennée* quand les pétioles secondaires s'échelonnent le long du pétiole primaire.

Fig. 37. — Feuille rectinerve.

Les folioles sont alors opposées deux à deux (*Robinia, Fraxinus*), ou alternes (*Fougères*). Le nombre des folioles descend quelquefois à deux (*Phaseolus*); quand les pétioles secondaires divergent en décroissant à droite et à gauche du pétiole primaire, la feuille est *palmée* (*Æsculus*). Dans le *Trifolium*, le nombre de folioles s'abaisse à trois.

Quelquefois, au sommet du pétiole primaire, le limbe avorte, et la terminaison de ce pétiole est une pointe située au-dessus de la dernière paire de folioles (*Acacia*).

LIMBE. — Le limbe peut se ramifier dans son plan. Il se forme alors des découpures du parenchyme entre les nervures. Autour des sommets des nervures, des dents aiguës peuvent apparaître et la feuille est dentée (*Castanea*, fig. 38). Si les découpures arrivent à peu près au premier tiers de l'intervalle qui sépare la nervure médiane du bord du limbe, la feuille est *lobée* (*Quercus*). Si les découpures parviennent au second tiers de ce même intervalle, le limbe est *partite* ou *fide*; si elle atteint la nervure principale, le limbe est découpé ou *séqué*. Le mode de ramification du limbe et des nervures est ordinairement désigné par un seul mot. On observe alors des feuilles *pennidentées*, *palmatisequées*, *palmatipartites*, etc.

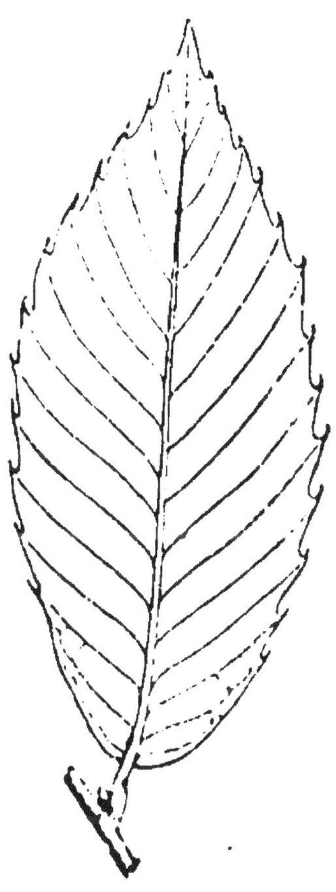

Fig. 38. — Feuille dentée.

Croissance. — On distingue, pour la feuille, une croissance terminale ou allongement et une croissance intercalaire.

ALLONGEMENT. — Il s'effectue par le sommet, où de nouvelles cellules s'ajoutent aux anciennes. L'allongement peut se poursuivre très longtemps (beaucoup de *Fougères*), mais il est généralement de courte durée.

CROISSANCE INTERCALAIRE. — Elle est très puissante et peut s'opérer en tous les points, et alors les parties nouvelles ont, toutes le même âge (accroissement *simultané*) ; ou bien elle se localise dans une zone et les parties les plus jeunes sont les plus rapprochées de cette zone (accroissement *successif*). Si la zone de croissance est voisine de la base du limbe, l'âge des régions décroît du sommet à la base ; la croissance est *basipète*. Si elle est voisine du sommet, c'est l'inverse qui se produit, la croissance est *basifuge*.

La croissance est simultanée, surtout chez les *Palmiers*. La croissance successive est plus répandue, le mode basifuge et le mode basipète sont aussi fréquents l'un que l'autre. Chez les *Composées*, la région de croissance occupe le milieu de la feuille, les régions se succèdent par rang d'âge décroissant du sommet à la base sur la moitié supérieure et de la base au sommet dans la seconde moitié. Ce mode est dit *mixte* (*Achillea, Taraxacum, Anthemis, Centaurea*).

CONCRESCENCE. — On dit que deux feuilles sont con-*crescentes*, lorsqu'elles se soudent entre elles par leurs bords et qu'il y a entre les parties soudées une croissance intercalaire commune. C'est ce qui arrive par exemple quand les bords de la gaine se soudent, de manière à former un tube complet.

La concrescence peut s'opérer entre des feuilles insérées côte à côte, entre les stipules, entre les gaines, entre les limbes. La feuille peut aussi s'unir à la tige ou à la branche qu'elle produit à son aisselle. Les deux membres se séparent à une certaine distance du nœud, et la feuille semble insérée sur la branche axillaire, ou sur la tige, au-dessus de son insertion vraie. Elle semble alors déplacée et la distance entre les insertions vraies et apparentes mesure la durée de la concrescence.

Cladodes. — Parfois, la feuille s'unit en même temps à la branche qui la porte, et au rameau né à son aisselle. Il en résulte des organes aplatis, offrant sur leur bord de petites dents qui sont les extrémités libres des feuilles. A leur base se montrent les bourgeons terminaux des rameaux concrescents. Ces organes sont des *cladodes*.

Phyllotaxie. — Les feuilles se disposent de deux façons sur la tige : tantôt isolées à chaque nœud (*Pinus, Fagus*), tantôt verticillées (Voy. p. 30).

La disposition des feuilles entraîne celle des branches qui naissent à leur aisselle et cette disposition détermine le port de la plante.

La valeur de l'angle de divergence (Voy. p. 32) est constante sur une assez grande région de la tige. On la compte suivant le plus court chemin d'une feuille à l'autre. La disposition distique et la disposition tristique sont très répandues (*Graminées, Fagus, Ulmus, Vitis, Tilia, Alnus, Betula*) ; la disposition quinconciale ne l'est pas moins (*Quercus, Pirus,* etc.) ; les dispositions tétrastiques et pentastiques sont plus rares.

Les divergences $\frac{3}{8}, \frac{5}{13}, \frac{8}{21}, \frac{13}{14}$, sont assez communes (1).

La distance des feuilles verticillées est constante. Deux verticilles successifs ne sont pas forcément superposés.

Dans le cas le plus simple, où il n'y a que deux feuilles par verticille, et qu'elles sont diamétralement opposées, la divergence d'un verticille au

---

(1) Ces dispositions ont été étudiées chap. i, p. 111, on ne fait ici que signaler leur présence.

suivant est $\frac{1}{4}$, les feuilles se croisent par paires, elles sont dites *opposées décussées*.

Quand il y a plus de deux feuilles au verticille, la divergence d'un verticille au suivant est la moitié de celle qui existe à l'intérieur même du verticille. Ceux-ci se superposent de deux en deux et on dit qu'ils sont alternes. Mais il peut arriver que la divergence des divers groupes foliaires ne soit pas la moitié de la divergence de l'intérieur du groupe, et que les verticilles se superposent de trois en trois, de cinq en cinq, etc.

La disposition des feuilles subit des changements plus ou moins accentués en passant d'une branche à une autre. Parfois, les feuilles sont verticillées à la base de la tige, puis isolées aux entre-nœuds supérieurs, et de nouveau verticillées au sommet. L'angle de divergence peut varier à des niveaux différents.

On observe, souvent, un changement de divergence de la tige aux branches. Lorsqu'en passant d'un rameau à l'autre la divergence conserve sa valeur, la disposition est *longitudinale*, mais ce cas est assez rare et il y a souvent une divergence de passage (Voy. 38). Dans la disposition distique, par exemple, la divergence de passage peut être $\frac{1}{4}$, on dit que la disposition est *transversale*. Au passage, la divergence des feuilles se compte soit dans le même sens (*homodromie*), soit en sens contraire (*antidromie*) de celui de la tige.

Enfin on représente de diverses manières graphiques les modes de disposition des feuilles sur la tige (V. chap. I, p. 39 et suiv.).

Préfoliation. — La *préfoliation* ou *vernation* est l'arrangement des feuilles dans le bourgeon.

Quand la feuille ne se replie d'aucune manière, la préfoliation est *plane* (*Syringa*, *Fraxinus*); quand elle se plie dans sa longueur, les deux moitiés s'appliquent exactement l'une sur l'autre, la préfoliation est *condupliquée* (*Fagus*, *Carpinus*, *Quercus*); si c'est la partie supérieure qui s'applique, en se pliant transversalement sur la partie inférieure, il y a préfoliation *réclinée* (*Aconitum*). On distingue encore les préfoliations suivantes : *plissée*, quand la feuille prend la forme d'un éventail (*Chamærops*, *Acer*, *Vitis*, *Betula*); *involutée*, quand les deux moitiés sont roulées en dedans (*Populus*, *Sambucus*); *révolutée*, si elles sont roulées en dehors (*Nerium oleander*); *convolutée*, quand les feuilles s'enroulent en cornet (*Prunus*); *circinée*, si elles s'enroulent en crosse (*Fougères*).

Lorsque les feuilles se touchent par leurs bords sans se toucher, la préfoliation est *valvaire* (*Malva*); *imbriquée*, si les feuilles externes couvrent les feuilles internes (*Laurus*, *Syringa*, *Fraxinus*); *équitante*, si chaque feuille condupliquée embrasse entre ses moitiés les feuilles internes (*Iris*); *semi-équitante*, si chaque pli d'une feuille condupliquée reçoit la moitié d'une autre feuille pliée de la même manière (*Dianthus*, *Salvia*, *Scabiosa*).

Chaque bourgeon est généralement pourvu d'une enveloppe protectrice, la *pérule*, recouverte d'une matière gommeuse ou résineuse, la *blastocolle*, ou doublée intérieurement d'un duvet. La pérule est formée d'écailles, qui sont des feuilles imparfaites (*Syringa*), des stipules déformées (*Quercus*, *Fagus*), ou des stipules soudées latéralement à la base du pétiole et modifiées (*Rosa*).

Modifications. — Les feuilles souterraines ou submergées ont des formes différentes. Sur un rhizome, on observe des écailles incolores sans gaine et sans pétiole (*Cynodon, Polygonatum*, etc.). Elles peuvent dériver du limbe (*Labiées, Scrofularinées*), ou de la gaine (*Saxifraga, Anemone*), mais jamais du pétiole. Souvent les feuilles submergées se réduisent à des nervures, entre lesquelles le parenchyme ne s'est pas développé (*Ranunculus fluviatilis*).

Mais il arrive aussi qu'une plante tout entière aérienne offre des feuilles de diverses formes, suivant la région de la tige que l'on considère. Toutes les plantes à feuilles caduques ont leur bourgeon recouvert de feuilles rudimentaires non pétiolées, colorées en brun, et soudées entre elles par une matière résineuse ou gommeuse ; ce sont les feuilles *protectrices* ou *écailles*. Le pétiole des écailles n'apparaît jamais, et leur origine est tantôt le limbe (*Syringa*), tantôt la gaine (*Fraxinus, Acer, Cytisus, Prunus*), tantôt les stipules (*Quercus, Fagus, Carpinus*).

Bulbes. — Dans un assez grand nombre de familles, on voit, au bas de la tige, des feuilles rudimentaires, larges, courtes, molles et épaisses, qui emmagasinent des substances nutritives. Elles forment des bulbes et sont appelées feuilles *nourricières*. Il se fait, en général, dans ces feuilles une différenciation. Tantôt ce sont certaines portions de la feuille qui se renflent seules. Il en est ainsi de la base des pétioles primaires et secondaires des feuilles pennées (*Mimosa, Phaseolus*). Tantôt les feuilles proprement dites restent minces, et d'autres s'épaississent, prennent une forme différente et accumulent des matériaux de réserve (cotylédons des *Quercus, Juglans, Faba, Æsculus*).

Chez beaucoup de *Liliacées* et d'*Amaryllidées*, les feuilles du bas de la tige deviennent des écailles, s'épaississent et forment des *bulbes*. Si ces écailles s'épaississent, se recouvrent comme des tuniques, le bulbe est tuniqué (*Tulipa, Allium*) ; si elles s'embriquent, le bulbe est écailleux (*Lilium*). Pendant que la partie interne du bourgeon s'allonge et développe des feuilles vertes, les écailles s'épuisent et se réduisent à des lamelles sèches et brunes. Mais à l'aisselle de la plus jeune se fait un bourgeon, qui devient un bulbe de remplacement pour l'année suivante. A l'aisselle des feuilles normales, le bourgeon épaissit parfois beaucoup ses écailles et forme une *bulbille*, qui se détache souvent, s'enracine et multiplie la plante (divers *Lilium*).

Épines. — La nervure médiane d'une feuille peut se prolonger en *épine*, et les nervures latérales peuvent se modifier toutes de la même manière (*Carduus*, *Agave*, *Ilex*). D'autres fois, la feuille entière devient une épine. Ailleurs, c'est une partie de la feuille, le limbe par exemple (*Avena*, *Triticum*), ou le pétiole (divers *Astragalus*), ou les stipules développées à droite et à gauche du limbe (*Berberis*, *Capparis*, *Robinia*). Si le limbe et les stipules se transforment simultanément en épines, la feuille est représentée par trois pointes.

Vrilles. — Chez d'autres plantes, la feuille devient une *vrille*, qui s'enroule autour des supports et aide le végétal à grimper (*Tropæolum*, *Fumaria*, *Clematis*). Quelquefois, c'est la nervure médiane qui se prolonge seule; ailleurs, c'est la dernière foliole d'une feuille composée pennée (*Pisum*), ou à la fois, la dernière foliole et les deux paires de folioles latérales qui la suivent (*Lathyrus*). Ailleurs, le pétiole porte, à sa base, au-dessus de la gaine, deux vrilles correspondant à deux folioles différenciées (*Smilax*). Dans les Cucurbitacées, c'est la feuille tout entière qui se différencie en vrille simple (*Bryonia*), ou rameuse (*Cucurbita*).

Ascidies. — La différenciation d'une feuille consiste souvent en un développement local particulier, d'où résulte la formation d'une cavité profonde ouverte au dehors par un orifice muni souvent d'un opercule. Cette cavité est une *ascidie*. La forme en est très variable. C'est tantôt celle d'un cornet (*Sarracenica*), tantôt celle d'une cruche (*Nepenthes*), tantôt celle d'une ampoule aplatie latéralement et très renflée sur la face inférieure (*Utricularia*).

Structure. — Il y a à distinguer une structure primaire et une structure secondaire.

STRUCTURE PRIMAIRE. — L'épiderme de la tige se prolonge avec tous ses caractères sur la feuille.

Pétiole. — Le parenchyme du pétiole comprend de larges cellules polyédriques, riches en chloroleucites et laissant entre elles des méats aérifères qui deviennent des canaux dans les plantes aquatiques. Quand l'écorce de la tige est pourvue d'un tissu scléreux, il se prolonge dans le pétiole en gardant ses caractères, mais celui-ci peut posséder des fibres de sclérenchyme, quand la tige en est dépourvue. Dans le parenchyme, sont disposés des faisceaux libéroligneux, de manière à former un arc dont l'ouverture est tournée vers le haut. Le faisceau médian inférieur est le plus développé, les autres diminuent de grandeur de chaque côté, de manière que les plus petits se trouvent placés sur les bords de l'arc.

Le faisceau médian tourne son liber en bas et son bois en haut, les autres sont inclinés de la même façon, et si l'arc se ferme de manière à former un cercle, les faisceaux pétiolaires extrêmes tournent leur liber en haut, et leur bois en bas. L'ensemble des faisceaux libéroligneux n'est donc symétrique que par rapport à un plan vertical coupant en deux moitiés le faisceau médian du pétiole.

L'arc que forment les faisceaux en se fermant sur lui-même enveloppe la région centrale du parenchyme, qui peut alors ressembler à la moelle d'une tige, tandis que les portions qui séparent les faisceaux en figurent les rayons médullaires.

Chaque faisceau libéroligneux de la tige qui pénètre dans le pétiole entraîne avec lui les portions d'endoderme et de péricycle qui lui sont adossées. Si les faisceaux restent séparés dans le pétiole, l'endoderme et le péricycle se replient autour d'eux pour l'envelopper d'une double gaine. Cette structure est dite *astélique*. Si les faisceaux forment en s'unissant, un arc ou un anneau, les fragments d'endoderme et de péricycle se rejoignent de manière à recouvrir l'arc ou l'anneau en entier. Il se forme une sorte de cylindre central du pétiole et la structure est *monostélique*. L'endoderme et le péricycle conservent les caractères qu'ils avaient dans la tige.

La structure des faisceaux est identique dans la tige et dans le pétiole. La présence des tissus sécréteurs peut y faire naître, cependant, quelques différences. La feuille de certains végétaux renferme des poches sécrétrices qui manquent dans la tige et l'on observe que le faisceau libéroligneux d'une feuille de *Pinus*, par exemple, ne renferme pas de canal résinifère, tandis que le bois de la tige en est pourvu.

Limbe. — L'épiderme du limbe présente les mêmes caractères que celui de la tige. Les stomates y sont très nombreux. Si le limbe est étroit, leur fente est longitudinale ; si le limbe est large, la fente est transversale. La face inférieure de la plupart des feuilles est plus riche en stomates que la face supérieure. Parfois, ils se rassemblent en groupes, et ces groupes s'enfoncent au-dessous du niveau général pour former une *crypte stomatifère* (fig. 39).

Les plantes herbacées sont munies de stomates sur les deux faces de leurs feuilles ; les végétaux ligneux n'en portent que sur la face inférieure. Les feuilles immergées en sont dépourvues, et chez les

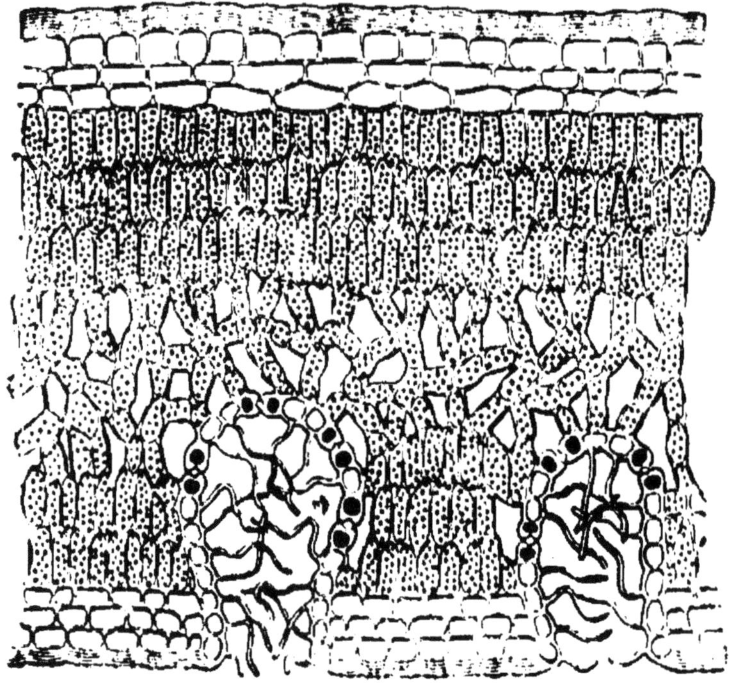

Fig. 30. — Cryptes stomatifères dans une feuille.

espèces qui vivent partie dans l'eau, partie dans l'air, les stomates se montrent exclusivement sur les feuilles aériennes.

L'épiderme du limbe porte fréquemment des poils de formes diverses. Dans le bourgeon, les feuilles en sont constamment couvertes ; ils s'atrophient ou persistent pendant le développement de la feuille.

L'espace compris entre les deux faces de l'épiderme est occupé par le parenchyme qui comble le réseau des nervures. Dans certaines feuilles, le parenchyme est le même sur les deux faces du limbe. Les cellules forment des séries radiales laissant entre elles des méats aérifères étroits. Leur forme est tantôt allongée perpendiculairement à la surface (fig. 39), tantôt aplatie et arrondie. La disposition des méats est d'autant moins régulière qu'on s'éloigne plus de la surface. La région médiane de ce parenchyme est pauvre en chloroleucites.

L'ensemble de ces cellules forme un parenchyme homogène du type centrique.

Le second type est dit *hétérogène*. Le parenchyme est partagé en deux couches de structure différente.

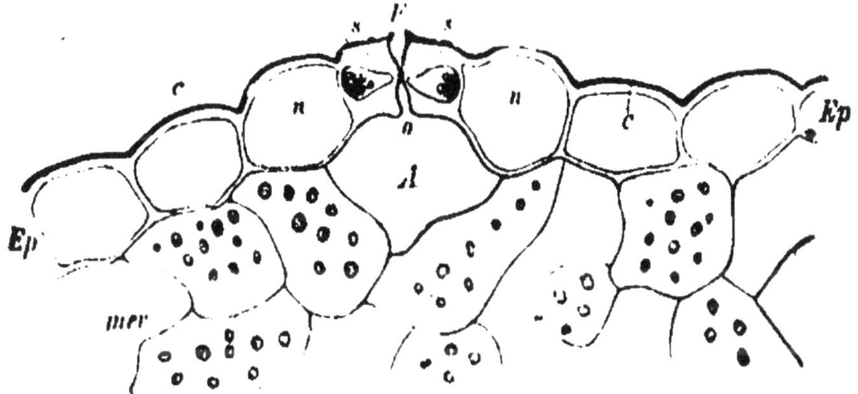

Fig. 40. — Épiderme et tissu lacuneux.

La couche supérieure tournée vers le haut appartient au tissu en palissade (Voy. p. 128). Les cellules étroites et allongées ne laissent pas de méats entre elles. Les couches inférieures sont formées de tissu lacuneux (Voy. p. 128). Les cellules sont irrégulières et laissent entre elles de nombreux méats (fig. 40). Les stomates sont, en ce cas, très nombreux sur la face inférieure, sauf quand la feuille flotte sur l'eau comme dans les *Nymphéacées*.

Les cellules sous-épidermiques deviennent, assez souvent, par différenciation ultérieure, des éléments de sclérenchyme. Ce sclérenchyme continue celui du pétiole, il peut former des faisceaux distincts, ou constituer une couche continue qui ne s'interrompt qu'au niveau des stomates.

L'appareil sécréteur est disposé dans le parenchyme d'une feuille comme dans l'écorce de la tige.

Les nervures qui contiennent le parenchyme ont la structure du pétiole dont elles ne diffèrent que par le nombre des faisceaux. Au-dessus d'elles, l'épiderme se renforce d'une couche scléreuse. Les nervures fines qui résultent de la ramification des premières sont plongées dans le parenchyme, et le faisceau libéroligneux unique qui les constitue tourne son liber vers le bas, et son bois vers le haut. Il est entouré d'un endoderme et d'un péricycle propres. Le faisceau se ramifie et s'amincit de plus en plus en conservant sa structure normale. Mais dans les derniers ramuscules, les tubes criblés disparaissent et ils deviennent uniquement ligneux.

Les faisceaux se terminent, en s'anastomosant avec des rameaux voisins, soit dans la profondeur du parenchyme vert, soit dans l'épiderme, au voisinage d'un stomate aquifère. La gaine, les stipules et la ligule ont la même structure que le limbe.

Structure de la feuille des Muscinées. — La structure de la feuille atteint dans ce groupe sa plus grande simplicité. C'est quelquefois une assise simple de cellules (*Fontinalis*). Souvent, il se forme une nervure médiane qui est formée de plusieurs épaisseurs de cellules, tandis que les deux moitiés du limbe n'ont qu'une assise. Cette nervure médiane est composée de cellules allongées toutes semblables. Mais parfois elle se différencie en un faisceau de cellules minces qui descend dans la tige et vient s'unir au cylindre central (*Splachnum, Voitia*). Ailleurs, le limbe comprend dans toute son étendue plusieurs épaisseurs de cellules (*Leucobryum*). Si l'on fait abstraction de la nervure, le limbe est le plus souvent formé de cellules semblables. Cependant, chez les *Sphagnacées*, on observe de grandes cellules en forme de losange, et des cellules étroites, tubuleuses, formant un réseau dont les mailles sont occupées par les premières cellules. Les cellules étroites sont remplies de chloroleucites, et leur membrane est lisse ; c'est le tissu assimilateur. Les cellules losangiques sont incolores, leur membrane est ponctuée et épaissie. La paroi se résorbe rapidement dans les ponctuations, et les cellules meurent, leurs cavités restant en communication. C'est là une ébauche de tissu vasculaire.

STRUCTURE SECONDAIRE. — Les formations secondaires ne sont jamais assez abondantes pour provoquer un épaississement notable. Elles dérivent, comme dans la tige, de deux zones génératrices concentriques. L'externe appartenant au parenchyme forme un périderme, et du liège, l'interne située dans les faisceaux produit du liber ou du bois secondaires.

Liège. — Dans les écailles des bourgeons de *Conifères* et d'un assez grand nombre d'arbres, l'épiderme est renforcé par une couche plus ou moins épaisse de liège. Le pétiole des grandes feuilles est muni dans toute sa longueur d'une couche de liège de deux à quatre assises superposées. Ce liège prend naissance dans l'une des rangées sous-épidermiques. Il manque toujours dans le limbe.

Liber et bois. — Entre le liber et le bois, les faisceaux libéroligneux du pétiole conservent un arc de cellules parenchymateuses qui devient générateur. Cet arc générateur forme en dedans et en dehors quelques rangées de cellules disposées régulièrement en séries radiales et en arcs concentriques. Les cellules externes se différencient en tubes criblés, les cellules internes en vaisseaux ligneux. Les arcs générateurs des divers faisceaux ne se réunissent généralement pas à travers les rayons qui les séparent en une zone génératrice continue.

Le bois secondaire est mieux développé dans le pétiole que dans le limbe, et il est plus abondant dans les gros faisceaux du pétiole que dans les petits. Dans les cas normaux, le jeu des arcs générateurs est de courte durée, et quand la feuille a atteint sa grandeur définitive, les faisceaux ne s'y épaississent plus. Aussi, le bois secondaire est-il d'autant plus développé que la feuille a une croissance plus lente.

Feuilles caduques. — Le mécanisme de la chute des feuilles est dû le plus souvent à la formation d'une lame transversale de méristème secondaire, vers la base de la feuille.

A une certaine époque, une assise transversale de cellules coupant l'épiderme, le parenchyme conjonctif interne et externe, le parenchyme libérien et ligneux des faisceaux, devient génératrice. Les cellules se cloisonnent à plusieurs reprises et il se forme une lame de méristème dont l'assise moyenne se résorbe. La lame est ainsi divisée en deux feuillets dont les cellules s'arrondissent sur leurs faces libres et s'accroissent les unes vers les autres. L'un des feuillets est entraîné par la chute de la feuille, l'autre tapisse la cicatrice laissée sur la tige. Les éléments morts, fibres, vaisseaux, tubes criblés, demeurent passifs dans ce phénomène. Sous l'influence du poids de la feuille et de la pression, ils se rompent simplement. Le méristème apparaît soit peu de temps avant la chute de la feuille, soit plusieurs mois avant, tout au moins en certaines régions.

La surface de la cicatrice continue parfois celle

de la tige ou s'établit un peu plus haut dans le pétiole, de telle sorte que la base en reste adhérente.

Origine. — La croissance terminale de la feuille s'opère soit par une seule cellule mère (*Muscinées, Cryptogames vasculaires*), soit par un groupe de cellules mères (*Phanérogames*).

Dans le cas des *Muscinées*, la cellule mère a la forme d'un coin et, par des cloisons perpendiculaires à la surface du limbe, découpe à droite et à gauche des segments formant deux séries alternes, qui se cloisonnent ultérieurement.

Dans le cas des Phanérogames, s'il y a deux cellules mères, l'inférieure produit le parenchyme et les nervures, la supérieure donne l'épiderme. S'il y a trois cellules mères, la supérieure et l'inférieure se différencient de la même façon : la moyenne donne le parenchyme.

L'origine de la feuille est toujours exogène, son sommet prend naissance aux dépens de la tige, comme les tissus de la feuille prennent naissance aux dépens du sommet, soit par une seule cellule mère (*Cryptogames*), soit par un groupe de cellules mères (*Phanérogames*). Dans ce dernier cas, il y a constamment une initiale pour l'épiderme, et soit une initiale commune aux faisceaux et au parenchyme, soit deux initiales distinctes.

Insertion sur la tige. — L'épiderme et l'écorce de la tige se poursuivent sur la feuille. Ils forment l'épiderme et le parenchyme foliaires. Quant aux faisceaux, ils présentent deux modes de raccordement : 1° sortis du cylindre central de la tige, ils traversent l'écorce sans se diviser et entrent directement dans la feuille ; 2° passant à travers l'écorce, ils se ramifient ou s'unissent de diverses façons, de manière que la base de la feuille contienne plus ou moins de faisceaux qu'il n'en est sorti du cylindre central. Dans ce dernier cas, si la feuille prend au cylindre central plusieurs faisceaux, ceux-ci s'unissent dans l'écorce par une anastomose en forme d'arc, d'où partent ensuite les faisceaux qui vont à la feuille ; ils sont en même nombre ou en nombre différent (*Viola*, *Platanus*, *Galium*, *Sambucus*, etc.).

CHAPITRE VI

FLEUR.

Morphologie. — La fleur est l'appareil reproducteur des végétaux *Phanérogames* (1). Ce n'est pas à proprement parler un organe nouveau, c'est une différenciation d'un rameau, ou d'une portion de rameau de la tige, dont les feuilles subissent des modifications plus ou moins profondes, en vue d'une nouvelle fonction. La différence entre les nouvelles feuilles et les feuilles normales n'est pas toujours bien nette, et souvent on observe une série de gradations entre la feuille la plus différenciée et la feuille normale.

La fleur peut être une pousse entièrement différenciée, elle est alors nettement limitée par rapport au reste du corps. D'autres fois, elle n'est qu'une partie de la pousse. Alors, ou bien la différenciation est brusque et la limite nette (*Tulipa*, *Papaver*), ou elle s'opère progressivement et on observe toutes les formes de passages entre les feuilles ordinaires et les fleurs florales (*Helleborus*). En ce cas, il est impossible de dire où commence la fleur.

Le rameau de la pousse florale est le *pédicelle*, et son sommet, aplati, arrondi, sphérique, conique ou

____

(1) Les appareils reproducteurs des Cryptogames sont décrits dans l'*Aide-mémoire de Botanique Cryptogamique*. Il n'en sera pas question dans le présent *Aide-mémoire*.

cupuliforme est le *réceptacle*. Le pédicelle porte souvent, latéralement, des feuilles incomplètes ou rudimentaires, les *bractées*. Le bourgeon terminal du pédicelle est une rosette de feuilles différenciées, qui est le *bouton*.

INFLORESCENCE. — La manière dont la plante fleurit, c'est-à-dire le mode suivant lequel les pousses sont distribuées sur le corps, est l'*inflorescence*. Les variations de celle-ci sont nombreuses, mais se rattachent à un certain nombre de types bien définis. Cette étude a déjà été faite (Voy. p. 24 et suiv.), on n'y reviendra pas.

D'une manière normale, la formation d'une fleur à l'extrémité d'un axe arrête la croissance de ce dernier. En tenant compte de ce fait, on divise les inflorescences en deux grandes catégories.

1° Les inflorescences *indéterminées* ou *indéfinies*, dans lesquelles l'axe principal ne porte pas de fleurs à son extrémité : il continue de s'accroître par son sommet, au-dessous duquel se forment de nouveaux rameaux, jusqu'à épuisement complet du développement. Le sommet de l'axe représente le centre de l'inflorescence. On nomme encore *centripètes* les inflorescences indéfinies, pour indiquer que le développement des fleurs débute par la périphérie pour gagner le centre.

2° Les inflorescences *déterminées* ou *définies*, dans lesquelles l'axe principal se termine par une fleur qui en arrête la croissance. On les nomme encore *centrifuges*, pour indiquer que la fleur la plus ancienne est celle qui termine l'axe principal, et que le développement des autres fleurs rayonne du centre vers la circonférence.

Ces deux modes peuvent se combiner entre eux et former des inflorescences *mixtes*.

Les ramifications naissent, dans les inflorescences,

à l'aisselle des feuilles, celles-ci peuvent avorter tout à fait (*Crucifères*). On appelle *involucre* l'ensemble des bractées qui entourent une inflorescence entière.

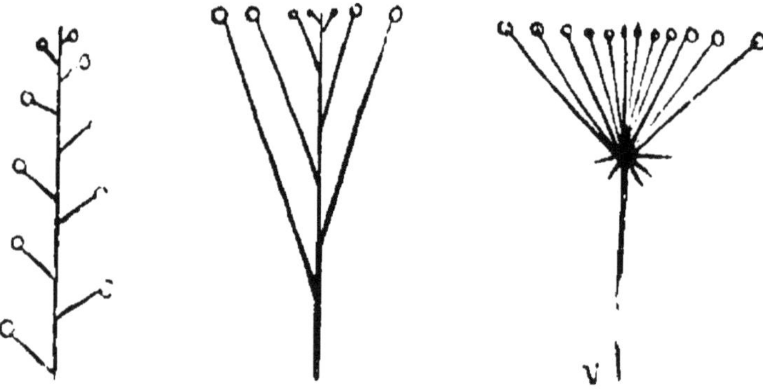

Fig. 41. — Grappe simple. Fig. 42. — Corymbe. Fig. 43. — Ombelle.

Si l'inflorescence est elle-même formée d'inflorescences partielles, pourvues chacune d'un groupe de bractées enveloppantes, celles-ci constituent les *involucelles*. De même qu'on nomme *pédicelle* chaque axe qui se termine par une fleur, on nomme *pédoncule*, le pédicule de premier degré qui porte les pédicelles. Il

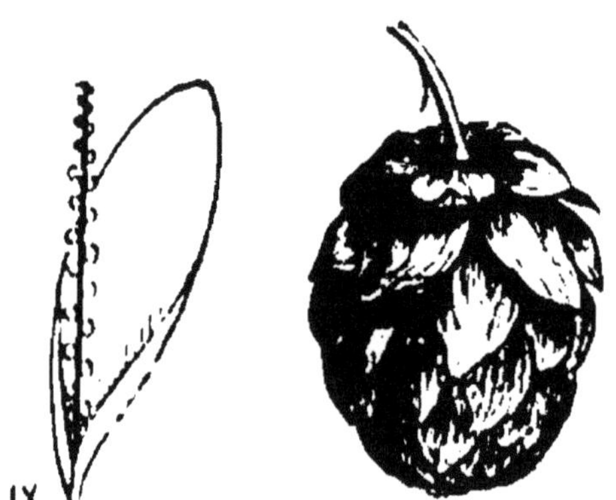

Fig. 44. — Spadice. Fig. 45. — Cône.

peut encore arriver que l'ensemble des fleurs soit protégé avant l'épanouissement par une grande bractée enveloppante, qu'on nomme une *spathe* (*Arum*).

Fleurs pédonculées .... :
- Axes insérés à des niveaux différents.
  - Axes florifères n'atteignant pas le même niveau.
    - Axes de 2e degré portant les fleurs............ *Grappe simple* (fig. 41).
    - Ramification des axes de 2e degré portant les fleurs................ *Grappe composée.*
  - Longueur des axes inégale mais atteignant le même niveau.
    - Axes de 2e degré portant les fleurs............ *Corymbe* (fig. 42).
    - Ramification d'axe du 2e degré portant les fleurs................ *Corymbe composé.*
- Axes insérés au même niveau sur l'axe primitif qui e porte, et atteignant le même niveau.
  - Fleurs sur des axes du 2e degré............ *Ombelle* (fig. 43).
  - Fleurs portées par des axes de 2e degré et formant de pet tes ombelles (ombellules) groupées en une ombelle générale............ *Ombelle composée.*

Axe commun. Fleurs sessiles. (15)
- Inflorescence cylindrique. Fleurs hermaphrodites ou non.
  - Fleurs hermaphrodites rarement unisexuées. Axe primitif non articulé.
    - Pas de spathe.
      - Axe principal portant les fleurs................ *Epi simple.*
      - Ramification de l'axe principal portant les fleurs................ *Epi composé.*
    - Une spathe........................ *Spadice* (fig. 44).
  - Axe principal de l'inflorescence articulés, fleurs unisexuées. *Chaton.*
- Inflorescence cylindrique ou conique.
  - Inflorescence conique composée de fleurs femelles insérées à l'aisselle des bractées spiralées, disposées le long d'un axe commun et se recouvrant partiellement les unes les autres. *Cône* (fig. 45).
- Axe de l'inflorescence, conique, étalé en plateau, ou creusé en urne.
  - Réceptacle commun à surface convexe, concave, plane ou conique, enveloppé d'un involucre de bractées stériles. Fleurs hermaphrodites ou non........................ *Capitule.*
  - Réceptacle commun étalé ou creusé en urne dont la surface supérieure ou les parois internes sont couvertes de fleurs généralement unisexuées........................ *Sycone.*

Inflorescences définies. — Le tableau (p. 253) résume les caractères des inflorescences définies (1).

Inflorescences définies. — L'axe principal de l'inflorescence et tous les autres axes, secondaires, tertiaires, etc., sont terminés par une fleur. Le développement des fleurs est centrifuge. Ce mode de **disposition** des fleurs est la *cyme* (Voy. p. 27), elle est *bipare* ou *unipare*, et dans ce dernier cas, *scorpioïde* ou *hélicoïde*. Le tableau suivant en résume les caractères.

| Cymes.. | Ramification de l'inflorescence formant une suite de fausses dichotomies................. | *Cymes bipares.* |
| | Ramifications de l'inflorescence se faisant d'un seul côté...... | Fleurs formant une spire continue. *Cyme unipare hélicoïde.* Sympode florifère tendant à s'enrouler. *Cyme unipare scorpioïde.* |

Concrescence. — Les bractées, rapprochées en verticille, qui composent les involucres, s'unissent souvent bord à bord par une croissance intercalaire commune, et forment un sac qui enveloppe une ou plusieurs fleurs.

Le pédoncule floral peut se trouver entraîné avec l'entre-nœud supérieur de la tige dans une croissance commune, de manière à ne s'en séparer que plus haut. De même, les pédicelles secondaires peuvent être concrescents avec le pédoncule, et ainsi de suite.

Ailleurs, le pédicelle floral est concrescent avec la feuille ou la bractée à l'aisselle de laquelle il a pris naissance; il semble alors inséré sur la nervure médiane de la feuille, ou sur la bractée (*Tilia*), ou

(1) Les inflorescences des diverses familles sont signalées dans l'*Aide-mémoire de Botanique Phanérogamique*, c'est pourquoi on ne cite ici aucun exemple.

bien c'est la feuille, ou la bractée qui semble insérée sur le pédicelle (*Sedum*).

PARTIES CONSTITUANTES. — La fleur se compose d'un axe ou d'une portion d'axe plus ou moins épaissi, dont les nœuds, très voisins, donnent insertion aux feuilles différenciées. Ces feuilles s'insèrent parfois sur le réceptacle floral (fig. 46, *Re*), suivant une spirale, et la fleur est dite *spiralée* (*Magnolia*). Ailleurs, et plus fréquemment, les feuilles florales s'insèrent par verticilles successifs et la fleur est *verticillée* (*Vinca, Malva,* etc.). Ces deux modes d'insertion peuvent se rencontrer simultanément dans une fleur, qui est alors *mixte*.

La forme du réceptacle est très variable et les rapports de situation des feuilles différenciées varient avec cette forme.

On peut distinguer deux catégories de pièces florales : 1° celles qui ne jouent aucun rôle direct dans la reproduction et n'ont qu'un rôle protecteur : ce sont les *enveloppes* ; 2° celles qui jouent un rôle dans la reproduction : ce sont les *organes mâles* et *femelles*.

Les feuilles protectrices dont l'ensemble forme le *périanthe* sont : 1° les *sépales*, composant le *calice, Ca* ; et 2° les *pétales*, formant la *corolle*. Les organes mâles sont les *étamines*, leur ensemble est l'*androcée* ; les organes femelles sont les *carpelles* ou *feuilles carpellaires*, dont l'ensemble est le *pistil* ou *gynécée* (fig. 46, *Gy*).

Il peut n'y avoir qu'une seule enveloppe florale, ou même pas du tout. Dans le premier cas, la fleur est *monopérianthée*, dans le second cas elle est *nue* ou *apérianthée*.

Une fleur est *hermaphrodite* quand elle possède un gynécée et un androcée fertiles. Si l'un des sexes fait défaut elle est *unisexuée*. Lorsque le même pied d'une plante porte à la fois des fleurs mâles et des fleurs femelles, la plante est *monoïque* ; quand les deux sexes sont portés sur des pieds distincts, la plante est *dioïque*. Enfin, si aux fleurs unisexuées s'entre-mêlent des fleurs hermaphrodites, le végétal est *polygame*.

En règle générale, le calice, la corolle, l'androcée et le pistil sont formés d'un même nombre de pièces, et celles-ci alternent régulièrement d'un rang à l'autre.

Quand toutes les pièces de même nature sont égales entre elles et également distantes, sur un réceptacle normalement conformé, la fleur peut être divisée par un ou plusieurs plans en parties sem-

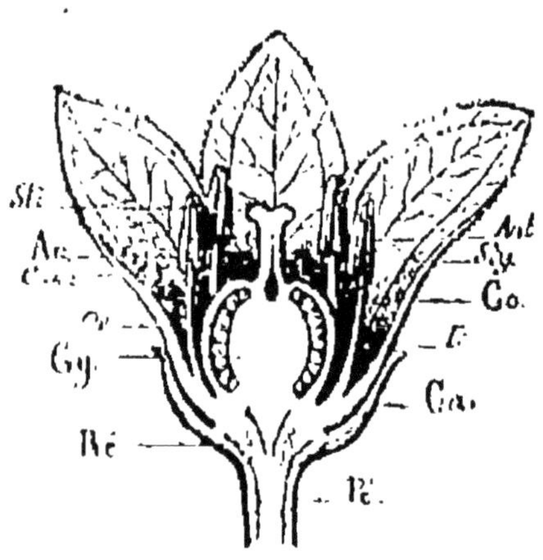

Fig. 46. — Fleur complète.

blables, elle est *actinomorphe* ou *régulière* (*Rosacées*, *Ranunculus*, *Lilium*). L'avortement, la réduction de certaines pièces, le développement inégal, ou le dédoublement de certaines autres détruisent la régularité de la fleur, qui n'est plus symétrique que par rapport à un seul plan, dit *plan de symétrie*. La fleur n'est plus actinomorphe, mais *zygomorphe* ou *irrégulière* (*Tropæolum*, *Phaseolus*, etc.). Certaines fleurs n'ont aucune symétrie (*Valérianées*).

CALICE. — Les sépales sont quelquefois verts, et ont la structure et la consistance des feuilles normales, on les dit alors *foliacés* (*Fragaria*, *Phaseolus*). Ailleurs, ils sont colorés, plus minces que les feuilles normales et on les dit *pétaloïdes*.

Un calice est *dialysépale*, si les pièces qui le composent sont indépendantes; si elles sont concrescentes, il est *gamosépale*. Suivant que la fusion des sépales est plus ou moins complète, le calice est entier, denté, lobé, etc. Dans un calice gamosépale, on distingue sous le nom de *tube*, la partie concrescente des sépales, et sous celui de *limbe*, l'ensemble des divisions indépendantes. La limite entre les deux régions est la *gorge*. Le calice est *caduc*, s'il tombe de bonne heure; *persistant*, s'il persiste avec sa coloration et sa consistance primitives; *marcescent*, s'il demeure desséché sur l'axe floral; *accrescent*, s'il continue de s'accroître après la floraison.

Calicule. — Les sépales sont parfois accompagnés de stipules qui, en devenant concrescentes, deux à deux, dans l'intervalle des sépales, forment en dehors du calice un verticille supplémentaire ou *calicule* (*Fragaria, Potentilla*).

Corolle. — Les pétales sont rarement foliacées (*Juncus, Acer*). Leur consistance est plus délicate que celle des sépales. En outre, ils sont blancs ou colorés diversement.

Un pétale isolé se compose d'une partie inférieure plus ou moins étroite, l'*onglet*, comparable au pétiole d'une feuille, et d'une partie large supérieure, la *lame* ou *limbe*. Entre les deux existe parfois une petite *ligule* transversale (*Dianthus*).

Une corolle peut être *dialypétale* ou *gamopétale*, suivant que les sépales sont indépendants ou concrescents. Elle est également *actinomorphe* ou *zygomorphe*. Une corolle gamopétale possède, comme un calice gamosépale, un *tube*, un *limbe* et une *gorge*.

La forme de la corolle est très variable (1). Le

---

(1) Elle est décrite, pour chaque famille, dans l'*Aide-mémoire de Botanique Phanérogamique*.

tableau suivant résume ses principales modifications.

Corolle.					
	Dialy-pétale.	Actino-morphe		Un seul verticille de pétales disposés en croix...............	*Cruciforme.*
				Pétales à onglet long plongeant dans le tube du calice et portant une lame rejetée au dehors...............	*Caryophyllée.*
				Onglet très court. Pétales formant une rosace régulière........	*Rosacée.*
		Zygo-morphe.		5 pétales. Le postérieur ou étendard très grand, recouvre deux pétales latéraux ou ailes, recouvrant à leur tour deux pétales antérieurs soudés fermant une carène....	*Papilionacée.*
	Gamo-pétale.	Actino-morphe.	Tube court.	Limbe rayonnant autour du tube.	*Rotacée.*
			Tube allongé.	Corolle en entonnoir.....	*Infundibuliforme.*
				Corolle en coupe.......	*Hypocratériforme.*
				Corolle en cloche......	*Campanulée.*
		Zygo-morphe.		Limbe de la corolle plus ou moins rejeté en forme de languette.	*Ligulée.*
				5 pétales concrescents en deux lèvres......	*Bilabiée.*
				5 pétales formant une seule lèvre bien développée, la supérieure étant nulle ou rudimentaire............	*Unilabiée.*
				5 pétales concrescents en deux lèvres. Un tube creusé en bosse ou en éperon. Gorge fermée par un refoulement de la lèvre supérieure............	*Personnée.*

ANDROCÉE. — L'androcée est composé d'étamines.
Une étamine complète comprend une partie longue

étroite, représentant le pétiole et à laquelle on donne le nom de *filet*, et d'une *anthère*, représentée par quatre poches oblongues, parallèles, placées sur le limbe de la feuille ou *connectif*. Les quatre poches sont les *sacs polliniques*. Distinctes d'abord, les quatre poches se fusionnent ensuite, de manière à former les deux loges de l'anthère. Chaque loge montre elle-même un sillon longitudinal le long duquel s'effectue la *déhiscence*, au moment de l'émission du *pollen* qui la remplit. Le sillon correspond à la cloison qui sépare primitivement les deux poches.

Le *pollen* est une poussière de cellules génératrices, dont le protoplasma féconcera l'organe femelle.

Le filet peut manquer, et l'anthère est sessile (*Magnolia, Ananas*), ou au contraire se ramifier plusieurs fois (*Allium*). Le connectif s'élargit, dans quelques cas, et écarte l'une de l'autre les loges de l'anthère (*Tilia, Mercurialis, Salvia*). On dit que l'anthère est *dorsifixe*, quand elle s'insère par la région dorsale du connectif; *basifixe*, si elle se dresse sur ce dernier, et *apicifixe*, quand elle est suspendue par son sommet.

La forme de l'anthère est variable, le nombre des sacs peut se réduire à deux ou s'accroître ; on dit alors que l'anthère est *bi* ou *multiloculaire*.

Déhiscence. — Quand le pollen est apte à la fécondation, l'anthère entre en déhiscence, c'est-à-dire qu'elle s'ouvre pour le laisser échapper. Le plus souvent, la déhiscence s'effectue pour chaque loge le long du sillon longitudinal dont elles sont marquées; elle est dite *longitudinale*. Si les fentes se tournent vers le centre de la fleur, l'anthère est *introrse*; si elles se tournent vers l'extérieur, l'anthère est *extrorse*. La déhiscence peut encore être latérale. Chez un grand nombre de *Malvacées*, l'anthère s'ouvre par une fente unique *transversale*. Chez les *Cucur-*

bitacées, l'anthère a la forme d'un plateau discoïdal et s'ouvre circulairement comme une boîte, la déhiscence est *pyxidaire*. Ailleurs, une fente en forme d'U découpe dans la paroi de la loge une valvule qui se soulève de bas en haut (*Berberis*). Quatre valvules peuvent ainsi se former (*Cinnamomum*), et la déhiscence est dite *valvulaire*. Lorsque l'anthère s'ouvre par des orifices étroits et terminaux, la déhiscence est dite *poricide* (*Morella*).

Pollen. — Il se présente sous l'aspect d'une poussière jaune, rouge, brune ou bleuâtre, dont chaque grain est une cellule indépendante. Le contenu de chaque cellule

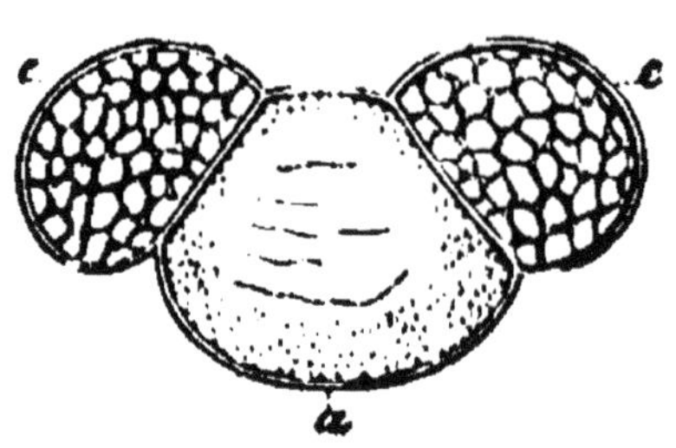

Fig. 47. — Grain de pollen d'*Abies*.

ou *fovilla* est un protoplasma granuleux, pourvu d'un noyau. La cellule primitive se divise en deux (*Angiospermes*), ou en trois (*Conifères*), et une seule de ces cellules prend part à la fécondation (*cellule germinative*). La membrane du grain de pollen se divise en deux couches : l'externe, de nature cuticulaire, est l'*exine*; l'interne, ou *intine*, est cellulosique. La surface de la membrane porte des pores ou des plis, quelquefois des sculptures en relief. Chez certaines *Conifères*, l'exine se renfle en deux vésicules pleines d'air (fig. 47, *e*, *e*), formant un appareil aérostatique propre à la dispersion du pollen (*Pinus*, *Larix*, *Abies*). Chez les *Asclépiadées* et chez les *Orchidées*, tous les grains d'une même loge s'agglomèrent en une masse unique (*pollinie*) qui est unie à la masse de la loge voisine (1). Lorsque les conditions d'hu-

(1) Voy. H. Girard, *Aide-mémoire de Botanique Phanérogamique*.

midité et de température sont satisfaisantes, le grain de pollen éclate et laisse échapper son contenu sous forme d'un tube dit *tube pollinique*, formé par une expansion de l'intine, dans laquelle s'engage le protoplasma. Si le milieu dans lequel se produit le tube est propre à la nutrition du protoplasma, on voit le tube s'allonger en s'accroissant.

Nombre d'étamines. — Dans une fleur verticillée normale, le nombre des étamines est égal à celui des pétales, et elles alternent; mais ailleurs, l'androcée peut être représenté par plusieurs verticilles d'étamines alternes. La disposition inverse peut aussi se produire. Une fleur est *isostémonée*, quand le nombre des étamines égale celui des sépales, ou celui des sépales si la corolle manque. Elle est *diplostémonée*, *triplostémonée*, etc., si le nombre d'étamines est double, triple, etc., de celui des pièces de la corolle ou du calice, quand la corolle manque. D'une façon générale, la supériorité du premier nombre sur le second est indiquée lorsqu'on dit qu'une fleur est *plérostémonée*, et le caractère inverse s'écrit en donnant à la fleur le nom de *mérostémonée*. Le nombre d'étamines est dit *défini*, lorsqu'il est inférieur à vingt; il est *indéfini* dans le cas contraire.

Les étamines sont *didynames* quand il n'en existe que quatre, dont deux plus longues (*Labiées, Scrofularinées*) ; *tétradynames*, s'il y en a six, dont quatre placées en deux paires en avant et en arrière du plan transversal de la fleur l'emportent en grandeur sur les deux latérales (*Crucifères*). Quand les étamines, plus courtes que les pièces des enveloppes florales, sont cachées par elles, on les dit *incluses*, et *exsertes* dans le cas contraire.

Concrescence. — Les étamines peuvent être concrescentes entre elles. On les dit *monadelphes*, quand elles sont toutes soudées par leurs filets; *didelphes*, *tridelphes*, etc., quand elles forment deux, trois, etc., faisceaux distincts. La concrescence peut s'effectuer par les anthères. Quand, primitivement libres, elles s'accolent plus tard, on les dit *conniventes* (*Viola, Morella*). Si elles se soudent en tube autour du pistil, tandis que les filets demeurent libres, les étamines sont dites *synanthérées* (*Composées*).

Quand la corolle est gamopétale, les étamines sont souvent concrescentes avec elle. L'androcée peut être encore concrescent avec la corolle et avec le calice. Les étamines sont alors portées sur le bord d'une coupe qui donne aussi insertion aux pétales et aux sépales.

Staminodes. — A côté ou à la place de certaines étamines fertiles, se développent souvent des formations qui leur ressemblent plus ou moins, mais qui sont stériles; ce sont les *staminodes*. Ce sont des étamines qui ont subi un arrêt de développement.

Gynécée ou Pistil. — Les *carpelles* ou *feuilles carpellaires* sont les pièces florales du pistil. On distingue trois parties dans un carpelle : 1° un pétiole rarement développé; 2° un limbe qui constitue *l'ovaire* et produit les *ovules*, simples ramifications de la feuille. Le carpelle est étalé chez les *Gymnospermes*, mais, chez les autres *Phanérogames*, il se replie sur lui-même et soude plus ou moins ses bords sur eux-mêmes, ou avec ceux des carpelles voisins pour former une *cavité ovarienne* qui renferme les ovules (*Angiospermes*); 3° au-dessus de l'ovaire, la nervure médiane du carpelle se prolonge pour former le *style*, surmonté d'une portion glanduleuse de forme variable, le *stigmate*, destiné à retenir les grains de pollen (fig. 48).

Ovaire. — Si le carpelle est isolé, il peut demeurer ouvert, et les ovules sont nus (*Gymnospermes*). Mais chez les *Angiospermes*, les bords du carpelle se soudent, et la cavité ovarienne est constituée. Il faut y distinguer un *côté dorsal* correspondant à la nervure médiane et une *suture ventrale*, le long de laquelle sont ordinairement insérés les ovules.

Si les carpelles sont concrescents, ils peuvent être *ouverts* ou *fermés*. Quand ils sont en contact par leurs bords ovulifères, l'ovaire ne forme qu'une seule loge, il est *uniloculaire*, les carpelles sont *ouverts* et l'ovaire a l'aspect d'un seul carpelle clos. Dans le cas de carpelles *fermés*, l'ensemble forme un ovaire à plusieurs loges dont les cloisons sont les limbes accolés. Cet ovaire est *bi, tri* ou *pluriloculaire*, suivant le nombre des loges, à l'angle interne desquelles sont placés les ovules.

Souvent, de *fausses cloisons* se développent ultérieurement.

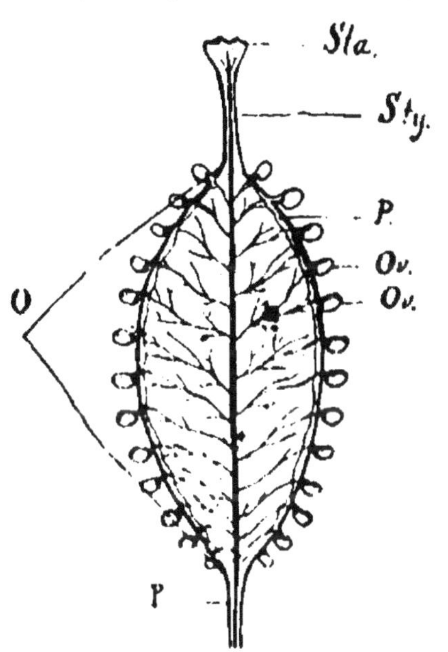

Fig. 48. — Carpelle théorique.

Placentation. — Le mode d'insertion des ovules dans l'ovaire est la *placentation*. Elle est *pariétale* (fig. 49), si les ovules sont portés sur la paroi; *axile* (fig. 50), s'ils sont insérés dans l'angle interne des loges d'un ovaire pluriloculaire.

La surface d'insertion ou *placenta* peut être plus ou moins grande, et même se trouver sur de fausses cloisons (*Papavéracées*, *Nymphéacées*). Si le placenta est situé au centre d'un ovaire uniloculaire, la placentation est *centrale*. Une pareille disposition peut être primitive, ou résulter de la destruction de cloisons dans un ovaire d'abord pluriloculaire.

Style. — Il est plus ou moins développé, et quelquefois fait défaut, alors le stigmate est *sessile*. Si le carpelle est isolé, la fermeture du limbe n'amène pas toujours celle du style qui affecte alors la forme d'une gouttière (*Renonculacées*). Dans la plupart des cas, la gouttière est remplacée par un tube complet.

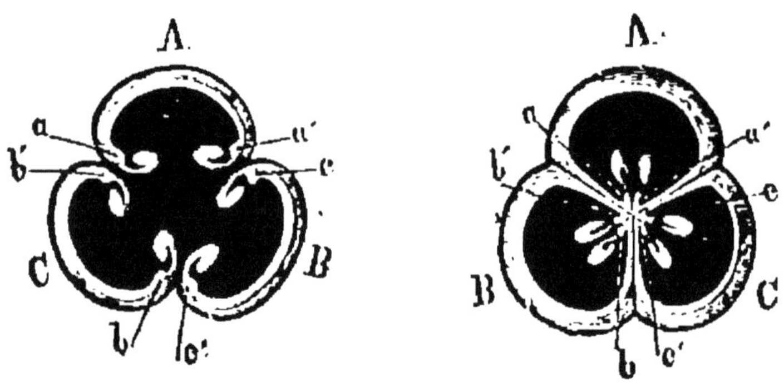

Fig. 49. — Placentation pariétale.   Fig. 50. — Placentation axile.

Dans le cas de concrescence des carpelles, les styles se soudent par leur bord en une cavité tubulaire unique, ou bien se replient, et sont clos comme le limbe, et le style est parcouru par plusieurs canaux distincts, communiquant chacun avec une des cavités de l'ovaire. Le style s'insère toujours sur le sommet organique de l'ovaire ; mais suivant que le carpelle se développe plus d'un côté que de l'autre, le sommet peut occuper diverses positions. Le style peut donc être *terminal* (*Pisum*), *dorsal* (*Fragaria*) ou *ventral* (*Phaseolus*). Quand il prend naissance en un point voisin de la base de l'ovaire, on le dit *gynobasique* (*Labiées*, *Borraginées*, fig. 51).

Stigmate. — C'est souvent un simple renflement du style, ou bien un appendice nu ou plumeux (*Graminées*).

Souvent les styles se soudent en une colonne unique au-dessus d'ovaires indépendants (*Rubiacées*). Les stigmates peuvent demeurer séparés, ou se souder même entre eux.

Ovule. — C'est une ramification du limbe de la feuille carpellaire. Sa production débute par la formation d'un mamelon dont la base se rétrécit puis s'allonge en support. Celui-ci devient un *funicule* supportant un corps arrondi, le *nucelle* (*nc*, fig. 52 et 53) qui est une émergence du funicule ; ce dernier ne tarde pas à entourer le nucelle d'un bourrelet circulaire qui s'accroît et forme un sac l'enveloppant, sauf en un point, où il reste percé d'un orifice plus ou moins étroit, le *micropyle*. En dehors se développe souvent un second bourrelet qui forme un second orifice au-dessus du premier. Ces deux enveloppes constituent les *téguments ovulaires*, l'externe la

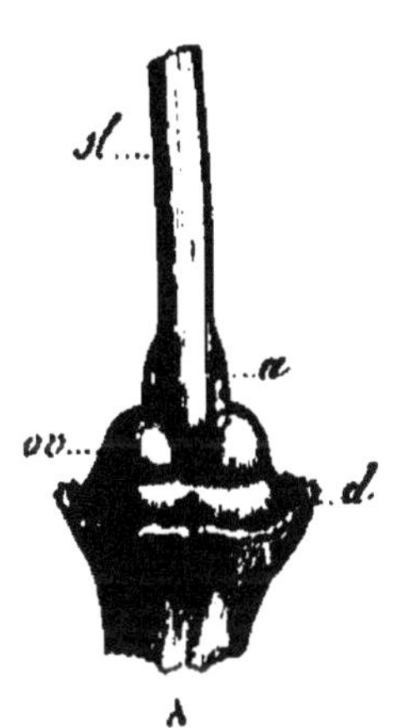

Fig. 51. — Style gynobasique.

plus jeune qui est la *primine, pr*, l'autre la *secondine, se*, l'orifice de la primine est l'*exostome, ex*, l'orifice de la secondine, l'*endostome, ed*. Le double orifice forme le micropyle. Le funicule contient un faisceau libéroligneux, *fv*, qui traverse les téguments en y envoyant des rameaux et qui produit à la base du nucelle un épatement, la *chalaze, ch*. Si l'on nomme *hile* le point où le funicule, *fn*, s'attache au tégument, ce point est situé au-dessous ou en dehors de la chalaze.

Quand le développement de l'ovule est égal en tous sens, le hile et la chalaze sont à un pôle de l'ovule et le micropyle au pôle opposé, l'ovule est *droit* ou, comme on dit vulgairement, *orthotrope* (fig. 52). Souvent un côté de l'ovule se développe plus activement que l'autre, et le micropyle est rejeté latéralement par le nucelle se courbant de plus en plus; son côté le moins développé s'accole au funicule et contracte avec lui un nouveau point d'attache ou *hile apparent*, au voisinage duquel est le micropyle, tandis que le *hile vrai* et la chalaze, dont les rapports de position n'ont pas changé, se trouvent à l'autre extrémité de l'ovule ainsi renversé. Entre le hile apparent et la chalaze la trace

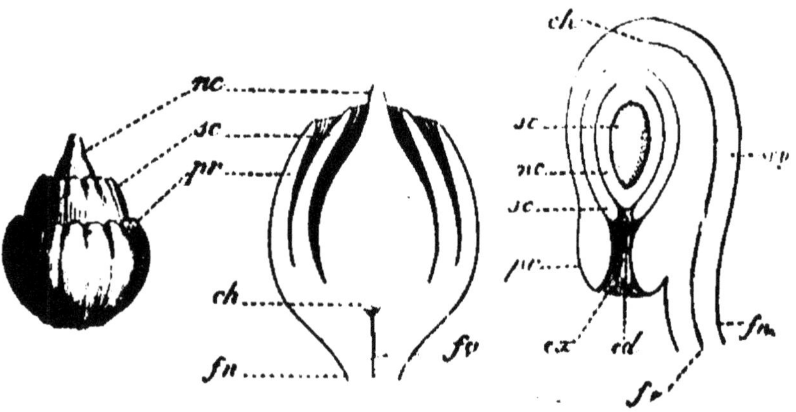

Fig. 52. — Ovule orthotrope.   Fig. 53. — Ovule anatrope.

du funicule apparaît sous forme d'une sorte de crête qui est le *raphé, rp*. Un tel ovule est dit *anatrope* (fig. 53). Si la courbure se produit sans qu'il y ait adhérence entre le funicule et le tégument, le hile vrai reste au-dessus de la chalaze au fond de la concavité de l'ovule, et le micropyle en reste voisin au moins du côté le moins développé; l'ovule est alors *campylotrope*. Il y a entre ces trois sortes d'ovules de nombreux intermédiaires.

Orientation de l'ovule. — L'ovule est quelquefois *dressé* au fond de la cavité ovarienne, sur un placenta basilaire, ou *pendant* au sommet de cette même cavité. Lorsque les ovules sont insérés le long de la paroi ou à l'angle interne, ils sont souvent *horizontaux*. On définit ovule *ascendant* ou *descendant* un ovule inséré plus ou moins latéralement sur l'ovaire, et tel que son sommet soit dirigé vers le haut ou vers le bas. Ce sommet est occupé par le micropyle, si l'ovule est orthotrope, par la chalaze et le hile vrai, s'il est anatrope. Dans ces deux cas, le hile est *ventral* s'il est tourné contre le placenta, et *dorsal* s'il est en dehors du placenta.

RÉCEPTACLE. — S'il est convexe, dans une fleur hermaphrodite, le gynécée en occupe le sommet; au-dessous s'insère l'androcée, libre ou concrescent avec la corolle, mais qui, inséré sous les organes femelles, prend le nom d'*hypogyne* (*Renonculacées, Labiées*). Ailleurs, le réceptacle se creuse en une coupe dont le fond représente son sommet organique et donne insertion au gynécée ; l'androcée, la corolle, le calice, insèrent leurs pièces sur les bords de cette coupe et sont *périgynes*. Un troisième cas est celui où le réceptacle forme une urne profonde au fond de laquelle l'ovaire reste caché, tandis qu'au-dessus de lui, sur les bords externes de l'urne, prennent insertion les étamines, les sépales, et les pétales qui sont *épigynes*.

Les *Dicotylédones* à étamines hypogynes indépendantes de la corolle, sont quelquefois dites *thalamiflores* (fig. 54) ; si l'androcée et la corolle sont concrescents, on les nomme *corolliflores* (fig. 55). Quand le réceptacle est concave, et que ses bords donnent insertion à l'androcée et au périanthe concrescents, on donne aux plantes le nom de *Caliciflores* (fig. 56).

Quand l'ovaire se montre librement au-dessus de la fleur, il est dit *supère* ; les pièces plus externes sont alors hypogynes ou périgynes. S'il est dissimulé au fond de l'urne du réceptacle, il est *infère*, et les autres pièces sont épigynes; en ce cas, il peut être indépendant de la paroi de l'urne et *libre* (fig. 57), comme lorsqu'il est supère, ou bien devenir concrescent avec cette paroi et être *adhérent* (fig. 58). Entre les points d'insertions, le réceptacle peut se développer beaucoup. Ainsi, le gynécée est quelquefois porté au-dessus de l'androcée par un

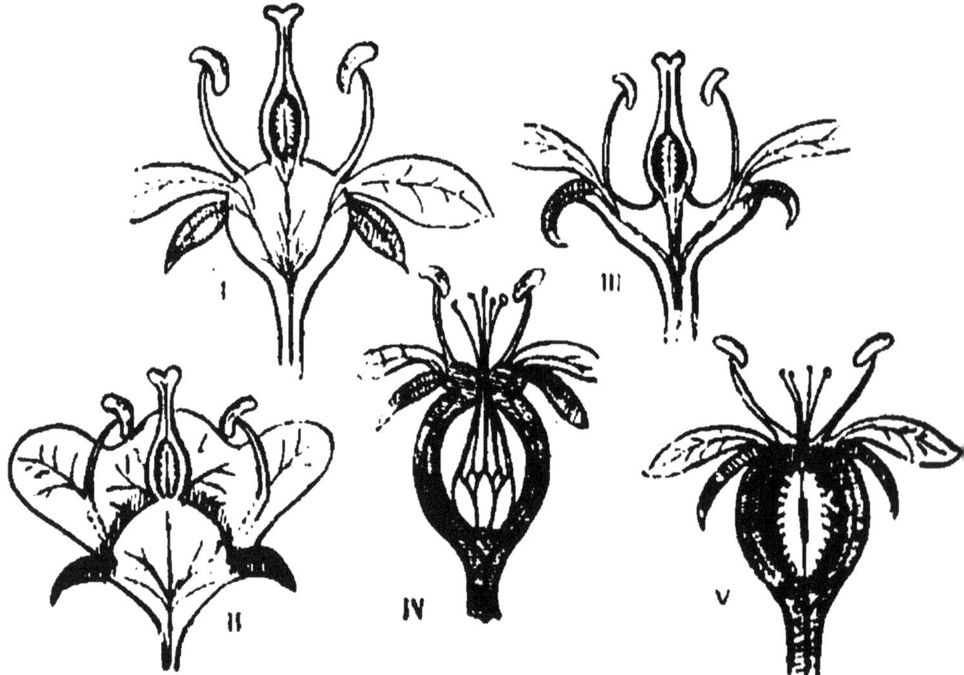

Fig. 54 à 58. — I, Type thalamiflore. — II, Type corolliflore à réceptacle convexe. — III, Type corolliflore. — IV, Ovaire infère libre. — V, Ovaire infère adhérent.

gynophore, sorte de pied, résultant d'un développement local du réceptacle. Ailleurs, le support se développe entre la corolle et l'androcée, qu'il soulève en même temps que le pistil, et mérite le nom de *gynandrophore*.

Quel que soit le nombre des verticilles d'une fleur, il peut arriver que le nombre des feuilles soit le même dans chacun d'eux; la fleur est dite *isomère*, elle peut alors être *dimère, trimère* (*Liliacées, Iridées*), *tétramère* (*Onagrariées*), *pentamère* (*Geranium*), etc., suivant le nombre des pièces. Mais s'il y a par exemple cinq étamines à l'androcée, et deux carpelles au pistil, la fleur est *hétéromère* (*Solanées, Composées*).

Nectaires. — On désigne sous ce nom des dépendances des pièces florales, ou ces pièces mêmes modifiées et adaptées à un rôle sécréteur.

Disques. — Les disques sont des organes analogues, dépendant du réceptacle.

En général ces productions sécrètent des produits sucrés ou des substances aromatiques donnant à la fleur son parfum.

Diagramme. — Un diagramme floral est une représentation graphique d'une fleur. On le projette sur un plan perpendiculaire à son axe vertical. Il exprime le nombre et la situation des pièces florales dans le sens bilatéral et dans le sens radial, mais ne donne aucune indication sur le niveau relatif et la forme du réceptacle. Les pièces manquantes sont en général remplacées par des points, les pièces concrescentes réunies par des traits.

Formule. — On peut encore construire une formule florale, c'est-à-dire désignant les pièces florales par les lettres P. S. E. C, placer devant chacune le chiffre qui représente le nombre de ces pièces ; par exemple :

$$F = 3S + 3P + 3E + 3C$$

sera la formule d'une fleur trimère.

On aura soin de placer entre crochets les parties concrescentes :

$$F = 3S + [3P + 3E] + [3C]$$

est la formule d'une fleur dont les étamines et les

pétioles sont concrescents entre eux, d'une part, et les carpelles aussi concrescents.

Si un verticille est répété plusieurs fois, on se sert de la même lettre marquée d'un accent. Un o placé en indice exprime que les carpelles sont ouverts.

Structure. — PÉDONCULES et PÉDICELLES. — Leur structure reproduit celle de la tige. Les faisceaux foliaires manquent.

SÉPALES. — Leur structure est celle des feuilles végétatives.

PÉTALES. — Ils se distinguent par une épaisseur moindre, et une certaine délicatesse de structure. Leur parenchyme est homogène. La chlorophylle en disparaît de bonne heure et est remplacée par un liquide incolore ou par des pigments.

ÉTAMINES. — Le filet a la structure d'un pétiole.

L'anthère seule a une constitution spéciale. Sa première ébauche consiste en deux émergences longitudinales du connectif. Un sillon longitudinal divise en deux chaque bourrelet, et indique les quatre sacs polliniques.

Dans chacun de ceux-ci des cellules formant une file ou une lame sous-épidermique, grandissent et se dédoublent tangentiellement, pour former deux assises. Les cellules de l'assise interne grandissent, et selon l'accroissement de l'anthère se segmentent en plusieurs directions, de manière à former, soit une lame simple, soit un massif de cellules dites *cellules mères primordiales du pollen*. L'assise externe se cloisonne trois fois tangentiellement, et forme trois assises de cellules. La plus interne de ces trois assises, en contact avec les cellules mères primordiales, s'accroît beaucoup et son protoplasma devient jaunâtre et granuleux. Cette modification gagne les deux autres assises, de sorte que le groupe des cellules mères est complètement entouré de *cellules jaunes nutritives.*

Les cellules extérieures ou cellules jaunes et les plus voisines de celles-ci se détruisent, tandis que les plus superficielles prennent des épaississements inégaux sur leurs parois. Ces épaississements forment des bandelettes diversement entre-croisées. Ce sont les *cellules fibreuses* (fig. 59), leur rôle est purement mécanique.

Les cellules mères primordiales s'accroissent en demeurant unies entre elles ou en s'isolant à l'intérieur du sac; puis chacune d'elles se divise en quatre éléments nouveaux et cela suivant deux modes : 1° par deux bipartitions successives (*Dicotylédones*) ; 2° le noyau se divise d'abord en deux autres qu'une cloison albuminoïde sépare. Puis celle-ci se résorbe et les deux noyaux se divisent chacun en deux autres. Entre ces quatre noyaux apparaissent simultanément deux cloisons cellulosiques perpendiculaires l'une à l'autre, et la cellule primitive est divisée en quatre éléments nouveaux, dis-posés comme les quatre angles d'un tétraèdre (la plupart des *Monocotylédones*). Les nouvelles cellules sont les *cellules mères spéciales du pollen.* Ces cellules épaississent leurs parois qui deviennent intérieurement très résistantes, et cette portion interne devient l'enveloppe propre du grain, tandis que le reste se gélifie, ce qui produit la dissociation des grains de pollen dans le sac.

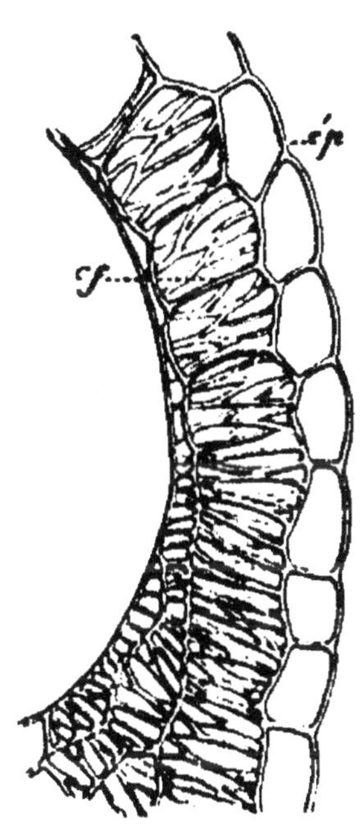

Fig. 59. — Cellules fibreuses.

Cependant, les grains issus d'une même cellule primordiale peuvent rester unis en *tétrade* (*Typha*). Ailleurs, ils restent cohérents en grand nombre et forment des *massules*. Chez les *Asclépiadées* et beaucoup d'*Orchidées*, tous les grains d'une même anthère restent agglomérés en deux pollinies correspondant à une loge chacune (Voy. p. 260).

C'est aux dépens de débris nutritifs qui les entourent que les grains de pollen prennent leur constitution définitive. En même temps, la cloison qui dans chaque moitié de l'anthère sépare les deux sacs, se détruit, et l'anthère devient biloculaire. Plus tard, l'épiderme se détruit aussi, au fond des sillons, et les cellules fibreuses, sous l'action de la sécheresse, contractent inégalement leurs parois. Les bords de la fente s'incurvent en dedans ou en dehors, suivant que les bandelettes d'épaississement s'opposent au retrait des cellules sur leur face externe ou sur leur face interne. C'est là le phénomène de déhiscence.

CARPELLES. — La structure du carpelle est celle de la feuille végétative. Il y a deux épidermes stomatifères, entre lesquels s'étend une couche de parenchyme traversé par des vaisseaux, quand les ovules sont portés par le bord des carpelles, ce qui est fréquent; les éléments cellulaires de ce bord gélifient leur membrane moyenne, tandis que leur contenu devient réfringent et granuleux, ils se dissocient plus ou moins et donnent naissance à un tissu peu cohérent dit *tissu conducteur*, qui se prolonge sur le style, lequel a la structure d'une nervure et s'épanouit sur le stigmate. Sur ce dernier les éléments épidermiques se développent en papilles ou en poils plus ou moins longs qui laissent exsuder un liquide visqueux, sucré, capable de retenir les grains de pollen et de favoriser le développement du tube pollinique.

Ovule. — Le funicule et les téguments représentent un lobe de feuille et le nucelle une émergence de celui-ci. Cependant le nucelle produit la *cellule œuf* ou *oosphère* qui doit être fécondé.

La formation est différente chez les *Angiospermes* et chez les *Gymnospermes*.

1. *Angiospermes.* — Au niveau du micropyle, une cellule sous-épidermique du nucelle grandit et se divise transversalement en deux cellules inégales.

La supérieure (voisine du micropyle) est la plus petite ; elle se divise plusieurs fois et produit une calotte sous-épidermique.

La cellule inférieure est la *cellule mère primordiale de l'oosphère*. Le plus souvent, elle se cloisonne plusieurs fois en une file d'éléments superposés par cloisonnements transversaux.

Ces cellules sont dites *cellules secondaires*.

L'une d'elles, tantôt la plus élevée, tantôt la plus inférieure, constituera le sac *embryonnaire*. Le noyau de cette cellule privilégiée, ou *noyau primitif du sac embryonnaire*, se divise transversalement en deux autres, tandis que la cellule s'allonge. Les deux noyaux en occupent bientôt les pôles. Chacun se divise deux fois encore, de sorte que le sac contient deux groupes de quatre noyaux.

Des quatre supérieurs, voisins du micropyle, deux sont placés au même niveau au-dessus des autres ; ceux-ci sont superposés dans l'axe du sac. Les deux noyaux supérieurs deviennent les centres de deux cellules, par condensation autour d'eux du protoplasma environnant. Ces cellules nues ou munies d'une membrane sont les *synergides*, et la cellule sur laquelle elles reposent est l'*oosphère*. Dans le groupe inférieur, trois des noyaux deviennent des cellules nues ou non, ce sont les *antipodes*. La cellule inférieure du groupe supérieur et la supérieure du groupe inférieur s'avancent l'une vers l'autre et se fusionnent vers le milieu du sac, le noyau résultant est le *noyau définitif du sac embryonnaire* (fig. 60).

II. *Gymnospermes.* — Le sac embryonnaire et son noyau primitif se forment au voisinage du micropyle; ce noyau se divise, mais au lieu de s'arrêter au stade 8,

Fig. 60. — Sac embryonnaire adulte.

continue à se segmenter. Les noyaux se portent vers la paroi du sac où ils forment une assise. Chacun d'eux s'entoure de protoplasma et d'une membrane cellulosique mince. Ainsi se forme un parenchyme pariétal dont l'importance va devenir de plus en plus grande, car les éléments qui le constituent s'accroissent en se cloisonnant, et envahissent peu à peu tout le sac. Ce tissu, dont l'origine est le noyau primitif, est l'*endosperme*. Quelques cellules endospermiques, voisines du micropyle, grandissent sans se diviser tout d'abord. Ce sont les *cellules mères des corpuscules*. Une cloison y apparaît ensuite, qui découpe deux éléments nouveaux, dont le supérieur, plus petit, se segmente par deux cloisons verticales et perpendiculaires, en quatre autres placées au même niveau. Le *corpuscule* est donc composé de quatre cellules supérieures (*cellules du col*), et d'une grande cellule inférieure (*cellule centrale*). Les premières se divisent fréquemment, et le *col* est composé de plusieurs rosettes de quatre cellules superposées. La cellule centrale se divise une fois encore transversalement, et la cellule supérieure, très petite, s'introduit entre les cellules du col, qu'elle écarte pour former un très petit canal. Elle s'y détruit en produisant du mucilage. Cette cellule est dite *cellule du canal;* l'inférieure, très grande, est l'*oosphère* ou *cellule œuf* (fig. 61).

Les corpuscules sont parfois réunis dans la région micropylaire (*Cupressus*), ou isolés au sein de l'endosperme, mais non loin du micropyle. Le nombre des corpuscules peut aller de 1 (*Welltwitschia*) à 15.

La comparaison des deux modes de formation de l'oosphère peut se résumer ainsi dans le cas d'un ovule anatrope.

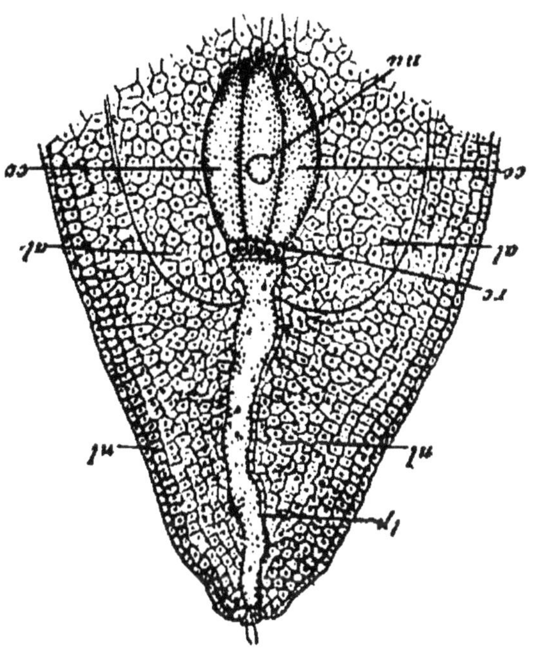

Fig. 61. — Nucelle de Genévrier.

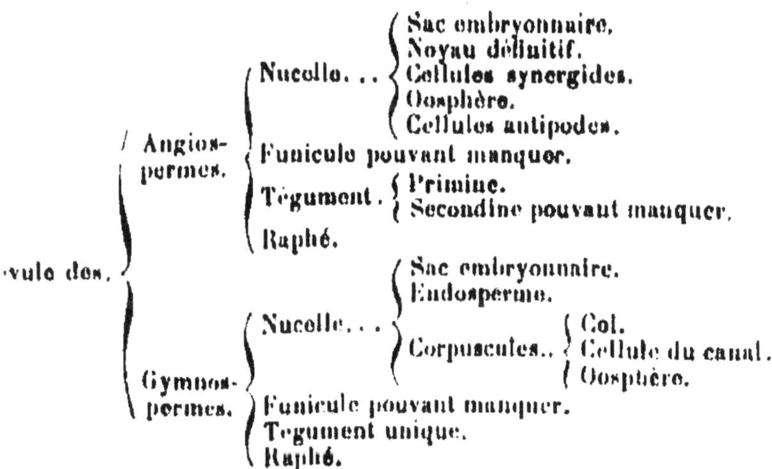

Ovule des...

Angiospermes.
- Nucelle... : Sac embryonnaire. Noyau définitif. Cellules synergides. Oosphère. Cellules antipodes.
- Funicule pouvant manquer.
- Tégument. : Primine. Secondine pouvant manquer.
- Raphé.

Gymnospermes.
- Nucelle... : Sac embryonnaire. Endosperme. Corpuscules.. : Col. Cellule du canal. Oosphère.
- Funicule pouvant manquer.
- Tégument unique.
- Raphé.

CHAPITRE VII

FRUIT.

Définition. — La fécondation (Voy. IIe Partie, *Fleur et Fruit*) amène dans le végétal des phénomènes importants qui se répercutent sur tous les organes qui ont concouru à son établissement. Les parties devenues inutiles se flétrissent, celles qui peuvent protéger l'œuf formé persistent et prennent un développement important.

Les modifications portent surtout sur les carpelles, qui vont constituer le *fruit*. Celui-ci n'est que le pistil accru et muri.

Certaines pièces persistent, ce sont : le style, le réceptacle, le périanthe lui-même.

Constitution. — Pour se transformer en fruit le pistil d'une fleur augmente de volume, et subit dans son organisation, sa structure et sa composition chimique des modifications profondes.

Structure. — Parfois, certains carpelles avortent, et le fruit est plus simple que le pistil. D'autres fois, il se forme des parties nouvelles qui rendent le fruit plus compliqué que le pistil. La paroi des carpelles reste rarement mince ; elle s'épaissit, et laisse distinguer trois zones :

1º L'*endocarpe*, correspondant à l'épiderme interne du carpelle et auquel peuvent s'ajouter de nouvelles assises.

2º Le *mésocarpe*, qui correspond au parenchyme moyen du carpelle, on le nomme aussi *sarcocarpe*.

3º Le *péricarpe*, qui est la zone externe, correspondant à l'épiderme extérieur de le feuille carpellaire.

L'ensemble de ces trois zones constitue le *péricarpe*.

Si cependant l'ovaire est concrescent avec le réceptacle, le nom de *péricarpe* est impropre, puisque la partie externe est d'origine réceptaculaire, l'interne seule est formée de carpelles.

Composition chimique. — La variation de composition chimique est presque nulle, si le fruit est sec; elle est grande, s'il devient charnu.

On peut dire d'une façon générale, que les fruits verts sont riches en acides (citrique, malique, etc.), en tannins, en pectose et en fécule. Celui-ci est particulièrement abondant dans les Bananes qui, avant la maturité, servent à l'alimentation, au même titre que les Pommes de terre.

Quand le fruit mûrit, la pectose produit de la pectine, qui sous l'action d'un ferment, la pectase, devient de l'acide pectique. C'est à ce corps que les sucs acides de certains fruits doivent la propriété de se prendre en gelée, après ébullition.

Sous l'action des acides, l'amidon devient du sucre; c'est ainsi que se forment les saccharoses. Ceux-ci s'intervertissent plus ou moins, et le fruit contient du glucose, du lévulose et du saccharose.

La chlorophylle que contenaient les carpelles, disparaît, et est remplacée par des pigments variés, analogues à ceux des parties colorées de la fleur.

Enfin des essences peuvent prendre naissance et donner au fruit sa saveur et son parfum caractéristiques.

Déhiscence. — La chair des fruits charnus se décompose sous l'action des ferments, et les graines sont mises en liberté. Le gonflement de celles-ci fait éclater l'endocarpe. Un fruit, dont la graine n'est mise en liberté que par destruction du péricarpe, est dit *indéhiscent*; au contraire, celui dont le péricarpe s'ouvre d'une façon régulière est dit *déhiscent*.

Tous les fruits charnus sont *indéhiscents*; parmi

les fruits secs, les uns sont *déhiscents,* les autres
indéhiscents.

La déhiscence se produit de diverses manières :

1° Suivant les bords des feuilles carpellaires. Si les
carpelles sont clos, l'ouverture a lieu comme celle
d'une feuille qui serait repliée le long de la nervure
dorsale, et dont les bords libres seraient mis en
contact. Ce mode est dit *ventral* (*Helleborus, Aconitum*).
Si les carpelles sont clos et concrescents, ils se séparent d'abord, puis s'ouvrent ventralement. Ce mode
est dit *septicide* (*Colchicum, Scrofularinées*).

Si les carpelles sont ouverts et concrescents, ils
se séparent simplement les uns des autres, selon des
lignes correspondant à leurs bords, et alternant avec
les nervures dorsales. C'est une déhiscence qu'on
nomme encore, quoique improprement, *septicide*
(*Gentiana*).

2° Suivant la nervure dorsale (*Magnolia*).

Si les carpelles sont concrescents, le fruit se divise
en autant de parties (*valves*), mais chacune d'elles
est formée d'un demi-carpelle droit et d'un demi-carpelle gauche. Si les carpelles sont clos, les cloisons
sont entraînées avec les valves qui les portent en
leur milieu. C'est la déhiscence *loculicide* (*Hibiscus*).
Si les carpelles sont ouverts, le fruit se divise en
valves portant les placentas sur leur région moyenne
(*Violariées*), c'est encore une déhiscence *loculicide.*

3° Par la nervure dorsale et par la suture ventrale
(*Légumineuses*). Le nombre des valves est parfois
double de celui des carpelles concrescents (quelques
Caryophyllées et *Euphorbiacées*).

4° Suivant des lignes situées de chaque côté des
placentas. Si les carpelles concrescents sont clos, les
lignes divisent la paroi en une partie interne placentifère qui reste en place, et une partie externe
entraînée avec la valve. C'est le mode *septifrage*

(*Rhododendron*, *Datura*). Si les carpelles sont ouverts, les portions de la paroi du fruit détachées, laissent en place une sorte de cadre (*Crucifères*) ou un châssis à claire-voie (*Orchidées*).

Ces quatre modes sont ceux de la déhiscence *longitudinale*.

5° Suivant une ligne transversale. C'est le mode *pyxidaire* (*Hyoscyamus*).

6° S'il se découpe dans la paroi du fruit des pores, la déhiscence est *poricide* (*Campanula*).

7° La déhiscence longitudinale peut n'intéresser que le sommet du fruit, qui se découpe en dents plus ou moins nombreuses. C'est le mode *denticide* (*Caryophyllées*).

8° Chez les *Papaver*, il se produit, sous le disque stigmatifère, et entre les placentas, des orifices triangulaires dus à la formation de petites valvules qui sont rejetées vers le bas et en dehors. Ce mode est dit *valvulaire*.

9° Quelques fruits s'ouvrent par élasticité de la paroi et les graines sont lancées à une certaine distance (*Impatiens*, *Rhus*).

Classification. — On distingue : 1° les fruits *simples*, formés par un seul carpelle ou par plusieurs carpelles concrescents sur un même réceptacle floral ; 2° les fruits *agrégés*, formés de carpelles indépendants insérés sur le même réceptacle ; 3° les fruits *composés*, formés par le rapprochement de plusieurs fruits issus de fleurs distinctes.

I. FRUITS SIMPLES. — Parmi les fruits simples on distingue : 1° les *fruits secs* ; 2° les *fruits charnus*.

A. *Fruits secs*. — De ceux-ci : 1° les uns sont indéhiscents ; 2° les autres déhiscents (1).

---

(1) On trouvera des exemples de tous ces fruits dans l'*Aide-mémoire de Botanique phanérogamique*.

1° Les fruits secs indéhiscents se reconnaissent aux caractères suivants :

Péricarpe non soudé au tégument de la graine..	Péricarpe non ailé. Fruit.	Uniloculaire à une seule graine....	*Akène* (fig. 62).
		Réunion de deux akènes.........	*Diakène.*
		Réunion de trois akènes.........	*Triakène.*
		Réunion de quatre akènes.........	*Tétrakène.*
	Péricarpe développé en ailes sur ses bords. Fruit formé par.	Une seule loge à une seule graine.	*Samare* (fig. 63).
		Réunion de deux samares.........	*Disamare.*

Péricarpe soudé au tégument de la graine, ou à l'amande, si le tégument est détruit............ *Caryopse* (fig. 64).

On distingue souvent de l'akène proprement dit le fruit du châtaignier (*balan*), du chêne (*gland*),

Fig. 62. — Akène.   Fig. 63. — Samare.   Fig. 64. — Caryopse.

du hêtre (*faine*), qui n'en diffère que par un volume plus grand et un péricarpe coriace, non crustacé.

Le tétrakène est caractéristique des *Labiées* et des *Borraginées* ; le *diakène* caractérise les *Ombellifères*, et le *caryopse*, les *Graminées*.

2° Les fruits secs déhiscents sont reconnaissables aux caractères suivants :

Fruits pluricar-pellés. Car-pelles concres-cents. Déhis-cence variable. Ils sont for-més.........

- Par deux ou plusieurs carpelles clos, concrescents, s'ouvrant en déhiscence septicide, septifrage, loculicide, denticide, valvu-laire ou poricide, exceptionnel-lement indéhiscents.......... *Capsule.*
- Par deux carpelles ouverts. Dé-hiscence longitudinale, suivant deux valves, qui laisse en place un cadre placentifère ... *Silique.*
- Par un ou plusieurs carpelles. Déhiscence transversale...... *Pyxide.*

Fruits unicar-pellés à déhis-cence longitu-dinale. Ils s'ouvrent.....

- Par une seule fente longitudi-nale, correspondant presque toujours à la suture ventrale.. *Follicule.*
- En deux valves par la suture ventrale et par la nervure dor-sale........................... *Légume ou Gousse.*

On donne le nom de *siliques lomentacées* aux rares siliques indéhiscentes ; on donne le même nom aux gousses indéhiscentes.

B. *Fruits charnus.* — Deux catégories.

I. — Endocarpe non distinct du mesocarpe pulpeux.

- Fruit petit rempli par la pulpe que forme le péricarpe au milieu de laquelle sont plongées les graines. Ils sont formés de 1 ou plusieurs carpelles, appartenant à un ovaire libre, ou infère et adhérent. Epi-carpe mince et membraneux..... *Baie.*
- Fruit volumineux. D'abord trilo-culaire, puis uniloculaire par des-truction des cloisons. Graines plon-gées dans la pulpe pariétale. Elles dérivent d'ovaires triloculaires infères et adhérents. Epicarpe co-riace........................... *Péponide.*

La baie provient d'ovaires libres (*Vitis, Berberis*) ou d'ovaires infères adhérents (*Ribésiées*). Le péponide caractérise la famille des *Cucurbitacées.*

II. — Endocarpe distinct et

- Membraneux. Fruit formé d'au moins cinq carpelles et provenant d'un ovaire libre. Epicarpe glan-duleux (zeste), mésocarpe co-riace, endocarpe existant vers l'intérieur des poils vésiculeux formant autour des graines un faux parenchyme............... *Hespéridie.*

III. — Endocarpe distinct et	Cartilagineux. Fruit formé de cinq carpelles et provenant d'un ovaire adhérent. Epicarpe lisse ou poilu. Mésocarpe charnu. Graines en placentation axile situées dans des loges aux parois formées par l'endocarpe............... *Mélonide.*
	Ligneux formant noyau. Epicarpe lisse ou velouté. Mésocarpe souvent charnu. Fruit formé de un ou plusieurs carpelles concrescents et dérivés d'un ovaire libre ou adhérent.	Mésocarpe charnu... *Drupe* (fig. 65).
		Mésocarpe coriace... *Noix.*

L'Hespéridie caractérise la famille des *Citrées.* Les Melonides sont : les pommes, poires, etc. Les Drupes sont : la prune, la pêche, l'abricot, issus d'un carpelle libre et monospermes, ou bien formés de deux carpelles adhérents au réceptacle avec noyau biloculaire (*Coffea*). Les Noix sont parfois indéhiscentes. Le type en est l'amande formée d'un seul carpelle libre et

Fig. 65. — Baie.   Fig. 66. — Drupe.

indéhiscent ; le fruit du *Juglans* est formé de deux carpelles adhérents et déhiscents en deux valves.

II. Fruits agrégés. — Les fruits agrégés n'ont pas de noms particuliers. On les caractérise de la manière suivante :

Réunion d'a-kènes.	Sur un réceptacle convexe.	Sec ou co-riace....	*Fruit des Renonculacées.*
		Charnu et succu-lent.....	*Fruit du Fragaria.*
	Au fond d'un ré-ceptacle creusé en une coupe plus ou moins pro-fonde à parois..	Sèches ou coriaces.	*Fruit des Agrimoniées.*
		Charnues.	*Fruit du Rosa.*
Réunion de follicules...................			*Fruit des Spirées.*
Réunion de drupes.......................			*Fruit des Rubus.*

III. Fruits composés. — Deux catégories :

I. Fruits formés par des ovaires fermés.	Fruits plus ou moins charnus (drupes, fausses drupes ou baies) rapprochés sur un axe commun arrondi, allongé ou conique.....................	*Sorose.*
	Fruits divers, groupés sur un récep-tacle commun étalé en plateau, et à l'intérieur d'un réceptacle creusé en coupe profonde.....................	*Sycone.*
II. Fruits for-més par des carpelles ou-verts portant des graines nues.	Carpelles membraneux ou ligneux in-sérés suivant une ligne spiralée ou sur un axe allongé.....................	*Cône.*
	Carpelles en petit nombre liquéfiés et peltés, formant un fruit ovoïde ou sphérique.....................	*Galbule.*
	Carpelles au nombre de trois, plus ou moins charnus, rapprochés en une sphère unique.....................	*Fausse baie.*

Les Soroses sont les fruits de l'*Ananas* et du *Morus*; les Sycones sont les fruits des *Ficus* et de quelques *Artocarpées* ; le Cône caractérise les *Abié-tinées* ; le Galbule appartient au *Cupressus* ; la Fausse baie est le fruit des *Juniperus*. Les Taxinées forment de fausses baies, ou de fausses drupes de nature différente du fruit des autres Gymnospermes (1).

Le fruit du *Punica*, désigné sous le nom de *Gre-nade*, est intermédiaire entre les fruits secs et les fruits charnus. Il dérive d'un ovaire infère et est

(1) Voy. H. Girard, *Aide-mémoire de Botanique phanérogamique.*

couronné par le calice réduit à des dents. Le péricarpe est coriace et indéhiscent, mais il émet intérieurement des cloisons endocarpiques qui le divisent en loges superposées en deux étages. L'étage supérieur est formé de cinq loges à placentation pariétale ; l'inférieur, de trois loges à placentation axile. La région externe du tégument de la graine devient succulente, et est la partie comestible de la grenade.

CHAPITRE VIII

GRAINE.

Morphologie. — La graine dérive du sac embryonnaire et du nucelle. On y distingue deux enveloppes, les *téguments séminaux;* l'une externe épaisse et colorée est le *testa,* l'autre interne, incolore et délicate, est le *tegmen.*

L'ensemble des tissus recouverts par les téguments est l'*amande,* qui peut concourir tout entière à la formation de l'*embryon,* c'est-à-dire de la plante future, ou bien une partie de l'amande se différencie en embryon et le reste devient un tissu qui lui servira d'aliment.

La majeure partie de l'embryon est formée de deux corps volumineux, ovales, convexes en dehors, et plus ou moins concaves sur les faces internes accolées l'une contre l'autre. Ce sont les *cotylédons.* L'un et l'autre est inséré par sa base sur un petit corps conique, formé dans sa partie terminale par la *radicule,* et au-dessus, jusqu'au point d'insertion des cotylédons par la *tigelle.* Sur le prolongement de celle-ci, se trouve, **au-dessus** du point d'insertion des cotylédons, un petit mamelon, caché par leur base et entouré de feuilles rudimentaires ; ce mamelon et les feuilles qui l'entourent portent le nom de *gem-mule* (fig. 67).

Dans des conditions favorables, la graine *germe*, sa radicule donne la première racine, qui s'allonge du haut au bas, la tigelle s'accroîtra de bas en haut, et la gemmule en s'allongeant donnera la tige.

Structure. — Tégument. — L'enveloppe de la graine est un épiderme à caractères variables, il est tantôt lisse, tantôt chagriné, aréolé, velu. Chez le *Gossypium*, il est couvert de poils unicellulaires, très longs et qui constituent le *coton*. Quelquefois, les poils se localisent çà et là pour former des aigrettes (*Asclépiadées*, *Apocynées*, *Populus*).

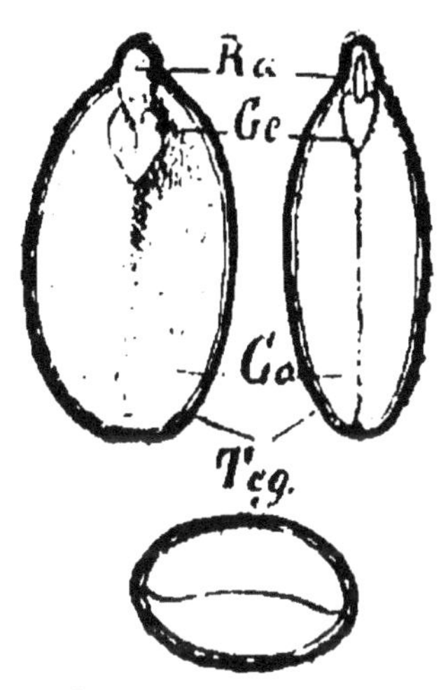

Fig. 67. — Graine.

Le tégument peut encore se gélifier dans l'eau, et se résoudre en mucilage (*Linum*, *Plantago*).

Quand l'ovule n'a qu'une enveloppe, c'est d'elle que dérive le tégument. S'il y en a deux, c'est la première qui persiste le plus souvent. Chez les *Graminées*, la membrane enveloppant l'ovule se résorbe ainsi que la partie interne du péricarpe, ce qui reste de celui-ci adhère fortement à la graine et l'ensemble constitue le *caryopse* (Voy. chapitre VII). Quand le tégument est simple, il peut devenir pulpeux et épais (*Opuntia*, *Passiflora*, *Punica*). Quand le tégument est dédoublé, le testa est solide, épais, résistant (*Ribes*, *Vitis*), quelquefois papyracé (*Prunus*, *Amygdalus*) et l'endocarpe se durcit en un noyau protecteur. Le tegmen constitue généralement une pellicule fine autour de l'amande.

FUNICULE. — Quand le funicule existe dans l'ovule il continue à conduire dans la graine des sucs nourriciers, il est parcouru par un faisceau vasculaire qui se ramifie dans le tégument.

HILE. — Le hile de l'ovule s'élargit fréquemment (*Faba*, *Æsculus*), de manière à occuper une grande surface. Quelquefois, on peut apercevoir le micropyle (*Phaseolus*), mais assez souvent aussi il s'oblitère.

AMANDE. — Chez les *Angiospermes*, le noyau définitif du sac embryonnaire se segmente un grand nombre de fois, les noyaux viennent former une double assise pariétale, peu de cloisons se forment entre eux, et la paroi est doublée intérieurement par un parenchyme, en voie incessante de cloisonnement centripète. Le parenchyme envahit bientôt la cavité du sac, on lui donne le nom d'*albumen*. Quand cet envahissement est lent, le milieu de l'amande est occupé par un liquide albumineux (*Coccos*).

En se formant, l'embryon digère son albumen, qu'il attaque par des liquides sécrétés par lui-même. Quand la différenciation de l'embryon est activée, la graine dépourvue d'albumen est *exalbuminée* (*Crucifères, Rosacées, Laurinées*).

Si la digestion est incomplète, l'embryon est environné d'une certaine quantité de tissu nourricier, et la graine est *albuminée* (*Chénopodiées, Solanées, Caryophyllées*).

On distingue plusieurs sortes d'albumen d'après la nature des substances que contiennent ses éléments cellulaires. Il peut être *amylacé* si le contenu est de l'amidon (*Graminées, Polygonées, Chénopodiées*); *charnu*, si sa consistance est plus ferme, et s'il contient des corps gras ou de l'aleurone (*Liliacées, Renonculacées, Ombellifères*). Si c'est l'huile qui domine, l'albumen est *oléagineux* (*Euphorbiacées*). Quand sa consistance est considérable, on le dit *cartilagineux* ou *corné* (*Palmiers*, *Rubiacées*, *Phytelephas*) ; il peut alors atteindre la dureté de l'ivoire.

Périsperme. — A mesure que l'embryon grandit, la nucelle s'écrase contre le tégument et disparaît. Mais chez quelques végétaux, il prolifère activement et constitue un parenchyme de réserve qui est le *périsperme*, dont l'origine est bien différente de celle de l'albumen.

L'existence du périsperme est parfois transitoire (*Amygdalées*), mais il peut aussi former presque toute l'amande (*Canna*).

Sa formation et celle de l'amande peuvent avoir lieu simultanément (*Nymphéacées*, *Pipéracées*).

Embryon. — La radicule est toujours tournée vers le *micropyle*, elle est souvent portée par une sorte de pied, le *suspenseur*, dérivant de la segmentation de l'oosphère et dont le rôle est de s'allonger pour enfoncer davantage l'embryon dans le tissu nourricier. Quand son rôle est terminé, le suspenseur disparaît.

Le degré de différenciation de l'embryon est variable avec les plantes. Le plus souvent, ses diverses parties sont distinctes dans la graine mûre.

Il est rare d'y rencontrer des éléments vasculaires, mais on y observe un épiderme stomatifère, un cylindre central et une zone corticale sur la tigelle et la radicule. Les faisceaux primaires sont indiqués par des files de cellules allongées. Chez un assez grand nombre de plantes, le tissu de l'embryon est homogène (*Orobanche*, *Monotropa*).

Les cotylédons sont très épais quand le tissu nourricier est peu développé. Ils deviennent alors le lieu des réserves alimentaires (*Amygdalus*, *Juglans*, *Quercus*).

L'embryon est petit et les cotylédons minces et foliacés, si le tissu nourricier est abondant (*Ricinus, Renonculacées, Ombellifères*).

L'embryon est droit ou rectiligne (*Ricinus, Polygonées*), ailleurs il est arqué (*Solanées*), ou courbé en cercle, quelquefois même enroulé en spirale (*Chénopodiées*).

La radicule forme parfois un coude brusque, et se replie sur les cotylédons. Ceux-ci étant accolés par leur face ventrale, si la radicule s'appuie sur la face dorsale de l'un d'eux, on les dit *incombants*; si la radicule s'appuie latéralement sur leurs bords juxtaposés, ils sont *accombants*.

Enfin, dans la graine albuminée, l'embryon est central ou périphérique.

PARTIES ACCESSOIRES. — Chez quelques plantes, le point d'insertion du funicule sur la nucelle devient le point de départ d'un développement spécial. Un bourrelet charnu se forme autour de l'ovule fécondé, puis se développe autour de lui en une membrane qui recouvre entièrement la graine. Cette formation est un *arille* (*Taxus*). Ailleurs, ce sont les bords du micropyle qui prolifèrent de cette façon. Tantôt le tégument se développe simplement en une masse charnue, d'un volume variable (*Caroncule*), tantôt il s'y constitue une enveloppe supplémentaire qui tend à envahir toute la surface de la graine, comme le fait l'arille, mais en sens inverse. C'est un *arillode* ou *faux-arille* (*Polygala, Evonymus*).

GRAINE DES GYMNOSPERMES. — On reconnaît, dans l'embryon des *Gymnospermes*, les mêmes parties que dans celui des *Angiospermes*. Le nombre des cotylédons est variable et l'on en trouve plusieurs verticillés au sommet de la tigelle (*Pinus*).

En tous cas, le tissu nourricier est d'origine différente dans les deux groupes. Chez les *Gymnospermes*, le rôle nutritif est dévolu à l'*endosperme* qui est formé avant la fécondation.

Le tégument est ligneux ou crustacé. Chez les *Cycadées*, la partie externe du tégument est épaisse et charnue, tandis que l'interne forme un noyau autour de l'amande. Un tel fruit est dit *drupacé*.

Origine. — I. ANGIOSPERMES. — L'œuf fécondé s'allonge parallèlement à l'axe du sac embryonnaire, puis se divise perpendiculairement à cette direction.

La cellule supérieure, se cloisonnant, devient un cordon cellulaire, supportant à son extrémité la deuxième cellule. C'est le *suspenseur*, dont les éléments se chargent, parfois, de substances nutritives.

La cellule inférieure s'arrondit en sphère, puis se segmente en deux, soit perpendiculairement au plan de symétrie de l'ovule, soit suivant ce plan.

A son tour, chaque moitié se divise, et dans les quatre cellules ainsi formées, une cloison tangentielle sépare l'épiderme ; les cellules médianes donnent naissance, par leurs cloisonnements répétés, à l'écorce et au cylindre central. L'ensemble s'allongeant devient la tigelle. A l'extrémité de celle-ci, en des points voisins des cellules issues du premier cloisonnement apparaissent deux mamelons couverts par l'épiderme, ce sont les cotylédons, entre lesquels apparaît la pointe de la tigelle. Contre le suspenseur, celle-ci se termine en pointe. A une petite distance de celle-ci, l'épiderme se cloisonne vers le centre et tangentiellement. La partie située au-dessus de la première cloison devient la radicule.

Chez les *Monocotylédones*, la cellule mère de l'embryon se cloisonne perpendiculairement au plan de symétrie de l'ovule, et il ne se forme qu'un cotylédon.

La tigelle, en poursuivant son développement, peut produire quelques feuilles ; en ce cas, il y a une gemmule, ce qui n'a pas toujours lieu.

Dans certains cas, les deux premières cellules de l'œuf constituent un corps pluricellulaire non différencié, qui est le *proembryon*; ce n'est qu'ensuite que se forme un mamelon qui devient l'embryon.

Souvent, dans le même ovule, on rencontre plusieurs embryons dus à la fécondation des synergides, mais un seul se développe. Quelquefois, il se forme des *embryons adventifs*, parce que certaines cellules du nucelle produisent des embryons analogues à celui du sac embryonnaire.

II. GYMNOSPERMES. — Le noyau de l'œuf forme, par deux divisions transversales, quatre noyaux qui se divisent longitudinalement.

Entre les huit noyaux, se forme une cloison cellulosique, suivie de trois cloisons longitudinales séparant quatre paires de noyaux superposés.

Les noyaux supérieurs sont placés dans des alvéoles et les inférieurs dans les cellules.

Ces derniers se divisent à deux reprises et donnent trois rangs de quatre noyaux superposés qui se séparent par des cloisons. Les noyaux des alvéoles et le reste de l'œuf se résorbent rapidement. Les autres cellules donnent les diverses parties de l'embryon. Les étages supérieur et moyen forment le suspenseur, qui devient très long et se tord en spirale.

Quant aux quatre cellules restantes, tantôt elles entrent dans la constitution de l'embryon, tantôt chacune d'elles se divisant par deux cloisons rectangulaires donne un embryon.

La polyembryonie est possible et due à la présence dans le nucelle de plusieurs corpuscules fécondés, et aussi à ce que chaque œuf peut produire plusieurs embryons. Cependant, il n'y a dans la graine mûre qu'un embryon bien conformé, les autres avortent à diverses époques de leur développement.

DEUXIÈME PARTIE

PHYSIOLOGIE

CHAPITRE PREMIER

PHYSIOLOGIE GÉNÉRALE.

Vie active. — Si l'on suppose un corps en voie de croissance, c'est-à-dire dans un état où il réagit sur le milieu extérieur et réciproquement, où par conséquent des phénomènes plus ou moins compliqués s'accomplissent en lui, cet état perpétuel d'échange et de mouvement de matière est la *vie active*.

Vie ralentie. — Si le corps est en repos sans croissance, n'exerçant sur le milieu extérieur qu'une action très faible et ne subissant dans sa masse que des changements lents, on dit qu'il est à l'état de *vie ralentie*.

Conditions de la vie végétale. — Une plante étant donnée sous une forme quelconque, à la condition de ne pas se trouver épuisée par une vie antérieure, les conditions nécessaires pour entretenir la forme du corps ou la réparer, se réduisent aux conditions de milieu :

1° La plante doit être soumise à l'influence de la radiation solaire ;

2° Elle doit s'alimenter, c'est-à-dire prendre dans le milieu extérieur certaines substances nécessaires au jeu régulier des organes, ces substances peuvent être désignées sous le nom général d'*aliment*.

Radiation. — Pour déterminer l'action de la radiation, on peut employer trois méthodes :

1° La meilleure serait de former un spectre à l'aide d'un réseau. Dans les spectres ainsi obtenus, les rayons sont étalés proportionnellement à leur longueur d'onde.

En exposant la plante à toutes les régions de ce spectre, on l'exposerait à des faisceaux de rayons contenant sous une même largeur le même nombre de radiations. En comparant les effets obtenus on comparerait les effets des divers intervalles. Ce genre d'expérience n'est pas encore réalisable.

2° On peut employer un spectre de prisme en interceptant les diverses régions par des écrans. Mais ici la dispersion est inégale. Il faudra tenir compte de la dispersion du prisme, et ramener par le calcul les choses à l'état normal, qui est le spectre de réseau. Enfin, il faut pour obtenir un spectre pur faire passer la radiation solaire par une fente étroite, ce qui diminue l'intensité lumineuse et par suite l'intensité d'action. L'effet produit sera faible, et les causes d'erreur grandes.

3° On fait passer la lumière blanche à travers des substances absorbantes. Les principales sont :

La dissolution d'iode dans le sulfure de carbone qui ne laisse passer que les rayons infrarouges.

La dissolution aqueuse d'alun arrête au contraire les rayons infrarouges.

Une solution peu concentrée d'iode dans le sulfure de carbone laisse passer les rayons infrarouges et rouges jusqu'à la raie B. Le verre coloré en rouge par l'oxyde de cuivre ne laisse passer que les rayons rouges et infrarouges. La dissolution dans l'eau de permanganate et de bichromate de potassium ne laisse passer que la portion du rouge comprise entre les raies A et B. Pour isoler les radiations comprises entre les raies B et C, on se sert d'une dissolution d'ésorceine. La solution mixte d'acétate de nickel et d'uranium, et de bichromate de potassium laisse passer l'orangé avec un peu de rouge, et le jaune avec un peu de vert. La solution de bichromate de potassium laisse passer le rouge et la moitié du vert. La même solution, mélangée de sulfate de cuivre ammoniacal, laisse passer presque tout le vert. La solution de sulfate de cuivre ammoniacal laisse passer les rayons réfrangibles à partir du vert. Le bleu de Prusse dissous dans l'acide oxalique laisse passer le bleu et un peu de vert. Il n'y a pas de solution connue ne laissant passer que le spectre ultraviolet; on n'en connaît aucune donnant le jaune pur et le violet.

La solution de bichromate de potassium et la solution ammoniacale d'oxyde de cuivre séparent en deux moitiés la radiation totale. Le bichromate laisse tout passer depuis le rouge extrême jusqu'au milieu du vert, l'oxyde se laisse traverser par toutes les radiations, du vert à l'ultraviolet.

L'action des radiations exige un temps assez long. Pour obtenir une constance suffisante dans l'intensité de la radiation, on se sert d'une source artificielle. On l'éloigne et on la rapproche pour obtenir des variations d'intensité.

Un premier résultat est que les radiations infrarouges suffisent à la vie, les radiations violettes ou ultraviolettes ne sont pas indispensables.

L'intensité des radiations se mesure au thermomètre. Il existe une température inférieure, et une température supérieure au delà desquelles la vie est impossible, et dans l'intervalle une troisième température *optima*, c'est-à-dire pour laquelle la vie se manifeste avec le plus d'énergie.

En outre, au-dessous du minimum existe une température qui arrête la vie, définitivement, et au-dessus du maximum une température dont l'effet est identique. Les températures varient avec chaque espèce.

Aliments. — C'est l'ensemble des corps que la plante doit trouver réunis dans le milieu qui l'entoure. L'analyse chimique en détermine la nature. Cela fait, on doit chercher sous quelle forme ils doivent exister pour être *assimilés* par le corps.

La recherche des aliments peut s'effectuer par analyse élémentaire de la plante. Cette analyse se fait comme il suit. On détermine le poids d'eau contenu, en desséchant la plante au-dessous de 100°, on pèse avant et après l'opération. Le rapport entre le poids de la plante sèche et le poids de la plante vivante est très variable. Ensuite, on calcine la plante sèche, en présence de l'oxygène de l'air, une partie brûle en donnant de l'anhydride carbonique et de la vapeur d'eau. Le poids de *cendres* qui restent atteint à peine le centième du poids de substance sèche. On en fait l'analyse élémentaire.

Les corps simples qui sont les éléments constitutifs de l'aliment d'un végétal, sont : carbone, oxygène, hydrogène, azote, soufre, phosphore, chlore, silicium, potassium, calcium, magnésium, fer. D'autres, le sodium, le lithium, le zinc, le manganèse, ne semblent pas indispensables.

Les quatre premiers corps ne manquent jamais. Le carbone est le plus abondant, puis l'hydrogène; l'oxygène est en proportion insuffisante pour brûler tout l'hydrogène et le carbone, celle de l'azote est une petite fraction du poids sec. Les autres éléments sont en quantité très faible.

On peut encore opérer par synthèse. Pour cela, on constitue un milieu où la plante peut atteindre son complet développement. Puis on retranche successivement un à un de ce milieu les éléments constitutifs et on analyse la plante.

Il faut choisir une plante qui n'ait encore emmagasiné qu'une petite quantité d'éléments nutritifs, comme la graine d'une *Phanérogame*. Mais la graine renferme toujours une réserve alimentaire. Il vaut mieux prendre une plante à germe petit et qui ne soit pas à l'état de vie ralentie. On réalise ces conditions en s'adressant aux *Levures* et aux *Bactéries*. Les plantes vertes doivent être écartées, car leur chlorophylle jouit de certaines propriétés qui viendraient contrarier l'expérience. L'application aux plantes vertes donne des résultats moins précis, parce que la graine peut contenir des éléments qu'on n'a pas introduit dans le milieu artificiel. Mais on arrive parfaitement à trouver un milieu tel qu'une plante verte y prospère, une bonne liqueur contient en solution dans un litre d'eau : 1 gr. de nitrate de calcium, 0 gr. 25 de chlorure de potassium, autant de sulfate de magnésium, et autant de phosphate monopotassique, avec quelques gouttes de chlorure de fer en solution étendue.

Les résultats confirment ceux de la méthode analytique, et on peut dire que l'aliment de la plante est composé de carbone, hydrogène, oxygène, azote, phosphore, soufre, potassium, magnésium, silicium, fer, zinc et manganèse.

Répartition des aliments. — Il y a trois modes de répartition de l'aliment: 1° tout entier au dehors; 2° tout entier en dedans; 3° mi-partie dehors et dedans.

I. RÉPARTITION EXTERNE. — Elle n'est jamais totale puisque l'organisme contient toujours une partie de l'aliment. En prenant la plante sous un très petit volume (spores de *Levures*, de *Mucorinées* ou de *Bactéries*), on approche de la condition théorique. Le poids du germe échappant aux moyens de mesure, la plante intervient à peine, mais assez pour concentrer et conserver l'ensemble des propriétés qui constituent sa nature propre. C'est en ce cas seulement qu'on peut dire la répartition externe.

II. RÉPARTITION INTERNE. — Si l'on prend comme point de départ une plante développée, on pourra la faire vivre dans une milieu privé d'azote, par exemple. Il semble alors qu'elle puisse se passer de l'aliment complet. Il n'en est rien, le végétal vit sur lui-même, épuisant ses réserves, et trouvant en lui l'aliment qui fait défaut. Il y a dans ce cas répartition interne.

III. RÉPARTITION MIXTE. — C'est le cas où les éléments nécessaires à la vie se trouvent, les uns à l'extérieur, les autres à l'intérieur de la plante.

Forme assimilable des aliments. — Le carbone peut être présenté de bien des manières aux plantes dépourvues de chlorophylle: le glucose, l'acide tartrique paraissent en être les meilleures, mais la glycérine, l'alcool, la mannite, le tannin, les acides acétique, oxalique, malique et citrique peuvent leur donner du carbone. Si la plante est verte, l'anhydride carbonique est la forme assimilable du carbone.

Sauf quelques *Bactériacées*, tous les végétaux absorbent l'oxygène gazeux. Sa présence est nécessaire à la vie normale de la plupart des plantes. Quelques-unes peuvent vivre longtemps sans lui et provoquent dans le glucose la fermentation alcoolique (1). D'autres, comme le *Bacillus amylobacter*, ne

_____

(1) Voy. H. Girard, *Aide-mémoire de Botanique Cryptogamique*, p. 53.

peuvent vivre en présence de l'oxygène libre. Mais ce corps peut être assimilé à l'état de combinaison (eau, glucose).

L'azote n'est assimilé que sous forme de nitrates ou d'ammoniaque, quelquefois de composés plus complexes (albuminoïdes, urée, asparagine).

L'hydrogène est assimilé sous forme d'eau ou de composés ternaires et quaternaires. Le phosphore s'assimile sous forme d'acide phosphorique; le soufre, d'acide sulfurique; le silicium, d'acide silicique. La forme assimilable du potassium et du magnésium est l'oxyde, parfois le chlorure. Pour les autres métaux, c'est l'oxyde.

L'aliment assimilé est en partie consommé pour la nutrition et pour l'entretien de la chaleur, en partie conservé sous une forme non assimilable actuellement. Pour être utilisée, celle-ci subira une série de transformations et, au moment où les réserves atteignent cet état, on dit que la plante atteint l'état de maturité des réserves. Tant qu'il n'est pas atteint, il est inutile de réunir autour de la plante, prise à l'état de vie ralentie, les éléments externes rendus assimilables : la vie ne se manifeste pas.

Quantité utile des corps assimilables. — Le mécanisme qui rend assimilable une partie de l'aliment interne est telle que le phénomène s'accomplit assez lentement, et l'état assimilable n'est réalisé qu'au fur et à mesure de son emploi. Pour l'aliment externe, il y a une quantité *optima*. Au delà ou en deçà de cette proportion, le développement marche moins bien, et il cesse même si la proportion devient trop forte. L'aliment devient alors un poison.

Anesthésiques. — Certaines causes peuvent empêcher la plante de profiter de l'alimentation mise à sa portée. Ainsi, une petite quantité de chloroforme ou d'éther arrête tout développement de la levure de bière, mais dès que l'action de ces corps cesse, le développement commence. Ces substances empêchent aussi le passage de la vie ralentie à la vie active, elles arrêtent par exemple la germination des graines. Ces matières sont dites anesthésiques.

Poisons. — D'autres substances, au contraire, se comportent comme des poisons violents. Ainsi le nitrate d'argent à dose infiniment faible empêche le développement de certains Champignons.

Manifestations externes de la vie. — Les phénomènes vitaux nécessitent ou non l'intervention des radiations. Les premiers sont dits *phénomènes cytoplasmiques*, les autres, qui ont leur siège dans les chloroleucites, sont dits *photochlorophylliens*, ils ne sont propres qu'aux plantes vertes.

Phénomènes cytoplasmiques. — Le milieu extérieur agit de quatre manières sur le protoplasma : 1° par la pesanteur; 2° par la radiation; 3° par les gaz ; 4° par les liquides.

Pesanteur. — Elle modifie la croissance du corps. Cette action s'exerce aussi bien quand le corps est vertical que lorsqu'il est oblique ou courbé. Elle se manifeste par des courbures externes; aussi, donne-t-on à ce phénomène le nom de *Géotropisme*. Il est *négatif* quand la partie du corps dont la pesanteur accélère la croissance, est dirigée vers le haut, et *positif* dans le cas contraire.

La pesanteur accroît la vitesse de croissance dans la région supérieure du corps, et la diminue dans la région inférieure descendante. En effet, si l'axe de croissance se trouve dirigé horizontalement, la pesanteur agit sur la face inférieure plus que sur la face supérieure, la courbe et la ramène à sa situation verticale, tandis que la partie du corps où la croissance est achevée demeure horizontale.

Si l'on place horizontalement le corps tout entier, aussi bien l'axe ascendant que l'axe descendant, on observera: 1° que, dans la région de croissance de la portion ascendante, la pesanteur agit plus sur la face inférieure que sur la face supérieure, celle-ci devient concave, et celle-là convexe, l'extrémité se redresse jusqu'à devenir verticale. Dans la région de croissance descendante le phénomène est inverse, la pesanteur retarde la croissance plus sur la face inférieure que sur la face supérieure; celle-ci devient convexe, et celle-là concave, l'extrémité s'abaisse jusqu'à devenir verticale. Quand le corps est placé verticalement, l'action de la pesanteur est uniforme et le corps garde sa position verticale.

Lorsque le corps se ramifie, la croissance des membres issus du tronc est influencée par la pesanteur, d'une manière différente. Elle agit uniformément dans une direction oblique, parfois même horizontale. A côté du géotropisme vertical du tronc, il y a le géotropisme oblique ou horizontal des membres. Le géotropisme oblique est *positif* si le membre se dirige vers le bas, *négatif* dans le cas contraire. Un membre à géotropisme horizontal peut d'ailleurs produire des rameaux à géotropisme vertical (*Juncus*), et même, un membre à géotropisme horizontal peut acquérir secondairement le géotropisme vertical (*Polygonatum*).

Suivant la nature de la partie du corps considérée, l'action de la pesanteur peut s'égaliser, et ne produire aucune courbure soit dans la position verticale, soit dans la position horizontale, soit dans la position oblique. Pour maintenir cette région dans une position autre que l'état d'équilibre géotropique, on la fixe au bord d'un disque tournant autour d'un axe horizontal. Quelle que soit la position du corps, la pesanteur agit de la même manière sur tous les côtés et l'action s'égalise. Le corps est ainsi soustrait à l'action fléchissante de pesanteur. La racine et la tige principales fixées perpendiculairement au disque continueront à croître dans cette direction. Comme l'action de la pesanteur est lente, le disque devra posséder une vitesse de rotation faible. L'action de la force centrifuge est ainsi annulée, et toutes les extrémités du végétal croissent dans la position qui leur a été donnée.

Force centrifuge. — La force centrifuge agit comme la pesanteur, il suffit pour le constater d'augmenter la vitesse du disque. On dirige l'axe de croissance du corps de la plante perpendiculairement au rayon. La force centrifuge agit alors plus fortement sur la face externe ou tangentielle que sur la face interne ou centrale. La région de croissance se courbera donc de manière à prendre la direction du rayon. Les régions qui ont terminé leur croissance conservent la position qui leur a été assignée. On observe, en outre, qu'une région douée de géotropisme positif vertical se dirige en même sens que la force centrifuge, tandis qu'une région négativement géotropique se dirige en sens inverse, et toutes deux radialement.

Pour supprimer l'action fléchissante due à la force centrifuge, on fixera le corps perpendiculairement au rayon, et le fera tourner lentement autour de l'axe. La force centrifuge agit alors sur toutes ses parties et l'action s'égalise. Si le disque tourne lentement, on supprime l'action de la pesanteur, et il n'y a aucune flexion. Ces expériences n'ont pas été réalisées, à cause de leur difficulté pratique. On détermine une action inégale de manière à combiner les actions fléchissantes des deux forces. Pour cela, on se sert d'un disque dont l'axe de rotation est vertical, on le fait tourner assez vite pour que la force centrifuge agisse lentement et pour que l'action de la pesanteur soit sensible. Alors la plante se dirige suivant la résultante des deux forces, selon une direction oblique. Si le corps comprend une racine et une tige dont le géotropisme est vertical et inverse, on voit la première se diriger obliquement, en dehors et en bas; la seconde, obliquement, en dehors et en haut. En outre, la vitesse de rotation de l'extrémité de la racine croissant à mesure qu'elle s'allonge, la force centrifuge augmente, tandis que la pesanteur reste constante; donc la pointe de la racine se rapprochera de l'horizontale, et la pointe de la tige se rapprochera de la verticale.

TRAVAIL DE LA PESANTEUR. — Si l'on prend un membre géotropique positif et qu'on le place horizontalement, la région de croissance, en se plaçant vers le bas, soulève toute la portion ancienne. En mettant sur une racine un poids assez lourd qui la maintient horizontale, on peut mesurer l'effet accompli. On peut encore placer la pointe de la racine sur un bain de mercure, on voit alors qu'elle s'y enfonce en surmontant la résistance du liquide qui est très grande à cause de sa densité.

On peut mesurer l'effet géotropique d'une racine. Sur une poulie très mobile, passe un fil de cocon portant deux globules de cire de même poids, l'un d'eux creusé en coupe contient un peu d'eau et reçoit la pointe d'une racine fixée horizontalement; sur l'autre globule, on place un petit poids d'étain préalablement pesé. Le tout étant disposé sous une cloche, à l'air humide, la croissance de la racine fait descendre le premier globule de cire et monter l'autre. En augmentant la charge on arrive à annuler le mouvement, mais la croissance de la racine est modifiée. Malgré ces expériences, la théorie du géotropisme est inconnue. On ignore pourquoi la même cause extérieure agissant sur des corps de structure analogue provoque des effets opposés.

RADIATION. — La radiation solaire est en partie absorbée, en partie réfléchie par la plante. Cette dernière portion est sans action.

De la portion absorbée, une est retenue par le cytoplasma, l'autre par la chlorophylle. La première élève la température du corps, et modifie sa croissance.

Si le corps 'est en voie de croissance, celle-ci est modifiée. Si la croissance est achevée, l'effet mécanique produit des mouvements déterminés. Ceux-ci affectent le corps entier s'il est mobile, et n'intéressent que les membres mobiles s'il est fixé. S'il est rigide ils sont limités au cytoplasma.

L'expérience montre que les radiations formant l'infrarouge augmentent la croissance. Cette action de la radiation sur la croissance est l'*actinauxisme*. Les radiations réfrangibles isolées retardent la croissance autant que la radiation totale. L'action est plus ou moins considérable selon les plantes.

C'est quand la radiation possède une intensité moyenne qu'elle exerce sa plus grande action. Il y a un optimum d'intensité, variable avec la nature de la plante, et la région considérée.

Si l'on se place dans des conditions telles que la plante reçoive la radiation totale suivant une seule direction latérale, le côté tourné vers la lumière et le côté opposé s'accroissant inégalement, il en résulte une courbure vers la source, ou en sens contraire, suivant le jeu de la différence d'intensité.

Si cette dernière est à l'optimum, ou au-dessous, la face irradiée s'allonge moins que l'autre, et le corps se courbe vers la source lumineuse. Si l'autre face est moins retardée dans sa croissance, l'inflexion aura lieu vers la source; si elle est retardée comme elle, il n'y aura pas d'inflexion; si elle est plus retardée, la flexion a lieu en sens inverse.

Actinotropisme. — La flexion n'a lieu que dans la région de croissance, et on nomme *actinotropisme* cette faculté de s'infléchir; c'est un actinauxisme inégal. Si la radiation est lumineuse l'actinotropisme devient le *phototropisme*; si elle ne renferme que des rayons calorifiques, l'actinotropisme devient le *thermotropisme*. Quand l'inflexion a lieu vers la source, il est *positif*, et *négatif* dans le cas contraire.

L'actinauxisme est une fonction de la longueur d'onde. Nulle pour les grandes longueurs, l'action croît, en sens inverse, passe par un maximum dans la limite du rouge, décroît ensuite et passe par un minimum situé dans le jaune, croît et atteint un maximum plus élevé que le premier, vers la limite du violet, puis décroît et s'annule.

L'intensité présente un optimum variable avec les plantes. Pour soustraire la plante en voie de croissance à l'action actinotropique, on la place sur un plateau horizontal tournant lentement sur lui-même, l'action s'égalise en s'exerçant sur tous les côtés du corps, la croissance est retardée comme si la radiation s'exerçait équilatéralement.

Le géotropisme et l'actinotropisme s'exercent inversement. La tige, négativement géotropique, est positivement actinotropique, la racine négativement actinotropique est positivement géotropique. L'énergie des actions est différente.

Clinostat. — Pour les égaliser, on se sert d'un appareil appelé *clinostat*. C'est un disque à axe de rotation horizontal placé parallèlement à l'orifice par où vient la lumière; s'il tourne très lentement, la pesanteur et la radiation s'exercent également et successivement sur tous les côtés du corps, et aucune action fléchissante ne se produisant, la plante continue de croître dans la direction même où on l'a placée.

Isotropie. — Quand toutes les parties du corps obéissent de la même manière à l'action de la pesanteur et de la radiation, on les dit *isotropes* (*Bactériacées, Oscillariées,* etc.). Quand elles obéissent différemment à ces forces et prennent, sous leur influence, des directions différentes, on les dit *anisotropes* (*Plantes vasculaires*). L'anisotropie a pour manifestations extrêmes, l'*orthotropie* et la *plagiotropie.* Une partie de plante est *orthotrope* quand, dans les circonstances ordinaires, elle se dresse verticalement ; elle est *plagiotrope* quand elle rampe horizontalement.

Actinoactisme. — La radiation exerce encore son action quand la croissance du corps est achevée.

Les corps libres et mobiles de certaines *Algues* (*Desmidiées*) sont sensibles à l'action d'une radiation unilatérale, mais à divers degrés. Cette propriété est l'*actinoactisme.* Le corps se déplace sous l'influence de la radiation. Si la radiation est lumineuse, l'actinoactisme devient le *photoactisme.*

Chez les plantes fixes, la radiation unilatérale détermine des mouvements à l'intérieur des cellules.

Si la radiation frappe normalement un végétal, les chloroleucites se rassemblent du côté par où vient la lumière, sur les faces inférieure et supérieure des cellules ; si la radiation devient oblique ou horizontale, les chloroleucites se placent sur les faces latérales. Cela s'observe dans les feuilles vertes, et la deuxième position qui correspond aussi à l'absence de radiation est dite position *nocturne,* tandis que la première est dite position *diurne* (fig. 68 et 69).

Il est certain d'ailleurs que les chloroleucites sont passivement entraînés par le cytoplasma et que leur accumulation trahit seulement la position de celui-ci.

Il semble que les mouvements photoactiques soient dus aux radiations les plus réfrangibles.

Sur les cellules qui ont achevé leur croissance, une radiation fortement intense intervertit l'effet d'une radiation faible. Si l'on transporte la source lumineuse d'un sens dans l'autre, il en résulte une orientation inverse du proto-plasma. Entre les deux in-tensités extrêmes, il existe probablement une intensité moyenne qui ne produit pas d'effet et telle que le corps de-meure indifférent à l'orienta-tion, sans s'éloigner ou se rapprocher de la source. Cette intensité semble varier beaucoup avec les plantes.

Enfin le photoactisme varie beaucoup avec la nature et l'âge de la région du corps.

ACTION DES GAZ. — Diffé-rents gaz enveloppent la plan-te soit à l'état libre (air), soit à l'état de dissolution dans l'eau. Ils pénètrent dans la

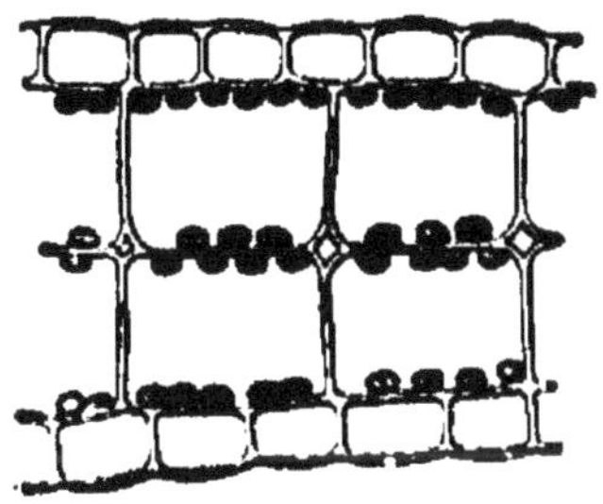

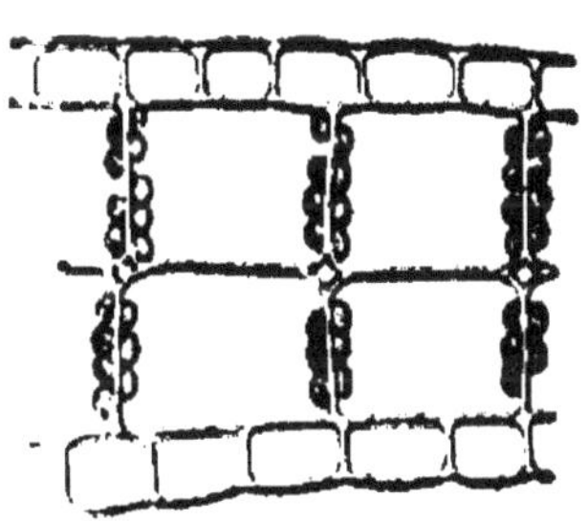

Fig. 68 et 69. — Position des chloroleucites.

plante à travers les membranes des cellules, se dis-solvent dans le cytoplasma et dans l'hyaloplasma et cheminent à travers le corps suivant les lois de l'os-mose et de la diffusion. Ils peuvent aussi pénétrer par les stomates et former une atmosphère interne en rapport direct avec l'air extérieur. En somme, il y a absorption de gaz.

D'autre part, les gaz enfermés dans le corps se répandent dans le milieu externe en traversant les membranes des cellules ou les ouvertures des sto-mates. Il y a donc émission de gaz.

L'absorption et l'émission sont des phénomènes physiques, elles ont lieu pour les divers gaz, vis-à-vis d'une même plante, suivant leur nature propre et leurs propriétés osmotiques, et pour les diverses plantes, vis-à-vis d'un même gaz, suivant leur nature spécifique et la qualité spéciale des membranes et des contenus de leurs cellules constitutives. Elles cessent quand l'équilibre diffusif est atteint.

A partir de cet instant, ou bien le gaz absorbé est sans action chimique, et n'est pas consommé, l'équilibre se conserve; ou bien le gaz est fixé dans la plante et se combine à diverses substances, l'équilibre diffusif est détruit; pour le rétablir, une nouvelle quantité de gaz est absorbée.

De même, si le gaz émis n'est produit à nouveau en aucun point, aucune émission nouvelle n'a lieu. Si au contraire, il se reforme, l'équilibre est rompu, et pour le rétablir, le gaz se répand vers la périphérie et se dégage dans le milieu extérieur; l'émission continue tant que la production interne dure.

Deux des gaz de l'atmosphère sont l'un absorbé, c'est l'oxygène, l'autre émis, c'est l'anhydride carbonique. Ce phénomène est celui de *respiration*. En outre le cytoplasma émet constamment de la vapeur d'eau et cette émission est appelée *transpiration*. Quant à l'azote il n'est ni consommé, ni produit.

Respiration. — On met son existence en évidence par des expériences simples. Une éprouvette contenant de l'air et une plante ou une partie de plante quelconque, est renversée sur la cuve de mercure. On doit placer à l'obscurité les parties vertes pour éviter les causes d'erreur dues à la chlorophylle. Cela étant, l'analyse du gaz au bout d'un certain temps permet de constater la disparition de l'oxygène et l'apparition d'une certaine quantité d'anhydride carbonique, dont l'eau de baryte ou de chaux révèle l'existence.

L'oxygène ne se fixe pas directement sur le carbone du cytoplasma et ne se dégage pas ensuite sous forme de gaz carbonique. Entre les deux phénomènes, s'établit une série de réactions intermédiaires, inconnues pour la plupart. Néanmoins, entre le commencement et la fin de cette série, existe une relation fixe. Le rapport de l'anhydride carbonique émis au volume d'oxygène absorbé, pour la même plante, au même âge et dans le même membre, est indépendant des conditions de température, de radiation, de pression. Souvent, il est à peu près égal à l'unité, c'est-à-dire que l'oxygène dégagé dans le gaz carbonique représente à peu près exactement l'oxygène libre absorbé, et le résultat est une perte de carbone. Si rien ne compense cette perte, ce qui est le cas des plantes vertes dans l'obscurité, elle acquiert une grande valeur.

La respiration est la plus générale des fonctions externes. Le mouvement du cytoplasma et la croissance cessent, dès qu'on supprime l'oxygène, la plante dépérit et meurt; elle est *asphyxiée*.

Mais la série des réactions dont le cytoplasma est le siége se poursuit, et le gaz carbonique continue à se dégager. Il faut distinguer cette émission, contemporaine de l'asphyxie, de celle qui a lieu pendant la respiration. Dès que l'oxygène manque, certaines réactions intermédiaires changent de nature. Quand la cellule contient du glucose, il se forme de l'alcool qui n'apparaît pas en temps ordinaire. Tout le gaz carbonique émis n'a pas la même origine que pendant la respiration normale.

La région du corps qui reçoit l'oxygène le consomme pour son compte; il faut donc que toutes les parties du corps soient en rapport avec ce gaz.

On mesure l'intensité de la respiration soit par le volume d'oxygène absorbé dans un temps donné, soit par le volume de gaz carbonique émis dans le même temps. Cette intensité varie avec la température, la radiation, l'état hygrométrique et la pression partielle de l'oxygène dans l'air extérieur.

La respiration est le phénomène physiologique qui commence à la plus basse température et qui se poursuit en augmentant d'intensité jusqu'à la température la plus élevée. Mais il n'y a pas proportionnalité. L'intensité croît d'abord lentement quand la température s'élève, puis plus rapidement. Ce qui donne pour la marche du phénomène une courbe parabolique dont l'axe est perpendiculaire à l'axe des abscisses. Il n'y a pas d'optimum de température, la respiration continuant à croître jusqu'à la limite que peut supporter la plante.

La radiation lumineuse totale diminue l'intensité respiratoire. L'action est forte dans le rouge et le jaune, faible dans le bleu et le violet, nulle dans le vert. L'intensité croît avec l'état hygrométrique de l'air.

Si la pression de l'oxygène dans l'air varie, l'intensité de la respiration varie aussi.

Il y a trois pressions critiques. L'une au-dessus et l'autre au-dessous de laquelle la respiration cesse, et entre les deux une pression optima pour laquelle la respiration s'opère avec le plus de facilité. Ces trois pressions varient d'un végétal à un autre.

Les diverses plantes, exposées à l'air dans les mêmes conditions extérieures, et considérées dans les mêmes parties de leur corps, dégagent et absorbent des quantités de gaz fort différentes. Les feuilles caduques des arbres sont les plus actives.

Les divers membres d'une plante consomment une proportion d'oxygène inégale. Une fleur absorbe plus qu'une racine ou qu'une feuille, et dans la fleur, les étamines consomment davantage. La quantité d'oxygène absorbé est d'autant plus grande que la croissance est plus active. Un embryon au sortir de la graine, une pousse sortant du bourgeon consomment plus qu'ils ne le feront quand leur développement sera plus avancé.

Le rapport du gaz carbonique émis à l'oxygène absorbé varie de même. Il est plus grand pour telle plante que pour telle autre, pour une fleur que pour une feuille, et pour une feuille que pour un rhizome. Les valeurs du rapport sont inférieures à l'unité pendant la germination, et le volume de l'oxygène absorbé peut être double de celui du gaz carbonique émis. Il varie aussi durant le cours du développement. Il s'élève, dans les plantes annuelles, jusqu'au moment de la floraison, passe à ce moment par un maximum puis décroît ensuite.

Emission de radiation. — Les oxydations qui s'accomplissent dans le cytoplasma pendant la respiration, mettent en liberté certaines radiations. Le plus souvent, elles sont peu réfrangibles et chaudes. En respirant, la plante dégage de la chaleur obscure, et rarement de la lumière.

L'effet thermique se mesure au moyen de deux thermomètres, l'un entouré d'un certain poids de matières inertes, l'autre du même poids de portion de plantes en respiration. La différence des indications donne une mesure de la chaleur dégagée. On constate que les fleurs, en respirant, dégagent plus de chaleur que les autres portions de la plante. Cependant des tiges et des feuilles ont accusé des dégagements de chaleur.

L'émission de radiations lumineuses s'observe chez certaines *Bactériacées* et quelques Champignons (appareil sporifère d'*Agaricus olearius*, Champignons exotiques, rhizomorphes d'*Agaricus melleus*). La lumière émise est blanche. Sa production correspond à une respiration intense. Elle cesse dans les gaz inertes.

Transpiration. — La généralité de ce phénomène se démontre par trois expériences qui peuvent servir à mesurer son intensité.

1° Une plante enracinée dans un pot est placée sous une cloche. Le pot est vernissé, et la terre couverte d'un disque de plomb afin d'arrêter la vapeur d'eau émise par l'humidité de la terre. La plante émet de la vapeur d'eau, celle-ci se condense sur les parois internes de la cloche, et ruisselle dans l'assiette. On peut introduire la tige feuillée seule dans un ballon de verre et l'eau de transpiration se rassemble au fond de celui-ci.

2° La plante, enracinée dans un pot vernissé, est abandonnée à l'air libre. On la pèse à des intervalles de temps réguliers, et la perte éprouvée mesure la quantité d'eau transpirée.

3° On se propose d'étudier un organe en particulier. On le coupe à sa base, on l'ajuste, par un bouchon, dans l'une des branches d'un tube en U rempli d'eau jusqu'à une certaine hauteur. L'eau transpirée est remplacée par de l'eau puisée dans le tube, et le liquide descend. Au bout d'un certain temps, son niveau a baissé. On jauge l'espace compris entre les deux niveaux et on connaît le volume d'eau transpiré pendant un temps donné.

L'expérience, pour être rigoureuse, doit être faite à l'obscurité. On voit alors que tous les membres d'une plante différenciée transpirent.

La transpiration devient de plus en plus active jusqu'aux dernières limites de température que peut supporter la plante.

La radiation solaire totale et directe accélère la transpiration plus que la radiation diffuse. Mais l'action n'est pas immédiate. Si la plante passe de l'obs-

curité à la lumière, c'est au bout d'un certain temps-
que le phénomène atteint l'état stationnaire approprié aux conditions nouvelles.

L'état d'humidité agit aussi de telle sorte que plus-
l'air est sec, plus la plante transpire. L'agitation de
l'air est encore un facteur favorable, mais la transpiration se produit dans l'air saturé.

A surface égale, la quantité d'eau transpirée dans
un temps donné par un même membre au même
âge est différente avec la nature de la plante. La
transpiration est très énergique chez les *Graminées*
et chez les végétaux herbacés en général.

La transpiration des divers membres n'a pas la
même intensité. Elle est plus forte dans les feuilles
et dans les fleurs que dans la tige et dans les rameaux quand la croissance est terminée que pendant
qu'elle s'accomplit, ou que lorsque la surface cutinisée devient moins perméable.

Exsudation. — Une plante aérienne placée à la lumière, à une température suffisante, transpire activement. Mise à l'obscurité avec abaissement de température, la transpiration s'amoindrit fortement. Cependant, comme l'eau est absorbée toujours, une
pression s'établit, et des gouttelettes d'eau perlent
à la surface. Ce phénomène s'accomplit dans la nature, la nuit, et cesse le jour, c'est l'*exsudation*. Il
se montre encore avant l'épanouissement des bourgeons, quand la plante absorbe beaucoup d'eau
qu'elle ne peut transpirer. Si l'on coupe la tige,
une quantité abondante d'eau s'échappe. C'est en
particulier le phénomène des pleurs de la vigne.

Le liquide exsudé ayant filtré à travers toute la
plante est d'une limpidité absolue. Ayant dissous des
sucres et des sels, il possède un indice de réfraction supérieur à celui de l'eau pure.

Digestion. — Le liquide exsudé à travers les membranes possède parfois des propriétés très actives. Il peut attaquer et dissoudre certaines substances qui sont ensuite absorbées par le corps à cet état. Cette transformation d'une matière insoluble en matière soluble est le phénomène de *digestion*.

En certains points de son corps la plante peut digérer des substances situées en dehors d'elle.

Les exemples de digestion végétale abondent, l'embryon digère l'albumen de la graine, la radicelle dissout sa poche digestive. Le liquide qui humecte la surface des jeunes racines attaque le marbre. Les *Lichens saxicoles* attaquent le granite.

La digestion végétale est ainsi un phénomène important dans l'alimentation des plantes.

ACTION DE L'EAU ET DES DISSOLUTIONS. — Le corps de la plante se laisse pénétrer par l'eau, et les matières dissoutes qui se trouvent en contact avec lui. On dit alors qu'il *absorbe* ces substances. En même temps, il laisse échapper des matières solubles. Ce phénomène est l'*excrétion*.

I. *Absorption*. — L'eau distillée passe à travers la membrane externe des cellules périphériques, se répand dans son protoplasma, et chemine ensuite de cellule en cellule dans les profondeurs du corps, suivant les lois physiques d'osmose et de diffusion. Une fois le corps saturé d'eau, un équilibre s'établit et l'eau cesse d'être absorbée.

Si la plante ne consomme pas d'eau, si elle ne s'accroît pas, ou n'en rejette point (Plantes submergées adultes), aucune absorption nouvelle ne se fait. Dans le cas contraire, l'équilibre est à tout moment rompu, les phénomènes d'osmose et de diffusion se poursuivent, et la quantité d'eau absorbée mesure à chaque instant la quantité d'eau consommée.

La plante étant saturée d'eau et n'en consommant pas, toute eau contenant un sel en dissolution

ne pourra pénétrer dans le corps, mais si la plante
est insuffisamment pourvue de la substance dissoute,
celle-ci traversera les membranés et se répandra dans
le corps, suivant les lois d'osmose et de diffusion, et
les propriétés osmotiques et diffusives de la substance en question et des membranes cellulaires.

L'équilibre atteint, deux cas peuvent se présenter : 1° la substance n'est pas fixée par la plante
et l'équilibre se conserve, aucune quantité nouvelle
de substance n'est introduite ; 2° la substance est
susceptible de se combiner dans la plante avec d'autres principes, elle est décomposée, transformée,
rendue insoluble, elle disparaît, et l'équilibre est
rompu. Tant que dure la consommation l'absorption
continue, et peut servir à la mesurer.

L'eau peut contenir en dissolution plusieurs substances, c'est le cas des eaux naturelles. Chacune
d'elles se comporte comme si elle était seule.

Chaque fois que la saturation de la plante est
atteinte pour une substance, l'absorption cesse
Quelquefois, l'eau seule est absorbée et les substances dissoutes ne le sont pas. Dans la nature, les
conditions de saturation de l'eau et des divers sels
dissous se réalisent un moment, cessent de l'être
rapidement, et tous les éléments de la dissolution
sont absorbés ensemble, mais chacun se comporte
comme s'il était seul ; l'un d'eux peut être absorbé
en plus grande quantité que les autres.

On peut résumer ceci en disant que la plante tire
de la dissolution ce qu'elle utilise dans sa consommation journalière.

Les conséquences de ce mécanisme sont : 1° que
certaines substances contenues en quantités infinité-
simales dans le milieu extérieur peuvent s'accumuler
dans le corps de la plante, tandis que d'autres qui
se trouvent en abondance dans la dissolution se

trouvent dans le corps végétal en quantité assez minime pour échapper à toute analyse ; 2° il existe deux sortes de substances consommées, celles qui sont nécessaires à la vie, et celles qui ne sont qu'accidentellement absorbées. On peut citer parmi celles-ci la chaux. Nombre de plantes produisent de l'acide oxalique qui forme avec le calcium un composé insoluble qui cristallise dans les cellules. Il en résulte une nouvelle absorption de chaux, et cette substance s'accumule parfois en quantité considérable dans les plantes, elle est employée à neutraliser l'acide oxalique. De même pour la silice qui se fixe dans les membranes cellulosiques, et dont la proportion varie beaucoup sans nuire au développement de la plante (*Graminées*).

Il semble qu'il y ait une certaine action de la température sur le phénomène. Ainsi lorsque les racines d'une *Cucurbita* plongent dans un sol dont la température s'abaisse à 3° ou 5°, l'absorption de l'eau ne compense plus la consommation. Il y a de la sorte une limite inférieure, un minimum, et un maximum, et entre les deux une température optima.

II. *Excrétion*. — Pour montrer l'existence du phénomène, on considère un végétal amplement pourvu de matières nutritives, une graine par exemple, et on la plonge dans l'eau. Elle perd alors une certaine quantité des matières tenues en réserve qui se dissolvent et s'accumulent dans le liquide.

Si on renouvelle l'eau, l'exosmose se poursuit jusqu'à épuisement total.

La nature des substances exosmosées varie suivant les graines.

Le *Saccharomyces cerevisiæ* rejette dans le liquide l'alcool qu'il produit, le *Bacillus amylobacter*, l'acide butyrique. Le *Penicillium*, l'*Aspergillus* émettent l'invertine, le *Micrococcus ureæ* répand dans le liquide un principe qui dédouble l'urée en ammoniaque et anhydride carbonique, et l'acide hippurique en glycolamine et acide benzoïque.

Phénomènes photochlorophylliens. — La chlorophylle exige pour se former l'action de la lumière. Une fois formée, elle absorbe certaines radiations qu'elle concentre dans les chloroleucites ; et ceux-ci, à l'aide d'une partie des radiations absorbées, décomposent le gaz carbonique, en dégageant l'oxygène et fixent le carbone sur les éléments de l'eau pour former les hydrates de carbone. C'est le phénomène connu sous le nom d'*assimilation du carbone*. A l'aide d'une autre partie de radiations, les chloroleucites vaporisent une certaine quantité d'eau, rejettent la vapeur dans les méats intercellulaires, et cette vapeur est expulsée par les stomates. C'est la *chlorovaporisation*.

Formation de la chlorophylle. — Si l'on fait germer une graine dans des conditions d'obscurité complète, les cotylédons et l'axe hypocotylé se montrent avec une coloration jaunâtre due à la présence de la xanthophylle. Lorsqu'on transporte ensuite la plantule à la lumière, on voit apparaître la teinte verte, et le microscope révèle la présence de chloroleucites, qui diffèrent des xantholeucites par leur coloration et leurs dimensions.

L'influence de la lumière est ainsi mise en évidence. Cependant, les plantules de *Pinus sylvestris* se montrent toujours vertes, même dans les conditions où d'autres plantules apparaissent jaunes.

La formation de la chlorophylle n'exige pas une grande intensité lumineuse. A la distance de $0^m,15$ d'une lampe à pétrole, des plantules de *Triticum satirum* placées dans un milieu humide deviennent vertes en quelques heures.

Pour déterminer quelles sont les radiations prépondérantes, on expose les plantules les unes sous des cloches à double paroi remplies de bichromate de potassium, les autres de solution ammoniacale d'oxyde de cuivre. La lumière qui passe dans la première de ces solutions est dépourvue de radiations chimiques, et les plantules verdissent complètement, alors qu'elles ne **changent** presque pas de teinte sous la seconde cloche. D'autre part, si l'on fait passer à travers la cloche de la lumière solaire et non de la lumière diffuse, on observe le phénomène inverse, ce qui s'explique parce que l'air placé sous la cloche à dissolution ammoniacale s'échauffe davantage et que la solution absorbe plus de radiations calorifiques. On ne peut donc soumettre indifféremment les plantules à la lumière diffuse ou à la lumière solaire directe. Il faut faire deux expériences distinctes, en plaçant quelques plantules à la lumière du soleil, et d'autres à la lumière diffuse ; les premières produisent lentement de la chlorophylle, les autres plus rapidement. Ce phénomène s'explique par ce fait que la chlorophylle est décolorée par la lumière solaire, et peu par la lumière diffuse.

Que la lumière solaire agisse directement, ou à travers une solution de bichromate, les plantules verdissent lentement parce que la chlorophylle est détruite, destruction qui n'a pas lieu dans la lumière diffuse ni dans celle qui a passé à travers la solution cupro-ammoniacale. Dans ce dernier cas, la chlorophylle formée s'accumule dans les tissus.

Une faible lumière diffuse détruit un peu plus rapidement la chlorophylle. Les rayons jaunes manifestent un pouvoir destructeur inférieur à leur faculté de produire la chlorophylle. C'est pourquoi, en lumière diffuse, les plantules placées sous la cloche à bichromate verdissent plus vite que les plantules soumises à l'action de la lumière fournie par l'oxyde de cuivre ammoniacal.

Les radiations calorifiques obscures arrêtent complètement la production chlorophyllienne. Pour le prouver, on substitue au bichromate ou à l'oxyde de cuivre, une solution concentrée d'iode dans le sulfure de carbone, elle intercepte toutes les radiations lumineuses et chimiques, pour ne donner passage qu'aux rayons calorifiques.

L'action de la température dans le phénomène du verdissement des plantules est soumise à l'action de la température. En maintenant des plantules germées à l'obscurité, à des températures variables, on constate qu'il existe un maximum au delà duquel le phénomène ne se produit plus, et un minimum au-dessous duquel la plantule ne se colore pas ; entre les deux, est un optimum. Ces températures varient avec l'espèce expérimentée.

Une dernière cause nécessaire à la production de la chlorophylle est la présence de l'oxygène. Pour le démontrer, on place, dans deux cloches courbes remplies d'eau bouillie puis refroidie, quelques plantules cultivées à l'obscurité, l'extrémité de chaque cloche plonge dans le mercure. Dans l'une on remplace l'eau par un gaz inerte comme l'hydrogène, et dans l'autre par de l'oxygène. Si l'on expose les plantules à la lumière, les premières ne verdissent pas, les secondes prennent rapidement de la chlorophylle.

ABSORPTION DES RADIATIONS. — La chlorophylle agit sur la radiation totale incidente, et absorbe une partie des rayons. Pour déterminer cette absorption, on fait tomber un faisceau de rayons solaires sur la chlorophylle, et on l'analyse à sa sortie par un prisme qui l'étale en un spectre, dans lequel les radiations absorbées sont remplacées par autant de bandes noires. On obtient ce spectre par une dissolution de chlorophylle pure (1), ou en faisant passer la lumière à travers une feuille verte.

On observe, de la sorte, un spectre sillonné de sept bandes noires, dont quatre sont situées dans la partie la moins réfrangible, et trois plus larges sont situées dans la partie la plus réfrangible, la dernière est à la limite du violet. Ces dernières sont bien visibles dans les solutions très étendues ; avec une dissolution moyennement concentrée, elles s'unissent en une seule bande d'absorption qui embrasse la seconde moitié du spectre.

Le spectre de la xanthophylle ne renferme que trois bandes dans la moitié la plus réfrangible du spectre. La première commence à la raie F, bien avant celle de la chlorophylle et s'étend moins loin vers le violet, elle est large et sombre ; la seconde commence aussi avant la fin de la bande due à la chlorophylle, et s'étend peu au delà de la raie G, la troisième correspond à la septième bande de la chlorophylle et occupe toute l'extrémité du spectre (fig. 70, 71 et 72).

Ces deux spectres se superposent quand on observe la lumière qui a passé à travers une feuille.

Les radiations qui passent sont : 1° les rayons verts entre les raies F et E ; 2° les rayons rouges extrêmes ; 3° une petite partie de rayons orangés ; 4° des rayons jaunes de deux sortes ; 5° une très petite partie de rayons bleus et violets. La largeur des bandes est d'autant plus grande que la solution est plus concentrée. Le spectre des feuilles vivantes est celui d'une solution moyennement concentrée. Les cinquième, sixième et septième bandes se con-

(1) Voy. première partie, chapitre 1.

fondent en une seule occupant la moitié réfrangible. Toutes sont reculées du côté de l'extrémité rouge, suivant la loi physique selon laquelle les bandes d'absorption reculent d'autant plus vers l'extrémité rouge que le dissolvant de la matière colorante possède un plus grand indice de réfraction.

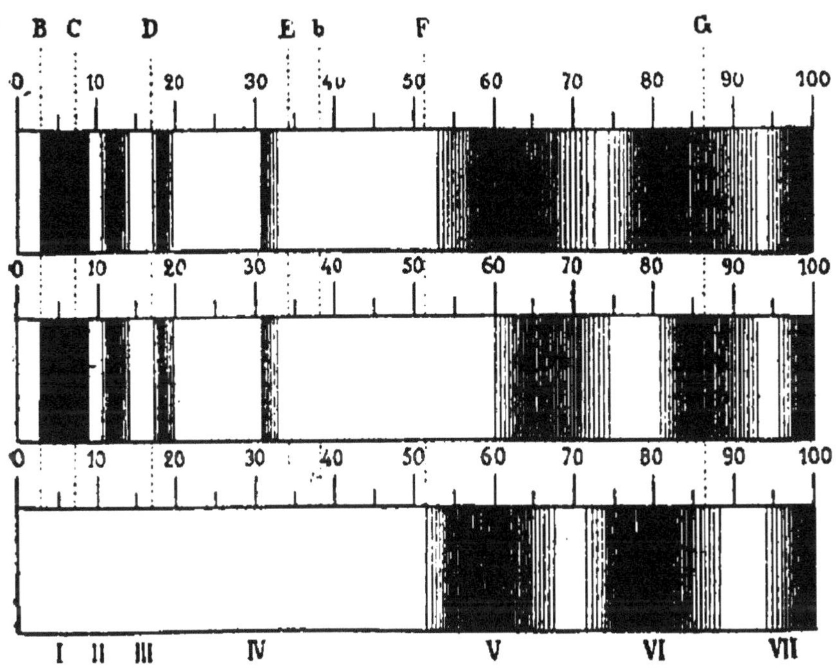

Fig. 70 à 72. — Spectres de la chlorophylle en haut et de la xanthophylle en bas. En haut, spectre fourni par une feuille, au milieu par une solution de chlorophylle, en bas par une solution de xanthophylle.

ASSIMILATION DU CARBONE. — Les radiations absorbées sont transformées par les chloroleucites et utilisées : 1° à décomposer le gaz carbonique, 2° à la synthèse des hydrates de carbone. L'ensemble des phénomènes est *l'assimilation du carbone.*

Décomposition de l'anhydride. — Sous l'action de la lumière, les chloroleucites décomposent l'anhydride carbonique et dégagent l'oxygène. Ce fait est mis en évidence par les expériences décrites plus loin.

I. Rôle des radiations. — Dans un vase rempli d'eau tenant en dissolution de l'anhydride carbonique, on place des fragments de tiges et de branches feuillées, on recouvre ensuite d'un entonnoir, et sur le tube de celui-ci on place une éprouvette pleine d'eau. L'appareil étant exposé à la lumière solaire, de nombreuses bulles de gaz viennent s'accumuler dans l'éprouvette, et ce gaz est de l'oxygène, ou au moins un air très riche en oxygène.

On peut encore placer dans une cuvette deux bocaux renversés, l'un contenant de l'eau distillée dans laquelle nage une plante aquatique, l'autre rempli d'anhydride carbonique, on verse sur l'eau de la cuvette une couche d'huile assez épaisse pour éviter le contact de l'air et on expose au soleil. Le gaz carbonique diminue dans un bocal, et l'oxygène s'accumule dans le second. Au bout de douze jours la plante vit, tandis que, placée dans l'eau soustraite à l'influence de l'anhydride carbonique, elle se décomposerait rapidement.

Le dégagement de gaz est plus grand à la lumière diffuse qu'à l'obscurité ; il est nul dans l'obscurité complète. En couvrant l'un des deux appareils précédents d'une cloche à double paroi contenant soit du bichromate de potassium, soit la solution cupro-ammoniacale. Sous l'action des radiations peu réfrangibles qui ont traversé la première, le dégagement d'oxygène est très énergique ; sous l'influence des radiations plus réfrangibles qui traversent la seconde, le dégagement est peu énergique.

Une méthode indirecte conduit au même résultat, avec plus de précision. On sait que le *Bacterium Termo* est très avide d'oxygène. Dans une goutte d'eau, sous une lamelle de verre on voit ces microorganismes se rassembler le long du bord : si la goutte d'eau contient une bulle d'air, ils s'accumulent en anneau autour de cette bulle. Si donc, dans une goutte d'eau où pullulent les *Bacterium Termo*, on place des cellules vertes vivantes, on verra, quand la lumière aura acquis l'intensité convenable, les Bactéries entrer en mouvement, et se rassembler autour des cellules pour absorber l'oxygène au fur et à mesure de son dégagement.

Ceci posé, on fera tomber sur un filament de *Cladophora*, par exemple (1), disposé sur le porte-objet ou microscope, un spectre microscopique obtenu à l'aide d'un petit prisme, on note la position des raies, et celle des bandes d'absorption de la chlorophylle. Quand l'intensité lumineuse est suffisante, les Bactéries s'accumulent aux points où l'oxygène se produit et se retirent des points où il ne se dégage pas.

Au bout de quelques moments le groupement devient stationnaire et dessine la courbe de la production d'oxygène d'après la réfrangibilité des radiations. On observe un premier maximum dans le rouge entre les raies B et C, à l'endroit de la plus forte absorption par la chlorophylle, à gauche la production d'oxygène décroît et devient nulle à la limite de l'infra-rouge. Vers la droite, elle diminue plus lentement, et ne s'annule que dans le vert. Un deuxième groupement se montre dans l'autre moitié du spectre, son maximum se trouve vers la raie F, il est plus faible que le premier et ne se produit qu'en lumière solaire. Cette seconde courbe s'élève moins haut, mais s'étend plus en largeur que la première, résultat dû à la dispersion de cette portion du spec-

---

(1) Voy. H. Girard, *Aide-mémoire de Botanique Cryptogamique.*

tre. Les deux groupements s'équivalent : les dégagements d'oxygène sont à peu près égaux.

II. *Rôle de la température.* — La température joue le même rôle que dans la production de la chlorophylle. Il y a un optimum que l'on détermine en mesurant le volume de gaz dégagé pendant un temps donné, par des sources lumineuses d'intensité égale. Le dégagement de gaz est ralenti quand la température dépasse, n'atteint pas l'optimum.

Lorsqu'à l'eau, contenant en solution l'anhydride carbonique, on ajoute du chloroforme, le dégagement gazeux ne se produit pas, ou du moins s'arrête au bout d'un certain temps.

Dans des organes pauvres en tissus verts, le dégagement d'oxygène est faible ou nul.

Les expériences montrent que l'oxygène ne se dégage qu'autant que les organes verts sont exposés à la lumière. Les plantes immergées ne dégagent ce gaz que si l'eau renferme en dissolution du gaz carbonique. Si on engage un rameau feuillé dans un ballon de verre contenant de l'eau de chaux capable d'absorber l'anhydride carbonique dégagé dans la respiration, et si l'on ferme hermétiquement le ballon, on remarque au bout de peu de temps que les feuilles tombent, ce qui indique un état défavorable à la vie. Si le ballon ne contient pas d'eau de chaux, le rameau vit et conserve son poids.

La totalité de gaz carbonique contenu dans l'air forme les 0,0003 de son volume. Pour expliquer l'origine de la quantité de carbone assimilé, il faut admettre une grande facilité d'absorption qui compense la rareté du gaz. Cette facilité se vérifie de la manière suivante. Dans un endroit bien éclairé, on dispose deux longs tubes de verre parallèles. L'un des tubes est vide, l'autre contient des feuilles. Ils sont réunis à des flacons contenant de l'eau de baryte, dans laquelle devra barboter l'air qui aura traversé les tubes. Quand l'expérience commence, l'eau de baryte se trouble dans le verre en rapport avec le tube vide et reste limpide dans l'autre. L'anhydride est donc absorbé au passage.

Pour obtenir un résultat quantitatif, on soumet les feuilles à l'action d'une pompe à mercure qui en extrait tout le gaz, puis on les introduit dans un voluménomètre à mercure renfermant une certaine quantité de gaz carbonique. L'ascension du mercure mesure cette absorption. Elle est instantanée, mais le mercure redescend un peu à cause du dégagement des gaz exhalés par la respiration.

D'après ces expériences, le coefficient d'absorption varie d'une feuille à l'autre, et, pour une même feuille, avec la température, il est lié aussi à la quantité d'eau contenue dans la feuille. En comparant les nombres observés pour l'absorption du gaz carbonique à ceux qu'on calcule d'après son coefficient de solubilité dans l'eau et la quantité d'eau des feuilles, on trouve des nombres très voisins. L'absorption par les feuilles est un peu supérieure à celle de l'eau, comme si elle était due non seulement à une dissolution du gaz dans l'eau des tissus, mais aussi à une combinaison, à la formation d'acide carbonique.

L'anhydride carbonique décomposé est emprunté à l'atmosphère, et les cellules riches en chlorophylle ne dégagent d'oxygène que lorsqu'elles se trouvent dans un milieu contenant de l'anhydride. Le volume de l'oxygène qui se dégage pendant l'assimilation est égal à celui de l'anhydride décomposé. L'expérience suivante le prouve.

Un vase en verre de forme cylindrique est renflé à sa partie supérieure et se termine par un tube droit de petit diamètre pouvant être aisément fermé. La partie cylindrique de ce vase est graduée. On introduit une feuille dans le renflement supérieur, et l'on plonge la partie cylindrique dans la cuve à mercure, puis on ferme le tube droit supérieur. Le volume total de l'appareil étant connu, on évalue le volume occupé par le gaz, en tenant compte de la pression et de la température ainsi que du volume de la feuille.

On introduit de l'anhydride carbonique dans l'appareil et on détermine une seconde fois le volume gazeux. En retranchant le premier volume du second, on détermine le volume de l'anhydride introduit. Puis on expose l'appareil à la lumière solaire, on enlève la feuille et on vérifie le volume. On ajoute ensuite une solution de potasse qui absorbe l'anhydride non utilisé, et l'on fait une dernière détermination du volume gazeux. La différence des nombres obtenus donne le volume d'oxygène produit.

Le résultat des expériences est, qu'en lumière blanche, de très grandes quantités d'anhydride carbonique sont décomposées et que le volume de gaz retrouvé dans l'appareil, après l'exposition à la lumière, est le même qu'au début de l'expérience.

Synthèse des hydrates de carbone. — L'assimilation du carbone se localise dans les chloroleucites et ne s'opère nullement dans le cytoplasma incolore. En effet, si l'on expose à la lumière, sur le porte-objet du microscope une goutte d'eau contenant des *Bacterium Termo* et un filament de *Spirogyra*, Algue dont les chloroleucites ont la forme de rubans spiralés, on voit le *Bacterium* s'accumuler sur chacun des rubans spiralés, et laisser inoccupés les espaces cytoplasmiques incolores. C'est donc en ces points que s'accomplit le dégagement d'oxygène, et l'on peut dire que l'assimilation du carbone est une fonction propre des chloroleucites.

C'est dans les chloroleucites qu'apparaît le premier produit de l'assimilation, l'amidon. Ce corps est celui dont la présence est le plus facilement décelée.

On peut extraire toute la chlorophylle d'un organe vert, par ébullition dans l'eau, suivie d'un séjour dans l'alcool concentré à 60°. On transporte l'organe dans une solution alcoolique d'iode. S'il contient de l'amidon, il prend une teinte bleuâtre d'autant plus foncée que la quantité en est plus grande. En l'absence de ce corps, l'organe garde une couleur jaunâtre.

En second lieu, on peut traiter les organes par l'hydrate de chloral, en conservant ou non la chlorophylle, puis on ajoute quelques gouttes de la solution d'iode, et l'on examine au microscope. La chlorophylle est dissoute, et les grains d'amidon sont colorés en bleu. Cette expérience montre que l'amidon se produit dans les chloroleucites.

Un grand nombre de végétaux ne produisent pas d'amidon. On peut se convaincre alors que cet hydrate de carbone est remplacé par du glucose.

Pour le démontrer, on utilise les propriétés réductrices de ce dernier. On comprime sur une toile des organes dépourvus d'amidon, on fait bouillir le liquide obtenu, et on le soumet à la liqueur cupro-potassique de Fehling (1). Ce liquide est réduit et rougit, si la masse contient du glucose.

On admet que le glucose est produit aux dépens des éléments de l'eau et du carbone assimilé par les chloroleucites. Il est même possible de vérifier que les organes verts, les feuilles par exemple, forment d'abord du glucose, et plus tard de l'amidon.

En effet, si l'on place des feuilles d'*Iris* qui ne contiennent jamais d'amidon, dans une solution sucrée, au bout de quelques jours, elles donnent avec l'iode les réactions caractéristiques de l'amidon.

(1) Voy. Lefert, *Aide-mémoire de Chimie médicale.*

Un certain nombre de causes régissent la production de l'amidon. La lumière est une des plus importantes. Des végétaux cultivés à l'obscurité n'en produisent pas, même s'ils sont susceptibles d'en former; transportés à la lumière solaire directe, ils se chargent rapidement d'amidon.

La production d'amidon sous l'influence de la lumière blanche se montre encore de la manière suivante. On colle sur une feuille, avant de l'exposer au soleil, un écran de papier noirci, dans lequel on découpe des caractères. On laisse agir les radiations quelques heures, puis on traite les feuilles par la potasse, l'alcool et l'iode; les caractères apparaissent en bleu foncé, ce qui montre qu'il ne s'en produit qu'aux points exposés à la lumière.

Même en présence de la lumière, les végétaux verts ne fabriquent point d'amidon en l'absence du gaz carbonique. Pour s'en assurer, on place une plante sous une cloche, avec une solution d'hydrate de potassium destinée à absorber l'anhydride carbonique de l'atmosphère, puis on établit la communication avec l'extérieur à l'aide d'un système de tubes contenant de la potasse. Le tout étant exposé à la lumière, les feuilles consomment l'amidon, mais dès qu'on laisse rentrer l'air ordinaire, ou qu'on enlève la cloche, l'amidon reparaît dans le parenchyme.

Le rôle de la température n'est pas négligeable non plus. Pour chaque espèce, il existe un minimum, un maximum et entre les deux un optimum.

La composition chimique de l'amidon permet de supposer qu'il n'est pas le premier produit de l'assimilation chlorophyllienne, car il contient plus de carbone que les glucoses, les saccharoses et les dextrines. On suppose qu'il résulte d'une polymérisation de l'aldéhyde méthylique, passant successivement par les états de glucose, de saccharose et de dextrine. On a reconnu qu'un grand nombre de matières sucrées font apparaître l'amidon dans les feuilles. On place des feuilles, préalablement dépourvues d'amidon par un séjour à l'obscurité, sur des solutions sucrées et l'on cherche si, même à l'abri de la lumière, elles renferment, au bout d'un certain temps de l'amidon. Le saccharose, le lévulose et le galactose sont changés en amidon par le parenchyme des feuilles. Cependant, s'il existe des végétaux capables d'utiliser ces trois sucres, d'autres ne possèdent pas cette propriété. Un petit nombre utilise le galactose, beaucoup utilisent le lévulose. Les *Caryophyllées* emploient le premier ; les *Composées* qui renferment beaucoup d'inuline transforment cette substance en lévulose, au moyen de l'invertine. Le saccharose et la mannite sont transformables, l'inosite ne l'est pas.

D'autres corps peuvent déterminer la production d'amidon. De ceux-ci est la glycérine. Pour fournir l'aldéhyde correspondante capable de se polymériser, la glycérine s'oxyde et forme un composé encore inconnu, qui par condensation et élimination d'eau donne l'amidon.

L'hypothèse d'une formation analogue de l'amidon et des glucoses aux dépens d'une polymérisation de l'aldéhyde méthylique est appuyée sur ce fait, que des feuilles mises à flotter sur une solution de méthylol (combinaison d'alcool et d'aldéhyde méthylique) produisent de l'amidon. Certaines *Spirogyra*, cultivées dans une solution d'oxyméthylsulfonate de sodium (combinaison de sulfate bisodique et d'aldéhyde méthylique qui en s'hydratant dégage l'aldéhyde méthylique) produisent encore de l'amidon.

La production de l'amidon par les glucoses montre que si ce corps prend naissance dans les cellules à chlorophylle où a lieu la formation d'acide carbonique, et où se fait la synthèse de l'aldéhyde méthylique, il peut aussi provenir de la condensation de sucres qui se déposent dans la feuille à l'état de réserves transitoires.

CHLOROVAPORISATION. — Dans les plantes vertes, les radiations absorbées par la chlorophylle ont pour effet de vaporiser une grande quantité d'eau. Ainsi un pied de *Triticum sativum* qui transpire 1 centimètre cube d'eau à l'obscurité et qui, étiolé, en transpire 2^{cc},5 au soleil, vaporise, lorsqu'il est vert, plus de 100 centimètres cubes d'eau au soleil. On peut dire que 97,5 p. 100 de l'eau vaporisée-au soleil sont la part de la fonction propre de la chlorophylle; et 2,5 p. 100 seulement sont la part de la transpiration. Il y a entre la chlorovaporisation et la transpiration, la même différence qu'entre l'assimilation du carbone et la respiration.

Intensité. — On mesure l'intensité du phénomène par une des méthodes indiquées pour la transpiration en opérant avec une plante verte, à la lumière. La quantité d'eau recueillie par condensation, mesure la somme des intensités de transpiration et de la chlorovaporisation.

Pour isoler celle-ci, on détermine l'intensité de la transpiration à la lumière de la plante d'étude et l'on fait la soustraction. Cette mesure peut se faire de plusieurs manières : 1° avec une plante étiolée de même espèce et de même surface que la plante verte étudiée ; 2° avec une feuille blanche d'une variété à feuilles panachées, de même surface que la feuille verte étudiée ; 3° en arrêtant chez la plante à étudier les fonctions de la chlorophylle, au moyen du chloroforme ou de l'éther.

La transpiration ne prend qu'une petite part dans le phénomène, et c'est à la chlorovaporisation qu'est due la plus grande partie de l'élimination d'eau.

Influences internes et externes. — Comme pour la décomposition de l'anhydride carbonique et par la même méthode, on arrive à prouver que les rayons les plus actifs sont ceux que la chlorophylle absorbe. Les rayons que la chlorophylle n'absorbe pas sont inactifs. Il y a deux maximum pour la chlorovaporisation. Le maximum prédominant est celui de la région la plus réfrangible, à l'inverse de ce qui a lieu pour la décomposition de l'anhydride carbonique.

L'intensité de la chlorovaporisation croît avec la lumière. On ne connaît pas d'intensité maximum, mais il semble qu'elle commence dès que la plante passe de l'obscurité à la lumière, et cesse dans le cas contraire.

La température joue un rôle, elle augmente la chlorovaporisation, mais la marche du phénomène n'a pas encore été dégagée de celui de la transpiration.

L'âge et la nature de la plante ont aussi une influence directe.

L'absence de gaz carbonique dans l'air ambiant, augmente l'intensité de la chlorovaporisation.

Chlorosudation. — Quand la transpiration cesse brusquement, il y a émission d'un liquide. Quand la chlorovaporisation est ralentie, l'eau s'échappe à l'état liquide, soit par des fentes spéciales, soit par les stomates aquifères, soit à travers la membrane des cellules périphériques. Ce phénomène est celui de *chlorosudation.* La quantité de substances dissoutes est très faible dans le liquide émis par les feuilles. Suivant les plantes, elle varie dans d'assez fortes proportions. Si la feuille est enroulée, en cornet ou en urne, le liquide expulsé s'accumule, devient acide, et contient 1 p. 100 de matières solides. Le quart de la substance solide est formé de produits organiques, le reste de produits minéraux.

Parfois, le liquide se dégage dans une région du corps où sont disposés au préalable des matériaux de réserve. Si ces matériaux sont solubles dans l'eau, on les trouve dans le liquide expulsé. Si le liquide a traversé une réserve de sucres, il est sucré et on le connaît sous le nom de *nectar*. Toutes les circonstances qui influent sur la chlorovaporisation influent en sens inverse sur la production de nectar. De sorte qu'en modifiant la chlorovaporisation, en l'entravant ou en l'activant, on rend nectarifères des plantes qui ne le sont pas naturellement, et on empêche des plantes nectarifères d'accomplir cette fonction.

CHAPITRE II

CELLULE.

Les phénomènes physiologiques dont la cellule est le siège sont de deux sortes. Les uns se manifestent par des échanges entre la cellule et le milieu extérieur, les autres s'accomplissent par l'action de divers éléments contenus dans la cellule. Ces phénomènes, dont les uns sont physiques et les autres chimiques, sont encore peu connus.

Phénomènes physiques. — ACTIVITÉ EXTERNE. — Toute l'activité externe de la plante n'est que l'activité externe du cytoplasma et des leucites ; par conséquent tous les phénomènes physiques externes d'une cellule sont la résultante des phénomènes cytoplasmiques généraux (Voy. chap. I).

ACTIVITÉ INTERNE. — Quand la membrane cellulaire n'est ni cutinisée, ni subérisée, elle est perméable aux liquides et aux substances solides ou gazeuses dissoutes. La cutinisation et la subérisation diminuent cette perméabilité sans la supprimer. La membrane ne devient imperméable que si elle est imprégnée de cire ou d'un corps gras. La membrane albuminoïde se laisse traverser par les liquides et les matières dissoutes moins facilement que la membrane cellulosique. Bien des substances qui pénètrent celles-ci sont arrêtées par celles-là, tandis que les matières qui ont traversé la première sortent facilement à travers la seconde.

Tant que le cytoplasma est vivant, c'est la membrane albuminoïde qui décide seule des échanges osmotiques de la cellule, et c'est le rôle de cette couche difficilement accessible qui rend presque impossible l'étude expérimentale des phénomènes d'osmose cellulaire.

L'eau, absorbée par osmose, s'accumule dans les hydroleucites, distend le cytoplasma et développe une pression de dedans en dehors qui applique étroitement la couche périphérique contre la membrane de cellulose et tend celle-ci de plus en plus fortement. Grâce à son élasticité, la membrane résiste, et de là naît cet état de tension intérieure et de rigidité externe qu'on appelle la *turgescence* de la cellule.

Toute pression locale exercée du dehors augmente la turgescence, toute traction la diminue. La turgescence s'amoindrit quand la cellule est plongée dans une solution concentrée, elle s'augmente à mesure que l'élément cellulaire prend de l'eau. Dans ce cas, le cytoplasma se contracte jusqu'à ce que la concentration interne, qui va en croissant, fasse équilibre à l'action osmotique de la dissolution externe. Cette contraction du corps cytoplasmique sous l'influence d'une dissolution extérieure a reçu le nom de *plasmolyse*. Enfin, chaque fois que l'activité cellulaire produit de nouvelles substances solubles, si ces substances se solidifient, ou se transforment en corps solubles doués de qualités osmotiques différentes, les propriétés osmotiques de l'ensemble varient et la turgescence est modifiée.

La forte pression hydrostatique subie par la jeune cellule joue un rôle prépondérant dans la croissance. C'est par elle qu'on explique la croissance superficielle de la membrane par interposition de particules nouvelles de cellulose entre les anciennes.

Si l'explication est vraie, un organe plasmolysé devra cesser de croître pour reprendre sa croissance quand on lui aura fait reprendre sa turgescence. C'est ce que l'expérience confirme. Alors, dans la région de croissance d'un organe, la turgescence des cellules suivra, du sommet à la base, la même marche que la croissance partielle. La courbe de turgescence des diverses tranches coïncidera avec la courbe des accroissements simultanés. On le constate en mesurant la turgescence de chacune des tranches de la région de croissance d'une tige, d'une racine, ou d'un pédicelle floral. La turgescence se mesure en comparant la longueur à l'état normal et à l'état plasmolytique. On voit que la différence croît à partir du sommet, et que la turgescence est maxima à l'endroit du maximum de croissance, puis elle diminue progressivement, à mesure qu'on descend et cesse à la limite inférieure de la région de croissance. La turgescence varie donc comme la croissance avec l'âge de la cellule.

Il est donc probable que c'est en modifiant la turgescence des jeunes cellules que la pesanteur, la radiation, etc., agissent sur la croissance du corps. Mais le mécanisme de cette action est inconnu.

Phénomènes chimiques. — Les éléments chimiques nécessaires à l'édification du corps de la plante peuvent s'introduire à l'état de sels minéraux dissous, et se combinant à l'intérieur du cytoplasma et des leucites, forment des composés complexes et des substances albuminoïdes. Mais ils peuvent être absorbés sous la forme de combinaisons organiques, ce qui abrège et peut même supprimer le travail synthétique de la cellule. C'est à ce travail qu'on donne le nom général d'*assimilation*. Une même cellule peut assimiler plus ou moins, ou ne pas assimiler du tout, si les matériaux constitutifs du cytoplasma lui parviennent tout formés. L'assimilation n'est donc pas une condition nécessaire pour la vie et la croissance de la cellule.

Plus tard, les matériaux assimilés subissent une série de transformations qui les simplifient de plus en plus, et les font repasser par les états qu'ils avaient occupés avant l'assimilation. Ce travail de décomposition chimique est la *désassimilation*. Parvenus à divers degrés de l'échelle descendante, les produits de désassimilation peuvent, sans sortir de la cellule, être repris par le travail assimilateur, être *réassimilés*. Leur apparition n'est alors que transitoire. La désassimilation est un phénomène général et nécessaire à la vie de la cellule.

Les composés minéraux puisés dans le milieu extérieur et qui constituent les matériaux premiers de l'assimilation sont fortement oxygénés. Les produits de l'assimilation sont au contraire peu ou pas oxygénés. Il résulte de là que l'assimilation est un phénomène général de désoxydation et de consommation de chaleur. La désassimilation qui, à l'aide de produits peu oxygénés, produit des composés fortement oxygénés parmi lesquels l'anhydride carbonique ne manque jamais, est un phénomène d'oxydation et de dégagement de chaleur.

Il y a donc élimination d'oxygène et absorption de radiations, quand l'assimilation prédominera, et

19.

mise en liberté de radiations et absorption d'oxygène quand la désassimilation prévaudra.

L'assimilation, la croissance et la désassimilation se succèdent souvent rapidement. Consommés et décomposés peu après leur formation, les produits, en cours d'assimilation, n'apparaissent que peu de temps dans la cellule. D'autres fois, ils s'y accumulent et s'y mettent en réserve, pour être utilisés plus tard pour la croissance, puis désassimilés.

Les matières de réserve peuvent s'accumuler dans les cellules à diverses phases du travail assimilateur. L'amidon, l'inuline, le saccharose sont mis en réserve à un degré d'assimilation moins avancée que les cristalloïdes protéiques des grains d'aleurone. Pour eux, le travail synthétique s'est interrompu à un certain moment, et il ne s'achèvera que plus tard pour former par la croissance les substances albuminoïdes qui lui sont nécessaires. De même la désassimilation peut s'arrêter à diverses phases, et les produits correspondants s'accumuler dans la cellule, soit pour être repris plus tard par le travail assimilateur, et jouer le rôle de matériaux de réserve, soit pour être indéfiniment immobilisés à cet état, soit enfin pour subir des décompositions ultérieures.

Le travail synthétique pour chacun des douze éléments est inconnu. On a vu comment s'assimile le carbone; l'hydrogène et l'oxygène sont assimilés à l'état d'eau. On sait aussi comment s'assimile l'azote.

Formation de matières azotées. — La formation des substances albuminoïdes dans les cellules se fait aux dépens des composés organiques et des matières azotées inorganiques, elle s'accomplit dans les cellules dépourvues de chlorophylle, et en dehors de toute action lumineuse.

Pour mettre cette propriété en évidence, on se procure des *Saccharomyces cerevisiæ* qu'on rend aussi purs que possible par des lavages répétés. Ensuite, on fait trois parts du produit. On met l'une dans un ballon contenant uniquement de l'eau distillée, l'autre dans un ballon contenant une solution nutritive dans laquelle l'acétate d'ammonium entre pour une notable proportion, la troisième dans un ballon contenant la même solution privée d'acétate d'ammonium. Toutes les précautions de stérilisation étant prises, le développement du Champignon est considérable à la lumière, et à l'obscurité, dans le second ballon et médiocre dans les deux autres. La reproduction cellulaire est accompagnée de la production de matières organiques azotées, car les cellules nouvelles qui n'ont eu à leur disposition que des composés inorganiques non azotés et de l'ammoniaque possèdent maintenant un cytoplasma riche en composés albuminoïdes.

L'azotate de potassium, substitué à l'acétate d'ammonium, produit les mêmes résultats, et si l'on substitue à l'azotate des peptones, la formation de matières azotées est encore plus abondante.

La formation de substances organiques azotées ne se fait pas aux dépens de l'azote libre de l'air. On peut s'en convaincre par quelques expériences.

On détermine la teneur en azote d'un lot de graines mûres, puis on fait germer un certain poids de celles-ci. On donne aux plantules un milieu nutritif dépourvu d'azote, on les couvre d'une cloche de verre, et on les place sur la cuve à mercure qu'on recouvre d'une couche d'huile ou d'eau, car les vapeurs du métal nuisent au développement des plantes. Le bouchon qui ferme la cloche est traversé par deux tubes. L'un est en rapport avec un aspirateur, l'autre avec l'atmosphère par une série de tubes contenant des matières propres à débarrasser l'air des composés azotés qu'il peut contenir. Un courant d'air lent et continu passe pendant deux semaines environ dans la cloche. Les plantules prospèrent. Lorsqu'on évalue ensuite leur teneur en azote par les méthodes chimiques, on voit que la différence avec le poids d'azote des graines est de l'ordre des erreurs que comporte ce genre d'expérience. Il est certain cependant que les plantes fixent l'azote. Ainsi, lorsqu'on détermine la teneur en azote d'un engrais et celle des récoltes, on trouve dans celle-ci plus d'azote qu'il n'en a été fourni. Les forêts exploitées perdent avec le bois de notables quantités d'azote, et cependant le sol conserve sa fertilité. L'ammoniaque de l'atmosphère n'est pas utilisé non plus, du moins directement, il faut donc que le gain d'azote se fasse par le sol. On a observé que les terres abandonnées à elles-mêmes se chargent de notables quantités d'azote et perdent cette propriété si on le porte à une température capable de tuer les micro-organismes. De là ce principe que les terres pauvres en azote fixent celui de l'atmosphère par l'intermédiaire des microorganismes. Cet azote se trouve, dans une terre arable, à l'état de matière organique, d'acide azotique ou d'ammoniaque. Les azotites et les azotates se forment sous l'action du ferment nitreux et du ferment nitrique.

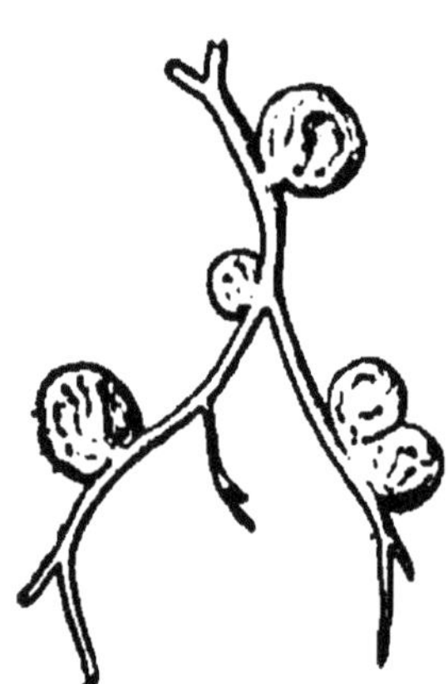

Fig. 73. — Nodosités bactérifères.

Des observations précises montrent que, développées dans un sol stérile à l'aide d'engrais uniquement minéraux, les *Légumineuses* fixent de grandes quantités d'azote. En examinant leurs racines on trouve qu'elles portent de petites nodosités riches en *Bactéries* (fig. 73), dont l'action est mise en évidence par l'expérience suivante :

On extrait du sol un pied de *Medicago sativa* dont les racines portent des nodosités à *Bactéries*, on trempe dans le liquide qui les remplit une aiguille avec laquelle on pique la radicelle d'un *Pisum* germant sur du papier à filtre à côté d'une seconde plantule non inoculée. Les graines ensemencées dans du gravier, et arrosées avec du chlorure de potassium et du phosphate de calcium se développent, la première vigoureusement, la seconde chétivement.

L'origine de l'azote fixé s'évalue avec précision par la diminution du volume gazeux d'une atmosphère limitée dans laquelle on cultive des *Pisum*, l'azote disparu se retrouve intégralement dans le gain d'azote contrôlé dans les plantes développées. Il faut faire la culture dans du sable préalablement stérilisé. Si on ne fournit pas aux plantes des germes provenant de nodosités bactérifères, les *Pisum* n'accroissent pas leur teneur en azote.

La question de l'assimilation de l'azote se résume en deux faits expérimentaux : 1° certaines plantes fixent l'azote libre avec le concours des Bactéries ; 2° l'azote libre est fixé par les terres sous l'action des ferments. L'azote existe dans le sol à l'état d'azotites et d'azotates. Les cultures dans l'eau montrent que ces sels fournissent l'azote nécessaire ; les sels d'ammonium peuvent aussi être utilisés. Cultivées dans une solution nutritive contenant un azotate, les plantules prospèrent et dépérissent sans l'azotate ; ou si on lui substitue un sulfate, les sels ammoniacaux, les azotates et les azotites sont amenés jusque dans les feuilles par les vaisseaux. Le lieu d'élaboration des substances albuminoïdes réside donc en ces organes.

Tissus et appareils. — Un tissu est un ensemble de cellules douées des mêmes propriétés, et un appareil un assemblage de tissus tendant au même but,. la physiologie des tissus sera celle des cellules, et celle des appareils sera celle des tissus.

CHAPITRE III

RACINE, TIGE ET FEUILLE.

Racine. — Les fonctions de ce membre sont au nombre de trois : 1° elle fixe la plante, 2° elle absorbe les liquides du sol, et 3° elle respire.

FIXATION. — La racine remplit son rôle fixateur grâce à sa propriété de s'accroître en sens inverse de la tige. Trois causes interviennent pour orienter son accroissement : 1° Le géotropisme positif qui n'est pas constant pour toutes les racines. Seuls les axes primaires se dirigent verticalement de haut en bas. La direction des ramifications devient de plus en plus oblique, et les dernières sont indifférentes à l'action de la pesanteur.

2° Le phototropisme négatif qui est d'ailleurs peu intense, et parfois nul.

3° La chaleur et l'humidité qui agissent dans le même sens que le géotropisme.

ABSORPTION. — Dans une racine intacte, elle n'a lieu qu'au niveau de la région pilifère. Les forces osmotiques déterminent l'absorption superficielle qui se continue à travers les tissus jusqu'au cylindre central. Ensuite, le liquide monte dans le système ligneux, grâce à la force capillaire qui l'aspire le long des éléments vasculaires. Le liquide chargé de sels minéraux et de substances organiques en solution devient la sève ascendante, ou sève brute. De nouvelles causes concourent ensuite à la faire monter jusqu'aux parties les plus élevées, entre autres, les variations de température dans les diverses régions de la plante, l'appel exercé par le développement d'organes nouveaux et surtout par la perte d'eau résultant de la transpiration et de la chlorovaporisation. Les sels qui se décomposent dans les végétaux varient avec la nature de la plante. Toutes les espèces n'absorbent donc pas, dans un milieu identique, les mêmes principes en quantités égales. C'est ainsi que s'explique la *faculté d'élection* attribuée anciennement aux végétaux.

Enfin, les poils sécrètent un liquide acide qui agit, à la manière d'un suc digestif, sur les particules du sol dont il dissout certains éléments.

RESPIRATION. — Ce phénomène n'est pas une fonction particulière de la racine, l'échange gazeux a son siège dans tous les tissus vivants. Cependant, l'expérience montre qu'il s'accomplit avec le plus d'intensité dans la région pilifère.

Tige. — La tige possède plusieurs *fonctions essentielles*, et d'autres qui lui sont communes avec d'autres organes ou *fonctions accessoires*.

FONCTIONS ESSENTIELLES. — 1° Elle sert de support aux feuilles et aux fleurs ; 2° elle conduit vers le sommet la sève ascendante puisée dans le sol par la racine ; 3° elle dirige la *sève élaborée* des feuilles vers les autres régions du végétal. La sève élaborée est le liquide chargé de composés organiques dont la synthèse est accomplie. La sève ascendante circule à travers les éléments ligneux, et la sève élaborée à travers les tubes du liber.

FONCTIONS ACCESSOIRES. — 1° Dans ses parties vertes, la tige assimile. Chaque fois qu'un périderme épais n'a pas empêché le développement des tissus à chlorophylle dans l'écorce, cette région de la tige prend une large part dans l'assimilation.

2° Elle respire par toutes ses parties vivantes.

3° Elle accumule des réserves nutritives et particulièrement de l'amidon dans son écorce, sa moelle et ses rayons médullaires. Pour s'adapter à cette nouvelle fonction elle se modifie profondément.

4° Elle sécrète, c'est-à-dire qu'elle élimine des produits devenus inutiles et les amasse dans certaines cellules. La nature des produits est dans, la plupart des cas, très différente.

Feuille. — La feuille possède quatre fonctions essentielles : l'assimilation du carbone, de l'hydrogène, de l'oxygène et de l'azote (Voy. p. 324 et 334), la respiration, la transpiration et la chlorovaporisation.

En outre, elle transporte la sève brute qui poursuit la voie déjà parcourue dans la tige, et dans la racine, cette sève est amenée dans le parenchyme vert où elle subit la chlorovaporisation, puis elle reçoit, en se concentrant, les hydrates de carbone formés, les amides résultant des combinaisons de glucose et des composés azotés, des composés albuminoïdes, et constitue la sève élaborée qu'elle amène à la tige par les tubes criblés du liber. Les nervures sont ainsi parcourues par deux courants dirigés en sens inverse, l'un rapide suit les vaisseaux ligneux, l'autre plus lent, suit les tubes libériens. Pendant la croissance du limbe, les deux courants sont de même sens car les matériaux formés sont consommés sur place.

Enfin la feuille remplit un rôle sécréteur et un rôle accumulateur; dans ce dernier cas elle se différencie plus ou moins complètement, et dans la parenchyme massif où s'emmagasinent les réserves, les nervures sont parcourues par deux courants ascendants.

CHAPITRE IV

FLEUR ET FRUIT.

Fleur. — Il faut distinguer pour la fleur, des fonctions accessoires et **une fonction essentielle**.

Fonctions accessoires. — 1° La fleur respire et l'intensité respiratoire y est plus grande que dans tous les autres organes. L'oxydation intense qui résulte de ce phénomène, amène la mise en liberté d'une grande quantité de forces vives, dont une partie se montre sous forme de chaleur. Chez certaines fleurs, au moment de la fécondation, la température interne peut dépasser de 15° la température ambiante.

2° Les parties vertes de la fleur assimilent pendant le jour, mais la fonction chlorophyllienne est primée par la respiration. Même en pleine lumière, il se dégage, dans la fleur adulte, de l'anhydride carbonique et non de l'oxygène.

3° Les mêmes régions sont le siège d'une chlorovaporisation et d'une transpiration assez intenses.

L'exsudation revêt un caractère spécial, c'est à elle qu'est due la production du nectar (Voy. p. 311 et 329), qui s'accumule en certains points et attire les insectes dont l'intervention est parfois indispensable à la fécondation. Le liquide stigmatique n'est lui-même qu'un produit d'exsudation.

Fonction essentielle. — C'est la fécondation de l'ovule par le pollen. Il faut, pour que la fécondation s'opère : 1° que le pollen arrive sur le stigmate où il doit germer ; 2° que le cyptoplasma et le noyau de la cellule mâle parviennent jusqu'à l'oosphère. Le premier de ces phénomènes est la *pollinisation*, le second est la *fécondation de l'œuf.*

Pollinisation. — Dans certains cas, les étamines

d'une fleur fécondent directement le pistil (*autoféconda-tion*). Chez les *Ruta*, par exemple, chacune des étamines applique son anthère sur le stigmate ; de même, chez les *Pisum*, au moment de la déhiscence, les anthères sont appliquées directement contre le stigmate. Enfin, c'est l'unique mode de fécondation des fleurs *cléistogames*. On nomme ainsi de petites fleurs hermaphrodites, obscures, souvent souterraines, dont le périanthe ne s'épanouit pas et dont le pollen ne peut être transporté sur une autre fleur. Des fleurs brillantes, normalement développées, se montrent d'ailleurs sur le même pied que les fleurs cléistogames, et souvent celles-ci seules sont fertiles (beaucoup de *Viola*, *Labiées* et de *Légumineuses*).

L'autofécondation est impossible quand la plante est monoïque ou dioïque, et encore lorsque dans une fleur hermaphrodite, la maturité des étamines précède celle des ovules (fleurs *protandres*) ou quand le gynécée est mûr avant l'androcée (fleurs *protogynes*). L'inégalité de longueur des étamines ou du style (*hétérostaminie*, *hétérostylie*), empêche l'autofécondation, qui est encore entravée lorsque les rapports de position entre les anthères et le stigmate sont tels que le transport du pollen est impossible sans l'intervention d'une cause étrangère. Le pollen est alors transporté d'une fleur à l'autre.

Ce transport peut être accompli : 1° par les vents (*Abiétinées*), par l'eau (*Vallisneria spiralis*), enfin par les insectes qui, attirés par le nectar, pénètrent dans la fleur, entraînent le pollen, et se posent sur une autre fleur, transportant ainsi les éléments fécondateurs (*Labiées*, *Orchidées*, *Malvacées*, etc.).

Fécondation de l'œuf. — Au contact du liquide visqueux qui imprègne le stigmate, le grain de pollen absorbe de l'eau et se gonfle. Son exine disparaît aux points prédisposés pour la sortie du tube pollinique. Celui-ci est formé par l'intine qui se distend, s'allonge en rampant d'abord à la surface du stigmate, puis à travers le tissu conducteur du style jusqu'aux ovules. Cet allongement du tube pollinique est une véritable germination, car dans son parcours il se nourrit aux dépens des éléments du tissu dans lequel il chemine. Chez toutes les *Phanérogames*, c'est la cellule germinative du grain de pollen qui forme le tube pollinique.

Chez les *Gymnospermes*, le tube pollinique arrive directement au sommet du nucelle ; quand il y a pénétré, le sac embryonnaire devient le siège des phénomènes définitifs de la fécondation. La cellule germinative est ici la plus grande des deux cellules formées par le cloisonnement du grain de pollen, c'est au contraire la plus petite chez les *Angiospermes*.

I. *Angiospermes*. — Le noyau de la cellule germinative, et le noyau végétatif pénètrent dans le tube pollinique. Le noyau germinatif se divise en deux nouveaux noyaux dont l'un est entraîné plus rapidement que l'autre vers l'extrémité du tube. Ce dernier s'insinue entre les éléments du nucelle, s'il en existe encore, et vient s'appliquer contre la paroi du sac embryonnaire, ou contre la calotte cellulosique qui entoure les synergides, lorsque la paroi du sac s'est résorbée. Celui des deux noyaux germinatifs qui est arrivé à l'extrémité du tube pollinique, passe avec le cytoplasma qui l'accompagne à travers les synergides pour arriver jusqu'à l'oosphère (fig. 74, 75, 76, 77). Le noyau et le cytoplasma mâles se combinent au noyau et au cytoplasma femelles dont la fécondation est opérée. L'oosphère s'enveloppe immédiatement d'une membrane de cellulose.

Le second noyau germinatif se résorbe, ainsi que les synergides, dont l'une persiste pourtant plus longtemps que l'autre. Quant au noyau végétatif il se résorbe également, et sa destruction a lieu avant l'arrivée du tube pollinique au contact du nucelle, lorsqu'il y précède le noyau germinatif.

II. *Gymnospermes.* — La cellule germinative émet son tube sur le nucelle. Celui-ci est traversé ainsi que la paroi du sac embryonnaire et le tube pollinique arrive au contact des corpuscules. Le noyau germinatif se divise aussi en deux autres dont un seul se combine avec le noyau de l'oosphère. Si les corpuscules sont isolés dans l'endosperme, chacun

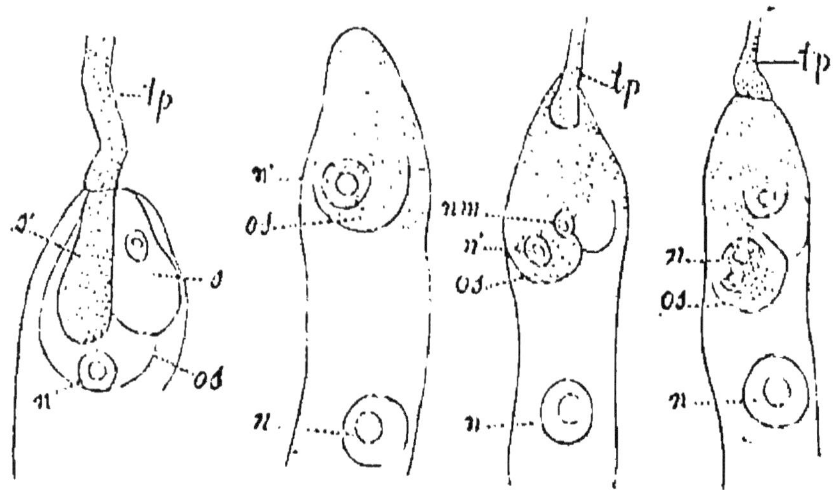

Fig. 74 à 77. — Fécondation.

est fécondé par un tube pollinique spécial (*Abiéti-nées*). Celui-ci pénètre par le col, et son noyau germinatif le plus voisin de l'extrémité, ainsi que le cyto-plasma qui l'entoure, se fusionnent avec l'oosphère.

Si les corpuscules sont adjacents, un seul tube les féconde tous. Pour cela, son extrémité se divise en autant de rameaux qu'il y a de corpuscules, dans chacun de ces rameaux pénètre un noyau provenant de la division du noyau germinatif. Chacune des ra-mifications du tube pollinique se comporte à l'égard du corpuscule avec lequel elle est en contact, comme le tube pollinique des *Abiétinées*. Mais les noyaux, arrivés jusqu'au nucelle, se divisent encore une fois en deux éléments nouveaux, dont un seul est destiné à se fusionner avec le noyau de l'oosphère (*Cupressinées*).

Dans le noyau en voie de bipartition du sac pollinique et des cellules mères primordiales du pollen, la plaque nucléaire est constamment formée de vingt-quatre bâtonnets, mais dans les cellules mères spéciales, le filament nucléaire, après s'être épaissi, ne se segmente plus qu'en douze bâtonnets. Cette réduction du nombre des segments se maintient ensuite jusque dans les cellules qui dérivent du grain de pollen et par conséquent dans la cellule germinative.

De même la plaque nucléaire du noyau en voie de division contient vingt-quatre bâtonnets dans les cellules du nucelle et dans les cellules mères primordiales du sac embryonnaire. Mais dans le noyau de ce dernier, on ne trouve plus que douze bâtonnets au moment de la karyokinèse. Les deux noyaux filles s'écartent pour aller se diviser chacun vers l'une des extrémités du sac embryonnaire; mais, tandis que le noyau destiné à former les cellules antipodes, présente seize, vingt ou vingt-quatre bâtonnets, le noyau supérieur n'en présente plus que douze, et cette réduction se maintient chez tous ses dérivés jusque dans l'oosphère.

Au moment de son arrivée dans le sac embryonnaire, le noyau germinatif mâle accompagné de ses deux sphères attractives et d'un peu de cytoplasma ne montre aucune structure distincte, mais il grossit rapidement et prend les caractères d'un noyau au repos avec son filament chromatique pelotonné, et un ou plusieurs nucléoles. Ce filament se divise ensuite suivant le processus ordinaire en douze bâtonnets. C'est également le nombre des bâtonnets qui résulte de la segmentation du filament de l'oosphère. Or, après que la fécondation s'est opérée, la plaque nucléaire de l'œuf qui va se diviser se montre formée de vingt-quatre bâtonnets. Il est impossible de distinguer ceux qui proviennent du noyau mâle et ceux qui dérivent du noyau femelle, mais le nombre de vingt-quatre se maintient désormais dans les divisions ultérieures qui donneront naissance à l'embryon.

Ainsi, une réduction brusque du nombre des bâtonnets se manifeste dans la cellule mère spéciale du pollen d'une part, et dans le noyau du sac embryonnaire de l'autre. La fécondation a donc pour effet de ramener le nombre à sa valeur primordiale.

Fruit. — La fonction essentielle du fruit est de protéger et de nourrir les ovules fécondés jusqu'à leur transformation en graines aptes à germer.

En même temps le fruit assimile du carbone s'il contient de la chlorophylle, ce qui est un cas ordinaire au moins au début. En outre, le fruit respire avec intensité, et ce fait est révélé par un abondant dégagement d'anhydride carbonique. Enfin il transpire et peut être le siège d'exsudations diverses.

CHAPITRE V

GRAINE.

La fonction essentielle de la graine est de développer l'embryon en plantule ; ce phénomène est connu sous le nom de *Germination*.

Germination. — Pour qu'une graine puisse germer, il faut qu'elle ait atteint sa *maturité physiologique*. Certaines graines sont aptes à la germination avant d'avoir acquis leur structure et leur volume définitifs. Certaines, parvenues à ce stade, ne peuvent germer qu'après un certain temps de repos, d'autres parvenues au même point germent immédiatement.

Pendant le temps de repos, la vie est ralentie et l'on peut démontrer que l'échange entre les tissus et l'atmosphère bien que très faible continue à se produire.

Conditions. — Les circonstances extérieures qui peuvent déterminer la vie active d'une graine sont : 1° la présence de l'oxygène, 2° l'intervention de la chaleur, 3° l'intervention de l'humidité.

Si l'on place dans un sol sec à une température convenable et dans une atmosphère favorable, des graines desséchées préalablement, elles restent à l'état de vie ralentie, mais dès qu'on leur fournit l'humidité, les manifestations vitales apparaissent.

La nécessité d'une atmosphère oxygénée se montre par l'expérience suivante :

On place une éponge humide dans une éprouvette fermée, pleine d'azote ou de gaz carbonique ; et l'on ensemence des graines, en maintenant l'appareil à une température favorable. Les phénomènes vitaux ne se manifestent pas. Si l'on chasse le gaz, et qu'on le remplace par de l'oxygène, la germination se produit rapidement, cependant un excès d'oxygène produit le même effet que l'insuffisance de ce gaz. En outre, l'oxygène est absorbé peu à peu, ce qui indique une respiration.

La même expérience faite pour la température conduit au même résultat, il y a un maximum, un optimum et un minimum.

Il faut encore que la graine soit bien conformée dans toutes ses parties. Il arrive en effet que sous un tégument régulièrement développé, on ne trouve qu'une amande ébauchée et une lacune pleine d'air.

Il est nécessaire aussi que les réserves nutritives de la graine soient aptes à être utilisées.

Cette maturité de la graine peut coïncider avec celle du fruit, la précéder (*Graminées, Légumineuses*), ou la suivre (*Prunus persica*).

Les causes qui amènent la maturité de la graine peuvent continuer d'agir et la graine perd la propriété de germer. Cette *faculté germinative* dure plus ou moins longtemps suivant la nature des réserves enfermées dans la graine. Une simple dessiccation la fait disparaître des graines à albumen corné, celles qui ont un albumen oléagineux restent plus longtemps mûres, cependant les huiles s'altèrent lentement, et une exposition plus ou moins longue à l'air les rend inutilisables. Les subtances albuminoïdes étant peu altérables à l'air, les graines à albumen amylacé conservent longtemps leur pouvoir germinatif.

Une dessiccation parfaite donne aux graines la faculté de résister à de grands froids. Dans l'air sec, la résistance de la graine à la chaleur est plus longue que dans l'air humide ou dans l'eau.

Phénomènes essentiels. — Pendant toute la durée de la germination la plantule respire et transpire. Pour le démontrer, on fait l'analyse élémentaire d'un poids donné de graines desséchées à 110°, ce qui fait connaître le poids de carbone, d'oxygène, d'hydrogène, d'azote et de substances minérales. On place ensuite dans l'obscurité le même poids de graines que l'on fait germer. Quand les plantules ont acquis tout leur développement, on les dessèche, et on en fait l'analyse élémentaire. On ne constate aucune perte en azote et en matières minérales. L'hydrogène et l'oxygène éliminés sont perdus à l'état d'eau, et le carbone à l'état d'anhydride carbonique. La perte totale consiste en carbone et en eau. Tout l'oxygène absorbé se retrouve dans l'anhydride carbonique exhalé. Le volume de celui-ci est égal à celui de l'oxygène absorbé.

Ce résultat est confirmé par l'analyse de l'atmosphère où ont germé les graines.

Si l'on considère les diverses phases de la germination chez des graines différentes, on trouve des variations dans la marche générale du phénomène. Dans la germination des graines de *Linum* et de *Ricinus*, on observe, après la sortie de la radicule, un volume d'oxygène emprunté supérieur à celui de l'anhydride carbonique rendu. Il y a, en d'autres termes, fixation d'oxygène par les tissus.

On vérifiera en outre l'existence d'un dégagement de chaleur qu'on peut mesurer en plaçant le réservoir d'un thermomètre sensible, dans un tas de graines en germination, et en le comparant avec un thermomètre placé dans l'air.

PHÉNOMÈNES INTERNES. — Les cellules de l'embryon et de l'albumen s'imprègnent d'eau, les grains d'aleurone se gonflent, dissolvent dans cette eau, soit toute leur substance interne, soit la partie de la substance qui enveloppe le cristalloïde. Il en résulte, au centre de chaque grain, une vacuole tantôt vide, tantôt occupée par les cristalloïdes et les sphérocristaux. Le grain d'aleurone devient un hydroleucite albuminifère. Ce retour à l'état normal est l'un des premiers phénomènes internes de la germination.

Digestion. — Les matériaux de réserve subissent de véritables digestions.

Quand la réserve est amylacée, le liquide cellulaire devient acide, et une partie des substances albuminoïdes devient de l'amylase qui, attaquant les grains d'amidon, les dédouble en dextrine et maltose, lesquels, par une série de réactions mal connues, deviennent du glucose.

Quand la réserve est sucrée, la matière albuminoïde produit de l'invertine qui transforme les saccharoses en glucose et lévulose.

Les corps gras sont, de même, dédoublés par la saponase en acide gras et en glycérine, celle-ci disparaît et les acides se convertissent par oxydations successives, en hydrates de carbone dont une partie est de l'amidon. Pour les glucosides, il se produit sans doute des phénomènes analogues à ceux qui se produisent pour l'amygdaline. Il se fait de l'émulsine qui transforme l'amygdaline en acide cyanhydrique et essences d'amandes amères.

Les pepsines dédoublent en peptones les matières albuminoïdes mises en réserve à l'état amorphe ou cristallin, ou dissoutes dans l'hyaloplasma. Le dédoublement des peptones fournit l'asparagine, la tyrosine, la leucine qui s'accumulent dans les tissus. Moins l'embryon renferme d'hydrates de carbone plus il accumule d'asparagine ; mais plus tard quand l'assimilation chlorophyllienne commence, les hydrates de carbone prennent naissance, l'asparagine se combine avec eux et disparaît.

Mécanisme de la digestion. — Quand les réserves nutritives sont concentrées dans l'albumen et le périsperme, la transformation des réserves s'opère par l'activité de cellules vivantes, l'albumen digère les réserves, et l'embryon absorbe les produits solubles formés. Cette opération se fait par la face des cotylédons appliquée contre l'albumen.

Dans le cas d'un albumen corné ou amylacé, dont les cellules sont mortes, l'embryon attaque ses réserves, dissout et digère son albumen ; en ce cas, les diastases nées dans le cotylédon et épanchées sur sa surface pénètrent l'albumen ; la surface épidermique absorbe les substances dissoutes. Tantôt l'action a lieu au contact immédiat de l'épiderme, et le cotylédon s'accroit, prend la place du tissu détruit et se maintient appliqué contre les réserves qui subsistent, tantôt l'action se continue à distance et le cotylédon ne s'accroit pas.

ACTION DES AGENTS CHIMIQUES. — Certains agents chimiques sont nécessaires à la germination ; d'autres sont nuisibles.

L'eau salée altère rapidement les graines.

L'oxygène à une tension plus forte que celle qu'il possède dans l'atmosphère cesse d'être favorable. Quand on augmente la pression, il devient tout à fait nuisible. A sept atmosphères, les graines d'*Hordeum vulgare* et de *Nasturtium* ne germent plus; pour celles du *Ricinus* la faculté germinative est détruite par l'oxygène à la pression de dix atmosphères.

Un excès d'oxygène n'a pas d'action accélératrice.

L'azote et l'hydrogène n'ont aucune influence. L'anhydride carbonique est défavorable, l'oxygène mêlé à une petite quantité de ce gaz produit un commencement de germination qui s'arrête bientôt.

Grâce à sa propriété de décomposer l'eau, le chlore en dissolution favorise la germination, l'oxygène mis en liberté agit seul. Le brome et l'iode ont cette même action à un degré plus faible.

L'eau de chaux, ou l'eau contenant du sulfate de sodium, favorise la germination des céréales.

Le sulfate de cuivre paraît sans action et l'anhydride arsénieux attaque la graine. Les antiseptiques, acides borique, phénique ou salicylique, arrêtent l'évolution de la graine en tuant l'embryon.

L'excès d'humidité n'est nuisible que s'il empêche l'oxygène de pénétrer dans le sol. La germination peut se produire dans l'eau si l'oxygène ne fait pas défaut. Pour le montrer, on fait passer un courant d'eau dans une série de tubes contenant des graines mûres. Dans l'un des tubes, l'eau est largement aérée et les graines évoluent rapidement ; dans le second, l'oxygène est moins abondant et l'évolution est lente ; dans un troisième, on fait passer de l'eau bouillie et refroidie, les graines ne germent pas.

Développement de la plantule. — La graine mûre étant placée dans de bonnes conditions pour germer, une fente apparaît au micropyle, l'amande gonflée se distend, et la radicule s'allonge, elle sort par la fente qui s'est produite au point de plus forte tension, se recourbe vers le bas, et s'accroît suivant la verticale. Quand, devenue racine terminale, elle a acquis une certaine longueur, la tigelle s'allonge vers le haut par croissance intercalaire et se place verticalement dans le prolongement de la racine. Elle continue de croître dans cette direction en soulevant la graine à son sommet, puis elle devient le premier entre-nœud de la tige. Plus tard, les cotylédons se développent et se séparent l'un de l'autre en élargissant la déchirure du tégument. Ils s'épanouissent ensuite horizontalement au sommet de la tigelle qui devient dès lors l'axe *hypocotylé*.

Plus tard encore, le cône terminal de la tige s'allonge au-dessus des cotylédons, forme de nouvelles feuilles et devient l'axe *épicotylé*. La plantule est alors complète. Quelques exceptions peuvent se produire. La gemmule seule s'allonge parfois, en ce cas les cotylédons se développent ou non. S'ils ne se développent pas, ils restent enfermés dans le tégument et la gemmule est poussée à travers l'orifice de sortie de la radicule par l'allongement des pétioles cotylédonaires. La racine et l'axe épicotylé forment, en ce cas, un cylindre tangent à la graine.

Les cotylédons sont dits *épigés*, s'ils apparaissent (*Conifères*), et *hypogés*, s'ils n'apparaissent pas (*Monocotylédones*.)

TABLE DES MATIÈRES

PREMIÈRE PARTIE

ANATOMIE VÉGÉTALE

DEUXIÈME PARTIE

PHYSIOLOGIE

MANUEL D'HISTOIRE NATURELLE

Par le Professeur **Henri GIRARD**

Collection nouvelle de 10 volumes in-18 de 300 pages illustrés de figures

à 3 fr. le volume cartonné.

Aide-mémoire de zoologie. 1895. 1 vol. in-18 de 300 p., avec 90 figures, cart .... 3 fr.

Aide-mémoire d'anatomie comparée. 1895. 1 vol. in-18 de 360 pages avec 84 figures, cart............. 3 fr

Aide-mémoire d'embryologie. 1896, 1 vol. in-18 de 300 pages, avec 126 figures, cart............... 2 fr.

Aide-mémoire de minéralogie et de pétrographie. 1896, 1 vol. in-18 de 272 pages, avec 100 fig. cart.... 3 fr.

Aide-mémoire de géologie. 1896. 1 vol. in-16 de 300 p., avec fig., cart........................... 3 fr.

Aide-mémoire de paléontologie. 1896. 1 vol. in-18 de 348 pages, avec 99 fig. cart..................... 3 fr.

Aide-mémoire de botanique cryptogamique. 1897. 1 vol. in-18 de 300 pages, avec fig. cart............. 3 fr.

Aide-mémoire de botanique phanérogamique. 1897. 1 v. in-18 de 300 p., avec fig., cart.................. 3 fr.

Aide-mémoire d'anatomie et physiologie végétales. 1897. 1 vol. in-18 de 300 p., avec fig., cart........... 3 fr.

Aide-mémoire d'anthropologie. 1897. 1 vol. in-18 de 300 p., avec fig., cart............................... 3 fr.

Guide du naturaliste préparateur et du voyageu scientifique, ou instructions pour la recherche, la préparation, le transport et la conservation des animaux, végétaux, minéraux, fossiles et organismes vivants, et pour les études histologiques et anthropologiques, par G. Capus, docteur ès sciences naturelles. 2e *édition,* entièrement refondue, par le Dr A.-T. de Rochebrune, aide-naturaliste au Muséum, avec une introduction, par E. Perrier, professeur au Muséum. 1 vol. in-18 de 384 p., avec 223 fig., cart..................... 3 fr.

MANUEL D'HISTOIRE NATURELLE

La série d'*Aide-mémoire* dont l'ensemble forme le *Manuel d'histoire naturelle*, a pour objet de permettre aux candidats ayant à subir un examen dont le programme comporte l'étude des sciences naturelles, de repasser, en un temps très court, les diverses questions que peuvent poser les professeurs d'une Faculté pour l'obtention des diplômes du baccalauréat, de la licence ou du certificat d'études physiques, chimiques et naturelles, ou le jury d'un concours pour l'admission à une école.

L'auteur de ces *Aide-Mémoire* s'est efforcé d'embrasser, aussi brièvement que possible et sans rien omettre, les sujets des derniers programmes, aussi bien celui du baccalauréat ès lettres et ès sciences, du baccalauréat moderne, de la licence ès sciences naturelles, de la première année d'études médicales, du 2ᵉ examen des Écoles de pharmacie, que celui des concours pour l'admission à l'Institut agronomique, aux Écoles d'agriculture, aux Écoles vétérinaires.

Il s'est proposé de mettre en évidence les points les plus importants, avec assez de netteté et de concision pour que le candidat puisse, d'un seul coup d'œil, revoir l'ensemble des matières exigées à son examen.

Au début des études, il permettra d'acquérir rapidement les notions nécessaires pour profiter des cours spéciaux, ou lire avec fruit les traités complets; à la fin de l'année, il facilitera les révisions indispensables pour passer avec succès les examens.

Ces *Aide-Mémoire* sont un résumé des grands traités classiques et des cours donnés par les principaux professeurs de l'enseignement supérieur.

Pour la zoologie, l'anatomie comparée et l'embryologie : MM. LACAZE-DUTHIERS, GIARD, YVES DELAGE, J. CHATIN, PRUVOT, RÉMY PERRIER, *de la Faculté des sciences;* MM. EDMOND PERRIER, MILNE-EDWARDS, FILHOL, BEAUREGARD, *du Muséum;* HOUSSAY, *de l'École normale supérieure;* MM. MATHIAS DUVAL, RAPH. BLANCHARD, RETZIUS, *de la Faculté de médecine;* GUIGNARD, *de l'École de pharmacie;* HENNEGUY, *du Collège de France;* PAUL REGNARD, *de l'Institut agronomique;* RAILLIET, *de l'École vétérinaire d'Alfort;* SICARD et KŒHLER (de Lyon), O. MOQUIN-TANDON (de Toulouse), P. GIROD (de Clermont-Ferrand), JOUBIN (de Rennes), etc.

Pour la géologie, la minéralogie et la paléontologie, l'auteur a condensé les idées des professeurs FOUQUÉ, GAUDRY, MUNIER-CHALMAS, LAPPARENT, MICHEL-LÉVY, VÉLAIN, JANNETAZ, LACROIX.

Pour la botanique, on y trouvera le reflet de l'enseignement de MM. VAN TIEGHEM, DEHÉRAIN, VILLE et BUREAU, au *Muséum;* DUCHARTRE, BONNIER, DAGUILLON, à la *Faculté des sciences;* PRILLIEUX et VESQUE, à l'*Institut agronomique;* CHATIN. PLANCHON, GUIGNARD, BOURQUELOT, à l'*École de pharmacie,* etc. — GÉRARD (de Lyon), LECLERC DU SABLON (de Toulouse), FLAHAULT, COURCHET (de Montpellier), MILLARDET (de Bordeaux), VUILLEMAIN (de Nancy), HÉRAIL (d'Alger), etc.